从入门到实战·微课视频

PHP+jQuery+Vue.js

全栈开发从入门到实战

微课视频版

◎ 徐辉 卢守东 蒋曹清 编著

清華大學出版社
北京

内容简介

本书是将 Web 前端开发和后端开发整合在一起的教程，系统全面地介绍了 PHP＋jQuery＋Vue.js 网站开发所涉及的知识。全书共分为 12 章，内容包括 PHP 入门和开发环境构建、PHP 语言基础、PHP 常用内置函数、PHP 面向对象编程、PHP 与浏览器交互编程、PHP 访问 MySQL 数据库、JavaScript 程序设计、jQuery 和 jQuery EasyUI 框架、AJAX 技术和 PHP 的结合、Vue.js 框架基础等内容，最后通过课堂考勤系统、信息管理系统两个应用案例，分别介绍了 PHP 与 jQuery EasyUI 结合、PHP 与 Vue.js 结合，完成 Web 应用网站的开发过程。

本书内容丰富，涉及面广，结构严谨，强调知识与实践相结合。本书为微课视频版教材，各章节主要内容都配备了相应的微课视频。全书提供了大量实例，每章后面附有上机实践题和习题，有助于读者巩固所学知识，提高开发实践技能，达到学以致用的目的。

本书适合作为高等院校计算机、软件工程、电子商务等专业的"Web 应用程序设计"课程的教材，也可以作为 PHP 爱好者的学习参考书。

图书在版编目（CIP）数据

PHP＋jQuery＋Vue.js 全栈开发从入门到实战：微课视频版/徐辉，卢守东，蒋曹清编著．—北京：清华大学出版社，2021.8（2024.8重印）
（从入门到实战·微课视频）
ISBN 978-7-302-58850-4

Ⅰ.①P… Ⅱ.①徐… ②卢… ③蒋… Ⅲ.①PHP 语言－程序设计－高等学校－教材 ②JAVA 语言－程序设计－高等学校－教材 ③网页制作工具－JAVA 语言－程序设计－高等学校－教材 Ⅳ.①TP312 ②TP312.8 ③TP393.092.2

中国版本图书馆 CIP 数据核字(2021)第 158275 号

策划编辑：魏江江
责任编辑：王冰飞　薛　阳
封面设计：刘　键
责任校对：李建庄
责任印制：刘　菲

出版发行：清华大学出版社
网　　址：https://www.tup.com.cn, https://www.wqxuetang.com
地　　址：北京清华大学学研大厦 A 座　　**邮　　编：**100084
社 总 机：010-83470000　　**邮　　购：**010-62786544
投稿与读者服务：010-62776969，c-service@tup.tsinghua.edu.cn
质量反馈：010-62772015，zhiliang@tup.tsinghua.edu.cn
课件下载：https://www.tup.com.cn，010-83470236
印 装 者：三河市君旺印务有限公司
经　　销：全国新华书店
开　　本：185mm×260mm　　**印　　张：**23.5　　**字　　数：**572 千字
版　　次：2021 年 9 月第 1 版　　**印　　次：**2024 年 8 月第 2 次印刷
印　　数：2001～2600
定　　价：69.80 元

产品编号：085720-01

前言

党的二十大报告指出：教育、科技、人才是全面建设社会主义现代化国家的基础性、战略性支撑。必须坚持科技是第一生产力、人才是第一资源、创新是第一动力，深入实施科教兴国战略、人才强国战略、创新驱动发展战略，开辟发展新领域新赛道，不断塑造发展新动能新优势。高等教育与经济社会发展紧密相连，对促进就业创业、助力经济社会发展、增进人民福祉具有重要意义。

PHP语言易学易用，功能强大，跨平台运行，已成为广泛使用的Web服务器端应用程序开发语言之一。JavaScript是Web前端开发的编程语言，以JavaScript为基础的jQuery、Vue.js等Web前端开发框架，也受到广大程序员的青睐，成为目前流行的Web前端开发框架。目前市场上有关PHP的教材较多，但是将PHP和jQuery、Vue.js等Web前端开发框架整合在一起的教材比较少。因此，作者结合多年以来的软件开发经验和教学经验，编写了本书。

全书共分为12章，主要内容包括PHP入门和开发环境构建、PHP语言基础、PHP常用内置函数、PHP面向对象编程、PHP与浏览器交互编程、PHP访问MySQL数据库、JavaScript程序设计、jQuery和jQuery EasyUI框架、AJAX技术和PHP的结合、Vue.js框架基础等知识，第11、12章通过课堂考勤系统、信息管理系统两个应用系统案例，分别介绍了PHP与jQuery EasyUI结合、PHP与Vue.js结合，完成Web应用网站的开发过程。通过模仿这两个应用系统，读者可以快速开发出其他Web应用系统。

本书内容丰富，涉及面广，结构严谨，强调知识与实践相结合。本书为微课视频版教材，各章节主要内容都配备了相应的微课视频，视频总时长为1000分钟。全书提供了大量实例，每章后面附有上机实践题和习题，有助于读者巩固所学知识，提高开发实践技能，达到学以致用的目的。

本书配套资源丰富，包括教学大纲、教学课件、电子教案、习题答案、程序源码和教学进度表。

资源下载提示

课件等资源：扫描封底的"课件下载"二维码，在公众号"书圈"下载。

素材(源码)等资源：扫描目录上方的二维码下载。

视频等资源：扫描封底刮刮卡中的二维码，再扫描书中相应章节中的二维码，可以在线学习。

本书适合作为高等院校计算机、软件工程、电子商务等专业的"Web应用程序设计"课程的教材,也可以作为PHP爱好者的学习参考书。

本书第1章、第2章、第5章、第9~12章由徐辉编写,第3章、第4章、第6章、第8章由卢守东编写,第7章由蒋曹清和徐辉编写。全书最后由徐辉统稿。

本书在编写过程中,得到作者所在单位和清华大学出版社的大力支持与帮助,在此一并表示衷心的感谢。

由于作者水平有限,时间仓促,书中难免存在不足之处,欢迎广大同行和读者批评指正。

作　者

目录

源码下载

第 1 章

PHP 入门和开发环境构建

在互联网中，Web 网站是人们传递信息、互相交流的平台。常见的 Web 网站类型有新闻、文献搜索、音乐、视频、论坛、网上购物、网上银行、博客、微博等。为了随时更新 Web 网站的内容，访客之间能够互动，需要将 Web 网站构建为动态网站，由动态网站的 Web 应用程序实现动态更新网站内容，实现访客与网站之间、访客与访客之间的交互。

本章简要介绍 Web 应用程序的工作原理、PHP 脚本语言，并以 Windows 平台的 XAMPP 套件为例，介绍 PHP 开发环境的构建，以及 PHP 脚本程序编辑、运行的方法。

1.1 Web 应用程序工作原理

Web 是 World Wide Web 的简称，又称为万维网、WWW 或 3W。Web 是一个由许多互相链接的超文本文件组成的系统。在 Web 系统中包含文本、图形、图像、声音和视频等各种信息资源文件，为用户提供了一种浏览、检索及查询信息的方式。用户通过链接获取相应的资源。

1.1.1 Web 体系结构

视频讲解

Web 系统的结构采用了浏览器/服务器(Browser/Server，B/S)模式的体系结构，如图 1.1 所示。Web 服务器是服务器端的计算机和运行在它上面的 Web 服务器软件的总和。其中，Web 服务器软件是昼夜不停地运行的程序，负责监听 Web 浏览器发送到服务器的 Web 页面请求，并提供相应的 Web 页面，通过 Internet 回传到客户端的浏览器。常用的 Web 服务器软件有 Apache 和微软公司的 Internet Information Server(IIS)。Apache 软件可以运行在各种不同的操作系统平台上，IIS 软件只能运行于 Windows 平台上。

Web 浏览器(Browser)是用来解释 HTML 文档并完成相应转换和显示的程序。其主要功能是接收 URL(Uniform Resource Location，统一资源定位器)输入并发送 URL 请求，

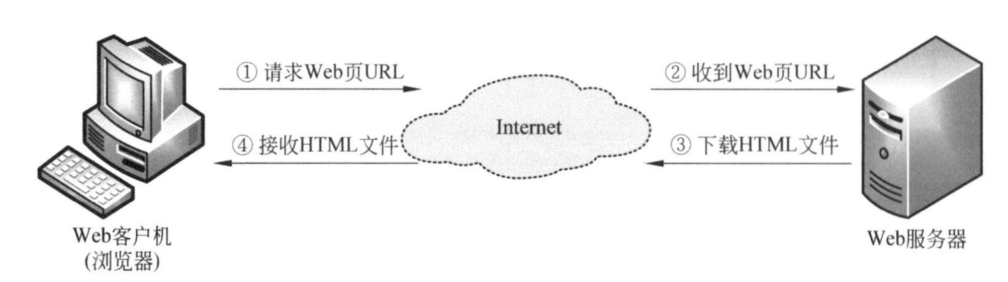

图 1.1 Web 体系结构

解释并显示由 Web 服务器传送回来的 HTML 文档。常见的浏览器有谷歌公司的 Chrome 浏览器和微软公司的 Internet Explorer(IE)浏览器。用户通过 Web 浏览器可以访问互联网的 Web 信息,把需要的信息从网上下载到本地机,并在浏览器上显示。

说明:同一台计算机既可以用作服务器也可以用作客户机,这对软件开发者来说,为开发网络应用程序和 Web 应用程序提供了方便的测试环境。

Web 的信息资源以 Web 页面的形式存储在 Web 服务器上,Web 页面是用 HTML(HyperText Markup Language,超文本标记语言)编写的文档,其文件扩展名通常是.htm 或.html。HTML 是一种文档布局的语言,用于定义 Web 页面的内容和外观。Web 页面中包括文字、图像、声音、动画、视频等各种多媒体信息,也允许包括用文本或多媒体表示的超链接,这样可以很方便地跳转到相关的其他 Web 页面中。这些 Web 页面构成一个网站的内容。因此,网站是存放在 Web 服务器上的一系列网页文档。

在基本的 Web 系统中,Web 服务器向浏览器提供服务的工作过程如下。

(1) 用户启动浏览器程序,在浏览器中输入一个网页所在的网址 URL,浏览器便向该 URL 所指向的 Web 服务器发出 URL 请求。

(2) Web 服务器接收到浏览器的 URL 请求后,把 URL 转换成页面所在服务器上的文件路径名,查找相应的文件。

(3) 若 URL 指向的是普通的 HTML 文档,Web 服务器直接通过互联网将它传送给浏览器。如果 HTML 文档中含有用 Java Applet、JavaScript、VBScript 或 ActiveX 等编写的客户端程序,服务器也将它们随 HTML 文档一起传送给浏览器。

(4) 浏览器解释处理 HTML 文档,执行客户端程序,并按 HTML 格式显示页面内容。

在传统的 Web 系统中,Web 网站的资源文件都是一个个预先存储且内容不变的文件,不能实现用户之间、用户与网站之间的交互。

视频讲解

1.1.2 动态 Web 的工作模式

1. 静态网页和动态网页

网页的类型分为静态网页和动态网页。静态网页是由 HTML 代码组成的网页文件。静态网页文件的扩展名为.htm 或.html,静态网页的内容在创建时就已经确定。任何用户在任何时候浏览静态网页都会看到相同的信息。

静态网页有其局限性。采用静态网页方式创建的网站只能简单地根据用户的请求传送现有的网页,无法实现用户参与的动态交互功能,不能显示用户个性化的特殊信息,更重要的是无法支持后台数据库。此外，HTML 也没有安全性，任何人都可以查看网页的 HTML 代码，不能防止其他人复制自己的 HTML 代码。

动态网页是指网页的内容根据用户请求的不同而生成不同内容的网页。一般采用 PHP、ASP.NET、JSP、Java EE、Python 等编程技术设计动态网页。图 1.2 是一个动态网页的例子，该例子是访问百度搜索引擎网站，输入关键字“PHP 开发”后的搜索结果。输入不同的关键字，搜索结果也随之改变。

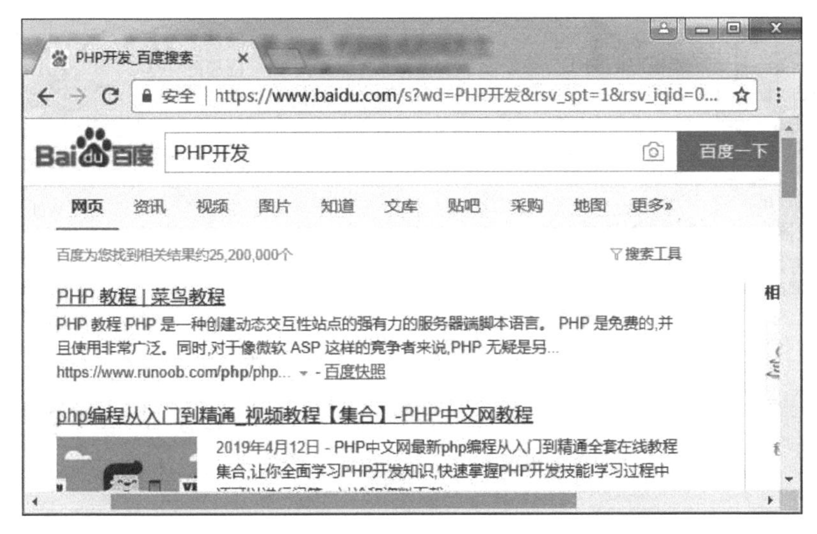

图 1.2　百度搜索结果

动态网页的内容可以根据用户输入的数据或者其他数据源的数据，经过执行程序处理，把程序执行的结果动态生成 HTML 页面内容，并传输到用户的浏览器，在浏览器上显示出来，从而实现浏览器与 Web 服务器之间的交互。这也是静态网页与动态网页的最大区别。表 1.1 列出了静态网页和动态网页的比较。

表 1.1　静态网页和动态网页的比较

	静 态 网 页	动 态 网 页
内容	网页内容固定	网页内容动态生成
文件名后缀	.htm、.html 等	.asp、.php、.jsp、.aspx、cgi 等
优点	下载、浏览速度快，网页风格灵活多样	维护简单，修改方便，交互性好
缺点	交互性差，维护烦琐	占用系统资源
数据库	不支持	支持

互联网中的论坛、留言板、博客、微博、电子商务网站、慕课网等都是采用动态网页开发技术实现的，可见动态网页的应用领域非常广泛。

动态网页根据其程序执行位置的不同分为客户端动态网页和服务器端动态网页，因而动态网页开发技术分为客户端动态网页开发技术和服务器端动态网页开发技术。下面介绍这两种技术的工作原理。

2. 客户端动态网页的工作模式

客户端动态网页是指在客户机的浏览器上执行程序，从远程数据库获取数据而动态生成的网页。当用户的 Web 浏览器访问 Web 服务器中的一个包含客户端程序的页面时，需要从服务器下载编译过的客户端程序，并在用户的计算机上安装和运行，才能实现与 Internet 上的数据库服务器进行数据查询，生成动态的网页。图 1.3 是客户端动态网页的工作模式。

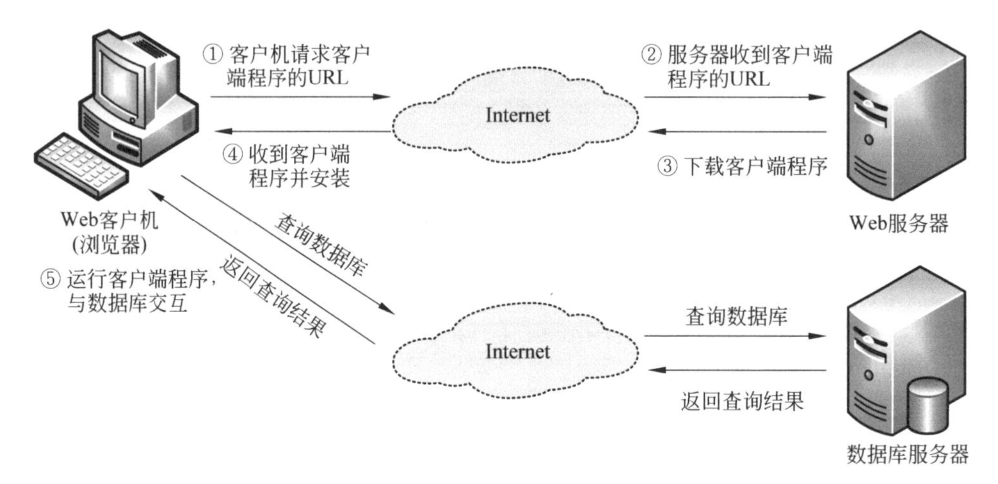

图 1.3　客户端动态网页的工作模式

实现与服务器交互的客户端动态网页开发技术主要有 Java Applet 程序和 ActiveX 控件两种。

1）JavaApplet 程序

JavaApplet 程序是用 Java 语言编写的 Web 应用程序，称为 Java 小应用程序（Java Applet 程序），这些 Java 小应用程序是用<applet>标记插入 HTML 文档中，<applet>标记告诉浏览器从 Web 服务器下载 Java Applet 程序到浏览器，然后在浏览器上执行。出于安全考虑，Java Applet 程序只能从 Web 服务器上接收数据，或者向 Web 服务器发送数据，不能对用户计算机中的文件进行读写操作。Java Applet 程序通过 JDBC 提供的数据库支持，实现了客户端的浏览器与数据库服务器之间的数据交互。

2）ActiveX 控件

ActiveX 控件是微软公司推出的技术，可以使用 C++、Visual Basic 和 Visual C# 等编程语言编写 ActiveX 程序。由于 ActiveX 程序可以对用户计算机的操作系统和文件有完全访问权，因此，它存在一定的安全性问题，只有经过验证的、公认信赖的，用户才可以下载、安装和执行 ActiveX 程序。ActiveX 程序通常用来创建内部网的应用。

当用户第一次访问含有 ActiveX 控件的网页时，会提示一个警告，将在计算机上安装一个程序，并说明了这个应用程序的来源。用户下载了 ActiveX 程序，并且安装、执行 ActiveX 程序，就可以不通过 Web 服务器而直接向数据库服务器发送数据或者从数据库获取数据。

3. 服务器端动态网页的工作模式

服务器端动态网页是通过在 Web 服务器上执行应用程序，从后台数据库中获取数据而动态生成的网页。Web应用程序可以是编译过的可执行程序,也可以是未经编译的脚本程序,还可以是两者的混合。图1.4是服务器端动态网页的工作模式。

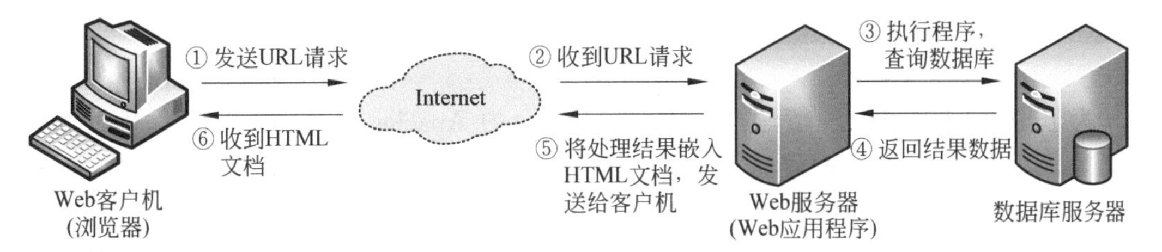

图1.4　服务器端动态网页的工作模式

常见的Web服务器端动态网页开发技术有PHP、ASP、ASP.NET、JSP、Java EE、Python等编程语言。

1.2　PHP概述

PHP(Hypertext Preprocessor,超文本预处理器)是一种在Web服务器执行、用于创建动态网页的服务器端脚本语言,它是一种HTML内嵌式脚本语言,适合Web开发。PHP的语法混合了C语言、Java语言和Perl语言的特点,容易学习,只要具备C语言的基本编程知识,就可以很快地学会PHP语言。

PHP起源于1995年,由Rasmus Lerdorf创建,用来显示其个人履历以及统计网页流量。后来用C语言重新编写,增加表单解释程序,并可以访问数据库,发布了PHP/FI 2.0版本。从PHP/FI 2.0到目前最新的PHP 7.4版本,经过多次版本的更新和改进,成为目前应用最广的Web服务器端脚本开发语言。PHP可以在Windows、Linux等多种不同操作系统平台下运行,PHP通常与Linux、Apache和MySQL一起搭配,组成强大的Web网站运行环境。

PHP之所以受到众多软件开发人员欢迎,是因为它具有以下的主要优势。

1. 开源免费

PHP是开源的,并免费使用,所有的PHP代码都可以免费得到。

2. 跨平台

用PHP语言编写的脚本程序,在Linux和Windows平台上不需要修改程序,直接运行。

3. 支持面向对象

PHP提供了面向对象的支持,使用PHP进行Web开发时,既可以选择面向过程方式编程,也可以选择面向对象方式编程,或者混合使用两种方式进行编程。

4. 支持多种数据库

PHP可操作多种主流的数据库,如MySQL、SQL Server、Oracle、DB2等数据库。其中,PHP与MySQL是最佳组合,使用最多,可以跨平台运行。

5. 应用范围广

PHP在各个领域应用非常广泛,很多知名网站的开发都是用PHP语言完成的,如新浪、雅虎、网易、腾讯、谷歌、赶集网、阿里巴巴等大型网站。

视频讲解

1.3 PHP 开发环境的构建

为了构建 PHP 开发环境，选择 Windows 平台的 Apache、MySQL、PHP 软件的组合。对于初学者来说，安装和配置这三个软件比较复杂。因此，为了让初学者能够快速完成 PHP 开发环境的安装，本书选择 XAMPP(Apache+MySQL+PHP+PERL)集成软件包，它可以在 Windows、Linux、Solaris 等多种操作系统下安装使用。只要安装了 XAMPP 软件包，就自动完成了 PHP 开发环境中各个软件的配置。

1.3.1 下载和安装 XAMPP 软件包

首先从 XAMPP 官方网站(www.apachefriends.org)下载 Windows 平台的 XAMPP 版本软件包，如 XAMPP 7.3.6 版本。然后运行下载的安装程序，在安装过程中，连续单击 Next 按钮或者 OK 按钮即可，将 XAMPP 软件安装到默认的 C:\xampp 文件夹。在安装过程中，需要说明其中的几个步骤。

(1) 显示如图 1.5 所示的 Warning 对话框时，单击 OK 按钮。该对话框告知"系统启动用户账户控制功能时，XAMPP 的一些功能会受到限制，因此不要将其安装到 C:\Program Files 目录"，直接单击 OK 按钮，关闭警告对话框，继续执行安装过程。

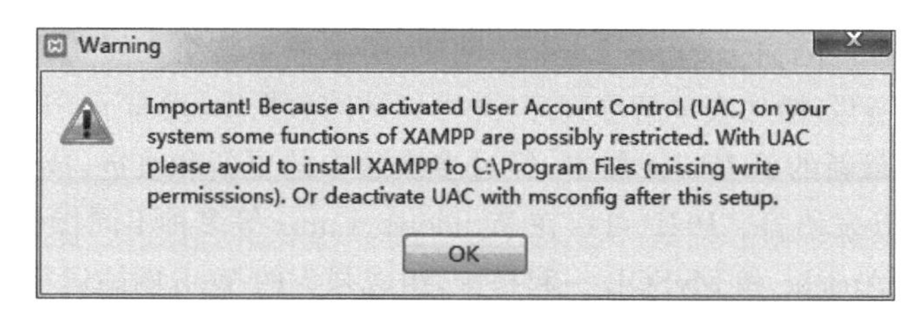

图 1.5　XAMPP 警告对话框

(2) 选择安装目录。默认的安装目录是 C:\xampp。如果要改变安装目录，在显示如图 1.6 所示的 Setup 对话框时，可进行更改安装目录。

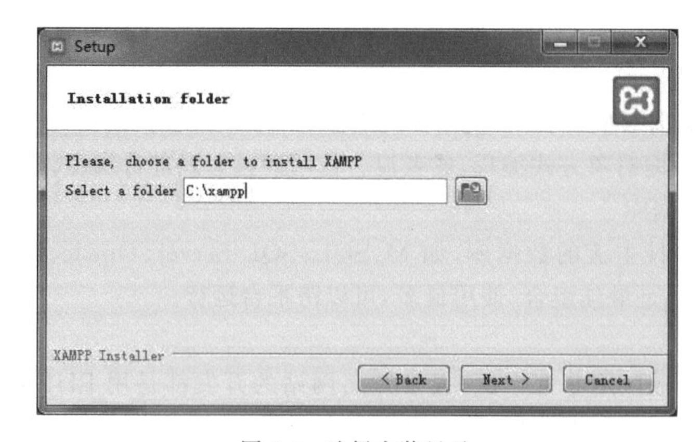

图 1.6　选择安装目录

（3）安装结束时，如果 Windows 启用了防火墙功能，将显示如图 1.7 所示的“Windows 安全警报”对话框，选中“专用网络……”和“公用网络……”复选框，然后单击“允许访问”按钮，继续安装。

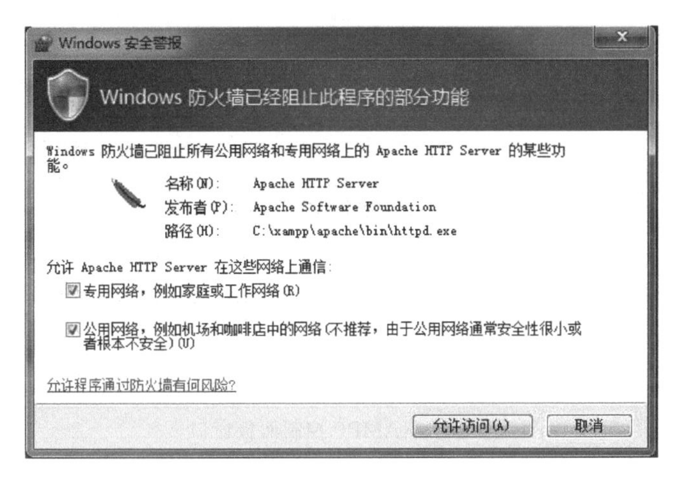

图 1.7　Windows 安全警报对话框

（4）显示如图 1.8 所示的 Language 对话框时，选择第一个单选按钮，并单击 Save 按钮，表示采用默认的美式英语界面。

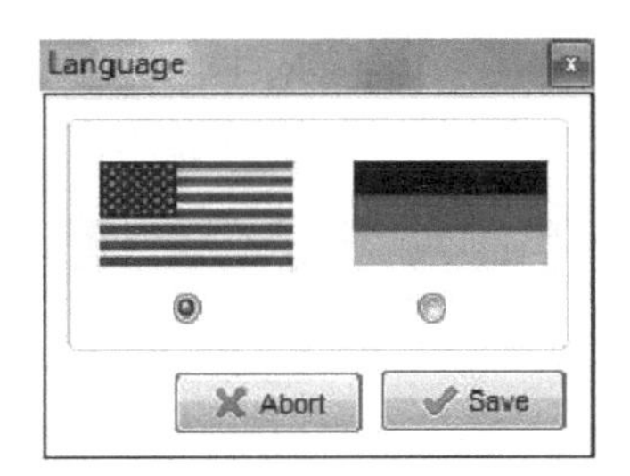

图 1.8　Language 对话框

1.3.2　启动和停止服务

安装完 XAMPP 软件包后，在 XAMPP 安装目录（如 C:\xampp）中包含 Apache、PHP、MySQL、FileZilla FTP、MercuryMail、phpMyAdmin 等软件，它们分别存放在相应的子目录中，并且有一个 XAMPP 控制面板程序 xampp-control.exe。双击 xampp-control.exe 程序文件，启动 XAMPP 控制面板，如图 1.9 所示。

在如图 1.9 所示的窗口中，单击 Apache 一行的 Start 按钮，启动 Apache Web 服务器软件；单击 MySQL 一行的 Start 按钮，启动 MySQL 数据库服务。单击 Stop 按钮，则停止相应的服务。

说明：①启动 MySQL 服务时，如果 Windows 启用了防火墙功能，会显示一个警告对话框。在该对话框中，选中“专用网络……”“公用网络……”复选框，单击“允许访问”按钮；②如果 Windows 平台安装和启动了 IIS 服务器，则需要禁用 IIS 服务器。

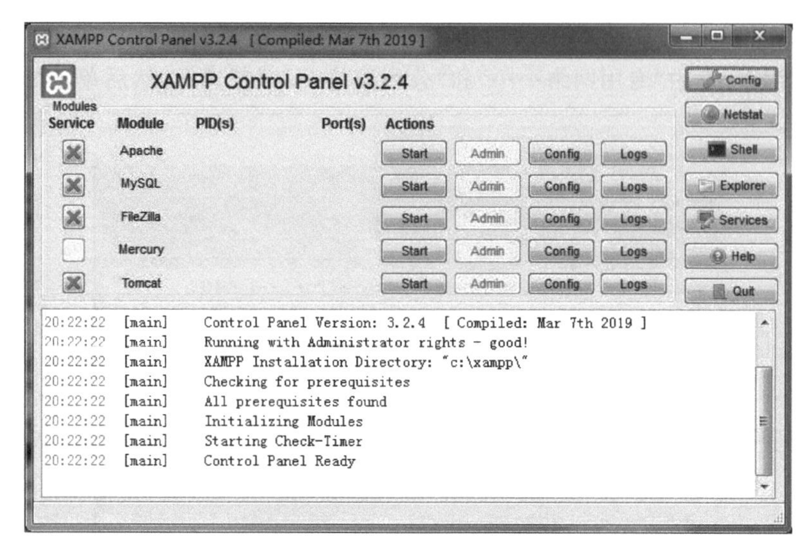

图 1.9　XAMPP 控制面板窗口

1.3.3　测试 PHP

启动 Apache 服务和 MySQL 服务后，打开浏览器，输入网址 http://localhost/dashboard/phpinfo.php，然后按 Enter 键，显示如图 1.10 所示的界面，表明 Apache、PHP 软件安装成功，运行正常。

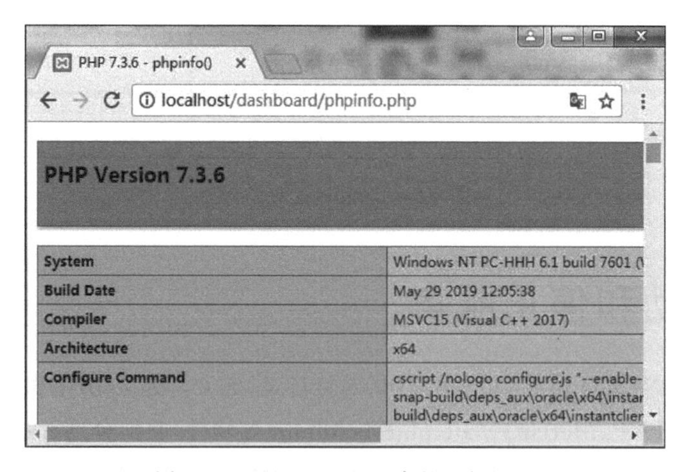

图 1.10　phpinfo.php 程序的运行界面

说明：XAMPP 安装目录下的 htdocs 子目录(如 C:\xampp\htdocs)为 Web 服务器网站的主目录。

1.3.4　修改服务器的配置文件

在默认安装的 XAMPP 环境中，只对 Apache、PHP 软件做了基本的配置，为了使它们符合实际的要求，还需要修改其配置文件的内容。

1. 修改 PHP 配置

将 PHP 时区设置为中国时区。PHP 默认时区是 UTC，即世界标准时间，中国的时间与 UTC 时间的时差为+8，即 UTC+8。修改步骤如下。

(1) 在 XAMPP 控制面板窗口中，单击 Apache 一行的 Config 按钮，选择 PHP(php.ini)选项，打开 PHP 的配置文件 php.ini。

(2) 在 php.ini 文件中查找"date.timezone"，将";date.timezone ="一行改为

```
date.timezone=Asia/Shanghai
```

继续查找下一处，找到以下两行：

```
[Date]
date.timezone=Europe/Berlin
```

将"date.timezone=Europe/Berlin"一行改为

```
date.timezone=Asia/Shanghai
```

(3) 保存 php.ini 文件。然后重新启动 Apache 服务，刷新浏览器的页面，就可看到正确的时间。

2. 修改 Apache 服务的端口号

Apache Web 服务的默认端口是 80。如果 Windows 平台安装和启用了 IIS 服务器，它也占用 80 端口，这就造成 Apache Web 服务器与 IIS 服务器的端口号冲突，致使 Apache Web 服务器启动失败。为了能启动 Apache Web 服务器，需要修改 Apache 服务的端口号，改为其他端口号。

修改 Apache 服务的端口号的步骤如下。

(1) 在 XAMPP 控制面板窗口中，单击 Apache 一行的 Config 按钮，选择 Apache (httpd.ini)选项，打开 Apache 的配置文件 httpd.ini。

(2) 在 httpd.ini 配置文件中查找"Listen 80"一行，将其中的 80 修改为其他端口号(如 8080)。然后保存配置文件。

(3) 保存 httpd.ini 文件。然后重新启动 Apache 服务，在浏览器地址栏中输入网址：http://localhost：8080，即可访问本机 Apache Web 服务器的站点。

3. 修改 MySQL 登录账户的密码

默认安装时，MySQL 登录账户 root 的密码为空，即没有密码。例如，将 root 用户的密码修改为 123456，修改密码的方法如下。

首先在 Windows 的运行框中输入命令"cmd"后按 Enter 键，进入 DOS 提示符窗口，然后在 DOS 窗口下依次执行以下两条命令：

```
cd C:\xampp\mysql\bin
mysqladmin -u root -p password 123456
```

其中，第 2 条命令是将 MySQL 的 root 用户的密码改为 123456，可以根据自己的需要将这个密码改为其他密码。

说明：另一种修改 root 用户的密码的简便方法是：在浏览器中打开网址 http://localhost/phpmyadmin/，选择“账户”链接，然后选择“修改权限”链接，单击“修改密码”按钮，按照提示，输入密码“123456”，具体可参考 6.1.2 节内容。

视频讲解

1.4 PHP 程序的开发过程

成功安装 XAMPP 软件，启动 Apache 服务和 MySQL 服务后，就可以进行 PHP 程序的编辑、运行和测试工作了。

1.4.1 在 Dreamweaver CC 中编辑 PHP 程序

在 Dreamweaver CC 中编辑 PHP 程序的步骤如下。

(1) 在 Dreamweaver CC 中，利用新建站点功能，建立一个站点，站点名为 htdocs，本地站点文件夹为 C:\xampp\htdocs\。

(2) 创建 PHP 程序。依次选择“文件”→“新建”→PHP 菜单项，单击“创建”按钮，打开一个新的 PHP 代码编辑窗口，并自动添加一些 HTML 代码。

(3) 在 PHP 代码编辑窗口中输入 PHP 程序，例如，PHP 程序文件内容如下。

```
<html>
<head>
 <meta charset="utf-8">
 <title>第一个 PHP 程序</title>
</head>
<body>
<?php
  echo "这是第一个 PHP 程序<br>";
  echo "欢迎学习 PHP<br>";
?>
</body>
</html>
```

说明：

① 上述代码混合了 HTML 代码和 PHP 代码。其中，“<? php”到“? >”标记之间的代码为 PHP 程序，用于输出两个字符串，其他代码为 HTML 代码。

② PHP 程序的语法规定为：以“<? php”和“? >”分别作为 PHP 程序的开始标记和结束标记；PHP 程序由若干语句组成，每个语句以分号作为结束符。

(4) 保存程序到 C:\xampp\htdocs 目录(即站点根目录)，文件名为 hello.php。

1.4.2 运行 PHP 程序

为了运行 PHP 程序，需要在浏览器中访问含有 PHP 程序的文件。例如，打开浏览器，输入网址 http://localhost/hello.php 后按 Enter 键，则访问本地 Web 服务器站点根目录的 hello.php 程序，显示结果如图 1.11 所示。

图 1.11 hell.php 运行结果

如果浏览器上没有显示结果，显示错误信息，则根据错误提示信息，修改 PHP 程序相应行的语句，然后再浏览、运行 PHP 程序。

1.5 上机实践

(1) 根据所用的 Windows 是 32 位还是 64 位，从官网(www.apachefriends.org)下载相应版本的 XAMPP 软件包，安装和测试 Apache、PHP 是否正常。

(2) 利用 Dreamweaver CC 软件创建一个 PHP 程序，文件名为 ex1_1.php，程序代码如下。

```
<?php
    echo "这是我写的第一个 PHP 程序<br>";
    $date=date("Y 年 m 月 d 日 H:i:s");
    echo "当前时间:".$date;
?>
```

然后在浏览器中访问该 PHP 程序，观察显示的时间是否与计算机的当前时间相同？如果两者时间不同，在“<? php”这一行的下面增加以下一条语句，再次访问该程序，观察结果。

```
date_default_timezone_set("Asia/Shanghai");
```

习题 1

1. 什么是浏览器/服务器结构？
2. 本地主机(localhost)的 IP 地址是多少？它有哪些用途？
3. 什么是主页？网页文件的扩展名有哪些？
4. 什么是 Web 服务器？它的主要作用是什么？
5. 什么情况下需要在 URL 中指定端口号？

6. 如何理解动态 Web 工作原理？它可分为哪两种模式？

7. 什么是客户端脚本程序？常见的客户端脚本语言有哪些？

8. 什么是服务器端脚本程序？常见的服务器端脚本语言有哪些？

9. 连接到互联网的计算机都采用什么协议？

10. 在何处执行 JavaScript 程序？在何处执行 PHP 程序？

PHP 语言基础

本章主要介绍 PHP 基本语法、常量和变量、运算符、表达式、PHP 语句、自定义函数和数组等知识。本章的部分知识与 C 语言、Java 语言的基础知识基本相同，对于学习过 C 语言或者 Java 语言的读者，应注意比较它们与 PHP 语言的差别。

2.1 PHP 程序基本语法

视频讲解

PHP 是一种在 Web 服务器上运行的 HTML 嵌入式的脚本语言，即 PHP 代码可以嵌入 HTML 文档中，HTML 代码也可以嵌入 PHP 程序中。

【例 2.1】 显示“Hello，World”和当前日期、时间的 PHP 程序(eg2_1.php)。

```
<html>
<head>
 <meta charset="utf-8">
 <title>PHP 嵌入网页</title>
</head>
<body>
  <?php
    echo "Hello World!<br>";       //输出 Hello World!<br>
    echo date("Y-m-d H:i:s");      //输出当前日期和时间
  ?>
</body>
</html>
```

上述网页文件中，方框内的代码是 PHP 程序，它嵌入 HTML 的<body>元素中。PHP 程序的第一个 echo 语句包含 HTML 的
元素。可见，PHP 和 HTML 代码混合在一起，使生成的页面内容具有动态性。

PHP 程序的语法借鉴了 C 语言、Java 语言的语法风格。PHP 程序语法有以下规定。

1. HTML 文档嵌入 PHP 代码的方法

在 HTML 文档中嵌入 PHP 代码，最常用的方法是以“<? php”作为 PHP 程序的开始标记，以“? >”作为 PHP 程序的结束标记，构成一个 PHP 程序，其写法如下。

```
<?php
  …//此处为一系列 PHP 语句
?>
```

2. PHP 语句

PHP 程序一般由多条语句组成，每条语句以英文分号“;”结束，但 PHP 结束标记“? >”前的 PHP 语句可以省略结尾分号“;”。

3. 语句块

有些功能的实现由多个语句组成，这些语句必须作为一个整体执行，可以用花括号“{}”将这些语句括起来，形成一个语句块。例如，以下 for 语句的循环体为一个语句块。

```
<?php
for($i=1;$i<=5;$i++)
{
  echo "Hello World";
  echo "<br>";
}
?>
```

4. PHP 注释

为了让 PHP 程序具有可读性，可以在 PHP 程序的适当地方加入注释。PHP 的注释支持 C、Java 和 UNIX 风格的注释方式，有下列三种注释风格。

第 1 种：/* 多行注释 */

第 2 种：//单行注释

第 3 种：# UNIX Shell 风格的单行注释

视频讲解

2.2 PHP 数据类型

PHP 数据类型主要有 3 种：标量类型、复合类型和特殊类型。其中，标量类型又分为整型、浮点型、布尔型和字符串型。复合类型分为数组和对象。

2.2.1 标量数据类型

1. 布尔型

布尔型(boolean)是最简单的类型，其值为 TRUE 或 FALSE，TRUE 和 FALSE 不区分大小写。例如，PHP 程序如下。

```
<php
$a = TRUE;                                  //给变量$a赋值为 TRUE
echo $a;                                    //输出 1
?>
```

说明：用 echo 语句输出 TRUE 时，TRUE 自动转换为整数 1；使用 echo 输出 FALSE 时，FALSE 被自动转换为空字符串。

2. 整型

整型(integer)数据的字长和平台有关，在 32 位操作系统中，整数的有效范围为 −2 147 483 648～+2 147 483 647。在 64 位操作系统中，整数的范围为 $-9\times10^{18}\sim9\times10^{18}$。整数的最大值用常量 PHP_INT_MAX 表示，整数的最小值用常量 PHP_INT_MIN 表示。通常用十进制表示整数，例如，PHP 程序如下。

```
<?php
$a = 1234;                                  //十进制数
$b = -123;                                  //负数
echo $a."<br>";                             //输出 1234
echo $b;                                    //输出 -123
?>
```

3. 浮点型

浮点型(float)数据就是带有小数点的实数。浮点数的表示方法有常规的实数表示和科学记数法，科学记数法用于表示很大的实数或很小的小数。例如，123.65、2.13E12 都是浮点数，其中，2.13E12 是采用科学记数法表示的实数，代表实数 2.13×10^{12}。

4. 字符串型

字符串型(string)是一个字符系列。字符串的表示方法是用一对单引号“'”或双引号“"”括住的一串字符。如果字符串包含单引号，则需要把字符串的单引号用转义字符(\')表示。常用的转义字符如表 2.1 所示。

表 2.1 转义字符

转义字符	含义	转义字符	含义
\n	换行符	\\	反斜线\
\r	回车符	\$	美元符号 $
\t	水平制表符	\"	双引号"

【例 2.2】 一个简单的字符串示例程序(eg2_2.php)。

```
<?php
$first = 'Hello';
$second = "World";
$full1 = "$first $second";                  //值为 Hello World
$full2 = '$first $second';                  //值为 $first $second
echo $full1."<br>";                         //输出 Hello World
echo $full2;                                //输出 $first $second
?>
```

说明：使用双引号括住的字符串中若出现变量名(以"$"开头)，则变量名被替换为对应的变量值；使用单引号括住的字符串则不会。这是使用单引号和双引号括住字符串的区别。

2.2.2 复合数据类型

复合数据类型包括数组(array)和对象(object)。PHP数组是由一组有序的变量组成的，每个变量为一个元素，每个元素由键和值构成。关于数组的内容，将在2.6节介绍。关于对象的内容，将在第4章介绍。

2.2.3 特殊数据类型

1. 资源数据类型

资源(resource)是PHP提供的一种特殊数据类型，用于表示一个PHP的外部资源，如一个数据库的连接或者一个文件流等。利用变量来保存外部资源的引用。关于它们的使用将在后续相关章节介绍。

2. 空类型

空类型(NULL)是一个特殊的数据类型，它只有一个NULL值，表示一个未确定或不存在的值。

视频讲解

2.3 常量和变量

常量和变量是程序设计中经常使用的两种量，下面分别介绍它们。

2.3.1 常量

常量是程序运行过程中保持不变的量，常量一旦被定义，常量的值及其数据类型不再发生变化。PHP常量分为预定义常量和自定义常量。

1. PHP预定义常量

PHP预定义常量是PHP本身预先定义好的一组常量，可以在程序中直接使用。表2.2列举了常用的PHP预定义常量。

表2.2 常用的PHP预定义常量

PHP预定义常量	说明
__FILE__	当前执行的PHP程序文件名。若使用在一个被引用的文件(include或require)中，则该常量为被引用的文件名，而不是引用它的文件名
__DIR__	文件所在的目录

续表

PHP预定义常量	说　明
__LINE__	正在执行的PHP程序的当前行数
PHP_VERSION	当前PHP解释器的版本，如7.3.6
PHP_OS	执行PHP解析器所在的操作系统名称，如Linux
TRUE	表示真值。FALSE表示假值
E_ERROR	最近的错误处
E_WARNING	最近的警告处
DIRECTORY_SEPARATOR	表示目录分隔符，Linux平台的值为“/”；Windows平台的值为“\”

【例2.3】 输出PHP预定义常量值(eg2_3.php)。

```
<?php
    echo __FILE__;                    //输出:C:\xampp\htdocs\ch02\eg2_3.PHP
    echo "<br>";
    echo __LINE__;                    //输出:4
    echo "<br>";
    echo PHP_VERSION;                 //输出:7.3.6
    echo "<br>";
    echo PHP_OS;                      //输出: WINNT
    echo "<br>";
    echo DIRECTORY_SEPARATOR;         //输出: \
?>
```

2. 自定义常量

自定义常量在使用前定义，利用PHP的define()函数定义自定义常量，其语法格式如下。

```
define(name,value)
```

其中，name为定义的常量名，为字符串型数据；value为常量值。常量名以字母或下画线开始，后面跟着任何字母、数字或下画线，常量名中的字母是区分大小写的。

例如，以下PHP程序定义了3个常量。

```
<?php
define("PI",3.14159);
define("USERNAME","张小明");
define("YEAR",2019);
?>
```

说明：一个常量一旦被定义，就不能再改变或者取消定义。另外，不要在常量名前面加上美元符号“$”。

2.3.2 变量

1. 变量的命名

变量是其值会发生变化的量，用于临时存放数据或结果。变量通过变量名实现内存数据的按名存取。PHP 中变量名的命名要遵循以下原则。

(1) 变量名以美元符号"$"开头，如 $password。

(2) 变量名的第一个字符必须是字母或下画线，其后可以是字母、数字和下画线的组合，如 $my_name、$_filename 都是合法的变量名。

(3) 变量名是区分大小写的，如 $UserName 和 $userName 是不同的两个变量。

2. 给变量赋值

在 PHP 中，利用赋值运算符"="给变量赋予具体的值，变量的类型由程序运行过程中其值的类型确定。例如：

```
<?php
$userName = "李伟";
$age = 20;
?>
```

3. 可变变量

可变变量允许 PHP 程序动态地改变一个变量的变量名，即把一个变量的值作为另一个变量的名。

【例 2.4】 可变变量的示例程序(eg2_4.php)。

```
<?php
$var="age";
$$var=20;                    //$$var 是可变变量,用$$var 取代$age。本语句等价于:$age=20;
echo $age;                   //输出 20
?>
```

注意：将可变变量用于数组时，可能会出现歧义。例如，在可变变量 $$a[1] 中，PHP 解析器是将 $a[1] 作为一个变量，还是将 $$a 作为一个变量并取出该变量中索引号为 1 的值？为了解决这种歧义问题，可以用 ${$a[1]} 和 ${$a}[1] 分别表示上述两种情况。

4. 预定义变量

PHP 提供了大量的预定义变量，即 PHP 内置的变量，如 $_SERVER、$_GET、$_POST、$_REQUEST、$_FILES、$_SESSION、$_COOKIE 等，它们可获取 Web 服务器的基本信息，获取客户端浏览器发送过来的数据。关于它们的使用，将在后续相关章节中介绍。

视频讲解

2.4 运算符和表达式

运算符用来对变量、常量或数据进行计算，完成指定的操作。表达式是使用运算符将变量、常量或函数连接起来，构成有意义的式子。最简单的表达式形式是常量和变量。

2.4.1 运算符

PHP 运算符与 C 语言、Java 语言的运算符相同，包括算术运算符、字符串运算符、关系运算符、逻辑运算符、条件运算符、赋值运算符等。

1. 算术运算符

算术运算符是用来处理四则运算的符号，其运算规则与数学的四则运算相同。表 2.3 列出了常用的算术运算符及其含义。

表 2.3 算术运算符

符号	含义	用法(假设 $a=10，$b=3)	结果
-	取反	-$a	-10
+	加法	$a+$b	13
-	减法	$a-$b	7
*	乘法	$a*$b	30
/	除法	$a/$b	3.33
%	取余数(取模)	$a%$b	1
**	乘方	$a**3	1000

说明：

(1) 除法运算结果总是返回浮点数。只有两个操作数都是整数并且能整除，结果才是一个整数。

(2) 取余数运算符的操作数在运算之前都会转换成整数(即除去小数部分)。取余数运算符“%”的结果的符号位和被除数的符号相同。即 $a%$b 的结果的符号位和 $a 的符号相同。

2. 自增和自减运算符

自增和自减运算符的用法如表 2.4 所示。

表 2.4 自增和自减运算符

符号	含义	用法(假设 $a=10)	计算过程	结果
++	自增	$b= $a++;	返回 $a 的值，然后 $a 的值加 1	$a=11，$b=10
		$b= ++$a;	$a 的值加 1，然后返回 $a 的值	$a=11，$b=11
--	自减	$b= $a--;	返回 $a 的值，然后 $a 的值减 1	$a=9，$b=10
		$b= --$a;	$a 的值减 1，然后返回 $a 的值	$a=9，$b=9

3. 字符串连接运算符

字符串连接运算符只有一个点运算符“.”，它用来将两个字符串连接成一个新的字符串。例如：

```
<?php
$a = "Hello ";
$b = $a . "World!";         //$b的值为"Hello World!"
?>
```

4. 比较运算符

比较运算符用来比较两个相同类型的数据的大小、是否相等的关系，比较的结果是一个布尔型，值为TRUE或FALSE。表2.5列出了比较运算符及其含义。

表2.5 比较运算符

比　较　符	含　　义	用法(假设 $a=10, $b=3)	结　　果
<	小于	$a<$b	FALSE
>	大于	$a>$b	TRUE
<=	小于或等于	$a<=$b	FALSE
>=	大于或等于	$a>=$b	TRUE
==	等于	$a==$b	FALSE
!=	不等于	$a!=$b	TRUE

5. 逻辑运算符

逻辑运算符用来连接一个或两个布尔型数据或表达式，逻辑运算的结果是TRUE或FALSE。通常，逻辑运算符用来表示一个复杂的条件。表2.6列出了逻辑运算符及其含义。

表2.6 逻辑运算符

符　　号	含义	用　　法	结　　果
&& 或 and	与	$a && $b	如果$a与$b的值都是TRUE，结果为TRUE；否则为FALSE
|| 或 or	或	$a || $b	如果$a与$b的值至少有一个是TRUE，结果为TRUE；否则为FALSE
!	非	!$a	如果$a值是TRUE，结果为FALSE；否则为TRUE
xor	异或	$a xor $b	如果$a与$b的值中只有一个是TRUE，结果为TRUE；否则为FALSE

注意：在表达式$a && $b中，若$a的值为FALSE，则整个表达式的值为FALSE，此时$b表达式不进行任何计算。在表达式$a || $b中，若$a的值为TRUE，则整个表达式的值为TRUE，此时$b表达式不进行任何计算。

【例2.5】 关于逻辑运算符的示例PHP程序(eg2_5.php)。

```
<?php
$a=4;
$b=3;
$c=2;
$a<$c && $b++>0;            //因为$a<$c不成立，所以不执行$b++>0的计算
```

```
$a>0 || $c++>0;            //因为$a>0成立,所以不执行$c++>0的计算
echo "<br>\$b=".$b;        //输出:$b=3
echo "<br>\$c=".$c;        //输出:$c=2
?>
```

6. 赋值运算符

赋值运算符"="是将"="右边表达式的值赋给左边的变量。赋值表达式的值是"="左边变量的值。

赋值运算符除了"="外,还提供了组合赋值运算符: +=、-=、*=、/=、%=、.=等。利用这些组合赋值运算符,可以用"="左边的变量作为"="右边表达式中的一个运算量,进行相应的运算,再把结果赋给"="左边的变量,如表2.7所示。

表2.7 组合赋值运算符

组合赋值表达式	等价形式	组合赋值表达式	等价形式
$x += $y	$x = $x + $y	$x /= $y	$x = $x / $y
$x -= $y	$x = $x - $y	$x %= $y	$x = $x % $y
$x *= $y	$x = $x * $y	$x .= $y	$x = $x . $y

下面是一个赋值运算符的应用例子。

```
<?
$a=8;
$b=2;
$a+=7;                     //即$a=$a+7; 结果为15
$b*=$a+4;                  //即$b=$b*($a+4); 结果为38
echo $a;                   //输出15
echo $b;                   //输出38
?>
```

7. 条件运算符

条件运算符的语法格式为

```
表达式1?表达式2:表达式3
```

条件运算符需要3个操作数,因此条件运算符称为三目运算符。由条件运算符组成的表达式称为条件表达式。其执行过程为:如果表达式1的值为TRUE,该条件表达式的值为表达式2的值;否则为表达式3的值。下面是一个条件表达式的程序示例。

```
<?php
$a=2;
$b=($a>4)?$a+5:$a-5;
echo $b;                   //输出 -3
?>
```

2.4.2 运算符优先级

一个复杂的表达式往往包含多种运算符，在计算表达式时，按照运算符的优先级高低顺序，执行相应的运算，高优先级的运算符先被执行，低优先级的运算符后被执行。如果多个运算符的优先级相同，则按照运算符的结合性，进行相应的计算。表 2.8 按照优先级从高到低列出了 PHP 各种运算符。同一行的运算符具有相同优先级，此时按它们的结合方向决定求值顺序。

表 2.8 PHP 运算符的优先级

运 算 符	结合方向	运算符说明
**	右	乘方
++ -- ~ (int) (float) (string)	右	自增，自减，位取反，强制类型转换
!	右	逻辑非
* / %	左	乘，除，取余数
+ - .	左	加，减，字符串连接
<< >>	左	位运算左移，位右移
< <= > >=	不限制	比较运算符
== != === !== <>	不限制	比较运算符
&	左	位运算与
^	左	位运算异或
|	左	位运算或
&&	左	逻辑与
||	左	逻辑或
? :	左	条件运算符
= += -= *= **= /= .= %= &= |= ^= <<= >>=	右	赋值运算符
and	左	逻辑与
xor	左	逻辑异或
or	左	逻辑或

2.5 PHP 流程控制语句

在没有流程控制语句的情况下，程序按照其语句的顺序执行。流程控制语句用于控制程序的执行流程，它分为条件语句、循环语句、跳转语句和终止语句。这些语句的语法与 C

语言、Java的语法相同。

2.5.1 条件语句

视频讲解

条件语句用于实现分支结构程序设计,可以用 if…else 语句或者 switch 语句实现。

1. if 语句

if 语句有 3 种语法形式。最简单的 if 语句形式如下。

```
if (表达式) {
  语句块
}
```

功能:如果表达式的值为真(TRUE),则执行语句块的语句;否则忽略语句块,执行 if 语句后的语句。

第 2 种形式的 if 语句是 if…else 语句,其语法格式如下。

```
if (表达式) {
    语句块 1
} else {
    语句块 2
}
```

功能:如果表达式的值为真(TRUE),则执行语句块 1 的语句序列;否则执行语句块 2 的语句序列。

【例 2.6】 利用 if…else 语句判断两个变量的值是否相等(eg2_6.php)。

```
<?php
$a=1;
$b=2;
if ($a==$b) {
  echo "a 等于 b";
} else
   echo "a 不等于 b";
?>
```

第 3 种形式的 if 语句是多分支语句 if…elseif…else 语句,用于判断条件有多种可能的情形。其语法格式如下。

```
if (表达式 1) {
    语句块 1
}
elseif (表达式 2) {
    语句块 2
}
…
elseif (表达式 n) {
```

```
    语句块 n
}
else {
    语句块 n+1
}
```

功能：按照表达式的顺序，逐个地判断表达式的值是否为真(TRUE)，如果检测到某一个表达式的值为真(TRUE)，则执行与之相应的语句块。如果所有表达式的值都是假值(FALSE)，则执行 else 子句中的语句块。

【例 2.7】 根据学生成绩，确定成绩的等级。成绩等级规定为：90～100 分为优秀，80～89 分为良好，70～79 分为中等，60～69 分为及格，60 分以下为不及格。

实现此问题的 PHP 程序(eg2_7.php)如下。

```
<?php
$score=$_GET["score"];
if ($score>=90 && $score<=100){
    echo "优秀";
}elseif($score>=80 && $score<90){
    echo "良好";
}elseif($score>=70 && $score<80){
    echo "中等";
}elseif($score>=60 && $score<70){
    echo "及格";
}else{
    echo "不及格";
}
?>
```

打开浏览器，输入网址 http://localhost/ch02/eg2_7.php? score=87，按 Enter 键，访问本 PHP 程序，输出结果“良好”。如果输入的网址是 http://localhost/ch02/eg2_7.php?score=56，输出结果是“不及格”。网址中“=”号右边的数值代表输入的成绩，将网址中“=”号右边的数值改为其他数值，则输出相应的成绩等级。

说明：程序中使用了全局数组元素 $_GET["score"]接收浏览器提供的参数 score 的值。

2. switch 语句

switch 语句用于判断表达式的值有多种可能的分支控制结构，其语法格式如下。

```
switch (表达式) {
  case 值 1:
    语句块 1;
    break;
  case 值 2:
    语句块 2;
    break;
  …
```

```
  default:
    语句块 n;
}
```

功能：执行 switch 语句时，首先计算表达式的值，然后按顺序与每个 case 子句的常量值进行比较是否相等。若表达式的值与某个 case 子句的常量值相等，则执行对应 case 子句的语句块，直到遇到 break 语句，才结束 switch 语句的执行。如果表达式的值与所有 case 子句的常量值不相等，并且末尾有 default 子句，则执行 default 子句的语句块。

【例 2.8】 根据计算机的系统日期显示今天星期几，如果是星期六和星期日，显示"今天放假"。

实现该问题的 PHP 程序(eg2_8.php)如下。

```
<?php
switch (date("D")) {
  case "Mon":
    echo "今天星期一";
    break;
  case "Tue":
    echo "今天星期二";
    break;
  case "Wed":
    echo "今天星期三";
    break;
  case "Thu":
    echo "今天星期四";
    break;
  case "Fri":
    echo "今天星期五";
    break;
  default:
    echo "今天放假";
    break;
}
?>
```

程序中，使用 date("D")函数返回代表星期几的英文缩写字符串，例如，如果当前时间是星期一，该函数的返回值为"Mon"。此外，break 语句的作用是跳出当前的 switch 语句，防止进入下一个 case 子名或者 default 子句。

2.5.2 循环语句

视频讲解

循环语句是在指定条件成立的情况下，重复执行一个语句块；当指定的条件不成立时，退出循环，执行循环语句后面的语句。PHP 的循环语句有 while 语句、for 语句以及 do…while 语句。

1. while 语句

while 循环语句的语法格式为

```
while (条件表达式) {
  语句块
}
```

功能：当条件表达式的值为 TRUE 时，重复执行语句块，直到条件表达式的值为 FALSE 时才跳出 while 循环。while 语句中的语句块称为循环体，每次循环时都要执行一次循环体。

【例 2.9】 用 while 语句编程计算 $1^2+2^2+\cdots+100^2$ 的结果(eg2_9.php)。

```
<?php
$sum=0;
$n=1;
while($n<=100){
    $sum=$sum+$n * $n;
    $n++;
}
echo $sum;                    //输出:338350
?>
```

2. for 语句

for 循环语句的语法格式为

```
for (表达式 1; 表达式 2; 表达式 3) {
  语句块
}
```

for 语句中，各个表达式的功能为：表达式 1 用来初始化循环变量，指定循环变量的初值，表达式 1 只执行一次。表达式 2 为循环条件，若表达式 2 的值为 TRUE，则执行语句块；否则跳出 for 循环。每次循环开始时都会重新计算表达式 2 的值。表达式 3 是在每次执行完语句块后执行的，通常用来更新循环变量的值。

在 for 语句中，可以根据需要，省略其中的一个或多个表达式。

【例 2.10】 用 for 语句编程实现计算 $1^2+2^2+\cdots+100^2$ 的结果(eg2_10.php)。

```
<?php
$sum=0;
for($n=1;$n<=100;$n++){
    $sum=$sum+$n * $n;
}
echo $sum;                    //输出:338350
?>
```

3. do…while 语句

do…while 循环语句的语法格式为

```
do {
   语句块
} while (条件表达式);
```

do…while 循环语句是先执行语句块，然后再判断条件表达式的值是否为 TRUE，如果为 TRUE，则继续执行 do 语句的语句块，直到条件表达式的值为 FALSE 才跳出 do…while 循环语句。

do…while 循环语句至少执行一次循环体，而 while 循环语句在开始时循环条件为 FALSE 时就不执行循环体，这是两者的差别。

【例 2.11】 用 do…while 语句编程实现计算 $1^2+2^2+\cdots+100^2$ 的结果(eg2_11.php)。

```
<?php
$sum=0;
$n=1;
do{
    $sum=$sum+$n * $n;
    $n++;
}while ($n<=100);
echo $sum;                    //输出:338350
?>
```

2.5.3 跳转语句

1. break 语句

break 语句的功能是跳出当前执行的循环语句。

【例 2.12】 编程计算 s=1+2+…+100 的结果(eg2_12.php)。

```
<?php
$s=0;
for($n=1;;$n++){
    $s=$s+$n;
    if($n==100)
        break;
}
echo $s;                      //输出 5050
?>
```

2. continue 语句

continue 语句的功能是跳过本次循环的后续语句，并开始执行下一次循环。

【例 2.13】 编程计算 s=1+3+…+99 的结果(eg2_13.php)。

```
<?php
$s=0;
for($n=1;$n<=100;$n++){
    if($n%2==0)
```

```
        continue;
    $s=$s+$n;
}
echo $s;                    //输出 2500
?>
```

break 语句和 continue 语句往往与 if 语句搭配，写在循环体中，能够根据给定的条件，跳转循环。

2.6 PHP 数组

一个变量只能存储一个数据，PHP 数组是一组数据的集合，数组由多个元素组成，数组的每个元素都是一个变量，它由数组名和键（即下标）标识，键可以是数字、字符串，用于指明数组元素在数组中的位置；值是数组元素的值，可以是任意数据类型。数组分为一维数组、二维数组，以及多维数组。本节只介绍一维数组和二维数组，以及与数组相关的常用函数。

视频讲解

2.6.1 创建一维数组

创建一维数组的方法主要有两种：第一种方法是通过给数组元素赋值创建数组；第二种方法是利用 array()函数创建数组。

1. 给数组元素赋值创建一维数组

给数组元素赋值创建数组的基本格式为

```
$arr[]=value;
$arr[key]=value
```

其中，key 是键，可以是数字或字符串。第一种格式是在现有数组的末尾增加一个新的数组元素，其键值为最后一个元素的键值+1，并给数组元素赋值；第二种格式给指定键的数组元素赋值。这两种格式主要应用于数组的大小未知或者数组大小动态改变的情况。

【例 2.14】 对数组元素进行赋值，创建数组(eg2_14.php)。

```
<?php
$colors[0]="red";
$colors[1]="green";
$colors[]="white";
$colors["blue"]="blue";
print_r($colors);
?>
```

输出结果为

```
Array([0] => red [1] => green [2] => white [blue] => blue)
```

2. 利用 array()函数创建一维数组

应用 array()函数创建一维数组的格式为

```
array(mixed1,mixed2,…)
```

其中,mixed1、mixed2 等参数的形式为“key=>value”,分别定义键名(key)和值(value)。

说明:数组中的键(key)可以是数字或者字符串,如果省略键,则自动产生从 0 开始的整数为键。如果键是整数,则下一个数组元素的键是当前最大的整数键值+1。如果定义两个完全相同的键,则该数组元素的值被后一个值覆盖。

【例 2.15】 应用 array()函数创建一维数组(eg2_15.php)。

```
<?php
$books=array(0=>"Java 程序设计",1=>"Python 语言基础",
    2=>"JSP 网站开发",2=>"数据结构");
print_r($books);
?>
```

输出结果为

```
Array([0] => Java 程序设计 [1] => Python 语言基础 [2] => 数据结构)
```

从输出的结果可以看出,键为 2 的数组元素值已被最后一个值覆盖。

2.6.2 创建二维数组

视频讲解

二维数组的数组元素是一个一维数组,其创建方法与一维数组的创建方法相同。

1. 给数组元素赋值为一维数组

【例 2.16】 创建一个二维数组 $books,用来存储 3 本书的书名、作者和价格(eg2_16.php)。

```
<?php
$books[0]=array("Java 程序设计","张三",45.5);
$books[1]=array("Python 语言基础","李四",52);
$books[2]=array("JSP 网站开发","王五",48.5);
print_r($books);
?>
```

运行结果为

```
Array ([0] => Array ([0] => Java 程序设计 [1] => 张三 [2] => 45.5) [1] => Array
([0] => Python 语言基础 [1] => 李四 [2] => 52) [2] => Array ([0] => JSP 网站开发 [1]
=> 王五 [2] => 48.5))
```

2. 利用 array()函数创建二维数组

【例 2.17】 使用 array()创建一个二维数组(eg2_17.php)。

```
<?php
$books=array(
```

```
    0=>array("Java 程序设计","张三",45.5),
    1=>array("Python 语言基础","李四",52),
    2=>array("JSP 网站开发","王五",48.5)
);
print_r($books);
echo "<br>";
echo $books[1][1];          //输出:李四
?>
```

本程序创建的二维数组 $ books 与例 2.16 的二维数组是相同的，只是实现方式不同。

视频讲解

2.6.3 访问数组元素和遍历数组

1. 访问数组元素

创建了数组之后，可以获取数组元素的值，也可以对数组元素重新赋值。例如，以下代码输出例 2.17 的二维数组元素 $ books[1][1]，再重新赋值。

```
echo $books[1][1];          //输出:李四
$books[1][1]="李小伟";
echo $books[1][1];          //输出:李小伟
```

2. 遍历数组

遍历数组是访问数组的每一个元素。通常用 foreach 语句遍历数组。foreach 语句有以下两种用法。

```
格式 1:foreach(array as $value)
          语句块
格式 2:foreach(array as $key=>$value)
          语句块
```

foreach 语句将遍历数组 array，每次循环时，将数组的当前元素值赋给 $ value（或者 $ key 和 $ value）。同时数组指针向后移动，直到遍历完数组才结束循环。当使用 foreach 语句时，数组指针将被自动重置，指向第一个数组元素。

【例 2.18】 输出二维数组 $ books 的所有数组元素（eg2_18.php）。

```
<?php
$books=array(
    0=>array("Java 程序设计","张三",45.5),
    1=>array("Python 语言基础","李四",52),
    2=>array("JSP 网站开发","王五",48.5)
);
foreach($books as $key1=>$arr_value){
    foreach($arr_value as $key2=>$value){
        echo $books[$key1][$key2]." ";
    }
    echo "<br>";
```

```
}
?>
```

2.6.4 常用的数组操作函数

PHP 提供了丰富的数组处理函数，有八十多个数组处理函数。本节介绍其中一部分常用的数组处理函数。

1. range()函数

range()函数的语法格式为

```
array range(mixed start, mixed end)
```

功能：创建一个从 start 到 end 范围内的数字数组或者字符串数组。

例如，以下程序产生两个数组，$num_arr 数组的元素值为 1、2、3、4，$str_arr 数组的元素值为'a'、'b'、'c'、'd'(程序文件名 range.php)。

```
<?php
$num_arr=range(1,4);
$str_arr=range('a','d');
print_r($num_arr);              //输出:Array([0] => 1 [1] => 2 [2] => 3 [3] => 4)
echo "<br>";
print_r($str_arr);              //输出:Array([0] => a [1] => b [2] => c [3] => d)
?>
```

2. explode()函数

explode()函数语法格式为

```
array explode(string delimiter, string str)
```

功能：使用指定的字符串分隔符 delimiter 分割字符串 str，将分割后的字符串存放到数组中，并返回该数组。

例如，以下程序将逗号连接的字符串"北京，上海，广州"分割为 3 个字符串，存储到一维数组。$str_cities(文件名 explode.php)。

```
<?php
$str_cities="北京,上海,广州";
$arr=explode(",",$str_cities);
print_r($arr);                  //输出:Array([0] => 北京 [1] => 上海 [2] => 广州)
?>
```

3. implode()函数

implode()函数语法格式为

```
string implode(string glue, array arr)
```

功能：用连接字符串 glue 将数组 arr 的所有元素连接起来，形成一个字符串，并返回该字符串。

例如,以下程序将 $arr 数组的 4 个数组元素的值用字符串"--"连接,生成一个新的字符串"北京--广州--上海--南宁"(文件名 implode.php)。

```
<?php
$arr=array("北京","广州","上海","南宁");
$str=implode("--",$arr);
echo $str;                              //输出:北京--广州--上海--南宁
?>
```

4. count()函数

count()函数的语法格式为

```
int count(array arr [,int mode])
```

功能:返回数组中元素的个数。如果数组是多维数组,则返回第一维的元素个数。如果要统计多维数组的所有元素的个数,需将 mode 参数设置为 1。

5. array_sum()函数

array_sum()函数的语法格式为

```
int array_sum(array $array)
```

功能:统计数组中所有元素值的和。

例如,以下程序用来计算 90、100、80、70、60 的和(count_sum.php)。

```
<?php
$arr=array(90,100,80,70,60);
$count=count($arr);
$sum=array_sum($arr);
echo $count."<br>";                     //输出:5
echo $sum;                              //输出:400
?>
```

6. list()函数

list()函数的语法格式为

```
list(var1, var2, …, varn)=array arr
```

功能:将数组的元素值赋给一组变量。要求数组 arr 中的所有键均为数字,且数字键从 0 开始递增。

7. each()函数

each()函数的语法格式为

```
array each(array $array)
```

功能:each()函数返回数组中当前指针所在位置的键名和对应的值,并将数组指针指向下一个元素。返回值是一个包含 4 个元素的关联数组,其中,键 0、key 对应的是数组元素的键;键 1、value 对应的是数组元素的值。

【例 2.19】 利用 list()函数、each()函数和循环语句遍历数组,输出数组的键和元素值(eg2_19.php)。

```
<?php
$books=array(0=>"Java程序设计",1=>"Python语言基础",2=>"JSP网站开发");
while(list($name,$value)=each($books)){
    echo "$name=$value"."<br>";
}
?>
```

其他PHP数组处理函数不再一一介绍，可参考PHP在线手册(https://www.php.net/manual/zh/ref.array.php)。

2.7 自定义函数及其使用

在软件开发过程中，完成某一操作功能的代码段往往要重复使用多次，可以把重复使用的代码段独立出来，定义为一个函数，然后便可以重复使用，这样做可以减少代码量，提高工作效率，节省开发时间，增强代码的重用性。

2.7.1 自定义函数的定义

定义自定义函数的语法格式为

```
function 函数名([参数1,参数2,…]) {
    函数体
    [return 表达式]
}
```

说明：

(1) function为保留字，表示定义一个自定义函数。函数名由字母开头，其后是数字、字母或者下画线组成。

(2) 参数1、参数2等参数是可选项，可有可无，可以有多个参数，参数之间用逗号“,”分隔。参数的类型不必指定，可以是任何变量类型，包括数组、字符串或者整数等。

(3) 函数体是函数的主体，一般由多个语句组成，完成某一特定的功能。

(4) 函数若有返回值，需使用return语句返回结果值，并结束函数的执行。

2.7.2 自定义函数的调用

定义好自定义函数后，便可以在表达式、赋值语句等处调用自定义函数了，也可以语句形式调用函数。调用函数的语法格式为

```
函数名([数据1,数据2,…])
```

说明：如果在定义函数时定义了参数，那么在调用函数时，需要提供参数的实际数据，传递给相应的参数。

【例 2.20】 定义一个自定义函数,用于计算两个数的平方和,然后调用函数(eg2_20.php)。

```
<?php
function compute($a,$b){
    $c=$a*$a+$b*$b
    return $c;
}
echo compute(2,3);              //调用函数,输出:13
echo "<br>";
echo compute(4,5);              //输出:41
?>
```

本程序中,return 语句返回一个函数值。如果函数需要返回多个值,可以通过返回数组的方法实现。例如,如下程序中的 fun()函数返回多个数。

```
<?
function fun(){
  return array(1,2,3);
}
list($one,$two,$three)=fun();
echo $one.",".$two.",".$three;    //输出:1,2,3
?>
```

视频讲解

2.7.3 自定义函数的参数传递

在定义函数时,定义的参数称为形式参数(简称形参),那么在调用函数时,需要给形式参数传递相应的实际数据,被传入的数据称为实际参数(简称实参)。实际参数可以是变量、常量或者表达式。PHP 支持按值传递、按引用传递和默认参数值三种参数传递方式。

1. 按值传递方式

按值传递是 PHP 调用函数时默认的参数传递方式,它将实参的值传递给被调用函数的相应形参,在函数内部对形参进行操作,形参的结果不会影响实参,即函数返回后实参的值不会改变。

【例 2.21】 以下程序在 fun1()函数中对形参 $a 的值进行了修改,调用 fun1()函数结束后输出相应的实参 $x 的值。

```
<?php
function fun1($a){
    $a=$a*2+10;
    echo "函数内形参\$a 的值:".$a."<br>";
}
$x=10;
fun1($x);
echo "调用 fun1()函数后实参\$x 的值:".$x;
?>
```

程序运行结果如下。

```
函数内形参$a 的值:30
调用 fun1()函数后实参$x 的值:10
```

2. 按引用传递方式

按引用传递是将实参的内存地址传递给形参。在被调用函数内部对形参的所有操作都影响到相应实参的值,函数返回后,实参的值会发生变化。

对参数采用引用传递方式,只需要在函数定义时,在参数的前面加上符号“&”。

【例 2.22】 对例 2.21 的函数参数采用引用传递方式传递(eg2_22.php)。

```
<?php
function fun1(&$a){
    $a=$a * 2+10;
    echo "函数内形参\$a 的值:".$a."<br>";
}
$x=10;
fun1($x);
echo "调用 fun1()函数后实参\$x 的值:".$x;
?>
```

程序运行结果如下。

```
函数内形参$a 的值:30
调用 fun1()函数后实参$x 的值:30
```

可见,采用引用传递方式,实参 $ x 的值发生了变化,与相应形参 $ a 的值相同。因为它们共用相同的内存地址。

3. 默认参数

在定义函数时,可以指定形参的默认值,此参数称为默认参数。这样,调用函数时,可以给默认参数传递实际数据,也可以不传递实际数据,此时默认参数的值为默认值。

【例 2.23】 使用函数参数的默认值(eg2_23.php)。

```
<?php
function add($a,$b=10){
    return $a+$b;
}
echo add(20,30)."<br>";            //输出:50
echo add(20);                      //输出:30
?>
```

注意:使用默认参数时,默认参数必须放在非默认参数之后;否则,调用函数可能会出错。

2.7.4 变量的作用域

变量的作用域是指变量在程序中的有效使用范围。按变量的作用域不同,将变量分为

全局变量、局部变量和静态变量。

全局变量是被定义在所有函数以外的变量。其作用域是整个 PHP 程序文件,但在自定义函数内部是不可用的。如果要在自定义函数内部使用全局变量,需要使用 global 关键字声明,或者使用全局数组 $GLOBALS 进行访问。

局部变量是在函数内部定义的变量,其作用域是只能在函数内部使用,在函数外部不能使用。

静态变量是在函数内部用 static 关键字声明的变量。静态变量只在函数内部使用,函数调用结束后仍保留静态变量的值,直到当前 PHP 程序结束。

【例 2.24】 全局变量和局部变量的示例程序(eg2_24.php)。

```
<?php
$var1=2;
$var2=5;
function test(){
    $var1=10;
    echo $var1."<br>";              //输出:10
    global $var2;                   //声明$var2 是全局变量,不建议使用这种方式
    echo $var2;                     //输出:5
    $var2=20;
}
test();
echo "<br>调用 test()函数后<br>";
echo $var1."<br>";                  //输出:2
echo $var2;                         //输出:20
?>
```

【例 2.25】 静态变量的示例程序(eg2_25.php)。

```
<?php
function test() {
    static $a = 0;
    $a++;
    echo $a;
}
test();                             //输出:1
echo "<br>";
test();                             //输出:2
?>
```

在此例中,每次调用 test()函数,静态变量 $a 的值增加 1,并输出 $a 的值。

视频讲解

2.8 引用文件

引用文件是指将另一个文件的全部内容包含到当前执行的文件中。利用引用文件方法可以将常用的功能写成一系列函数,存放到一个文件中,然后引用该文件,就可以调用文件

中的函数了。可以使用 include 语句或者 require 语句引用文件。

1. include 语句

include 语句的语法格式为

```
include(string filename)
```

使用 include 语句引用外部文件时，程序执行到 include 语句才读取外部文件，并执行外部文件的代码。当引用的外部文件发生错误时，给出一个警告，PHP 程序继续执行下一条语句。

【例 2.26】 include 语句的应用。

程序 1：文件名为 vars.php。

```
<?php
$color = 'green';
$fruit = 'apple';
?>
```

程序 2：文件名为 test.php。

```
<?php
include("vars.php");
echo "A $color $fruit";            //输出 A green apple
?>
```

2. require 语句

require 语句的语法格式为

```
require(string filename)
```

require 语句的功能与 include 语句类似，都是实现外部文件的引用。一般地，将 require 语句写在 PHP 程序的开头，用于引用公共函数文件和公共类文件。

例如，例 2.26 的 test.php 程序中的 include 语句可以用 require 语句代替。

```
<?php
require("vars.php");
echo "A $color $fruit";            //输出 A green apple
?>
```

3. include 语句和 require 语句的区别

include 语句和 require 语句的语法和功能是类似的，两者之间的差别主要是对执行失败的处理方式不同。include 语句在找不到外部文件时，则会显示一个警告信息，程序继续执行。而 require 语句在引用外部文件时，如果找不到外部文件，会显示错误信息，并立即终止程序的执行。

4. require_once 语句和 include_once 语句

require_once 语句的功能与 require 语句基本相同，不同的是，在执行 require_once 语句时先检查要引用的文件是否在该程序的其他地方被引用过，如果已经引用过，则不再重复引用该文件。

include_once 语句的功能与 include 语句基本相同。不同之处是，include_once 语句引用外部文件时，先检查外部文件是否在该 PHP 的其他地方被引用过，如果已引用过，则不会重复引用该外部文件，保证只能引用一次。这样，保证了程序中不会重复声明同名的自定义函数。

2.9 上机实践

1. 随机产生一个 4 位的数字作为年份，判断该年是否闰年。

提示：①用 rand(1000,9999)函数产生 4 位的随机整数。②闰年的判断条件是：年份能被 4 整除，并且不能被 100 整除；或者年份能被 400 整除。

2. 编写一个 PHP 程序，分别用 while 语句、for 语句和 do…while 语句计算 n！的值，并输出其结果。在访问本程序时通过浏览器地址栏附加参数 n 值提供 n 的值。

3. 求两个整数 m 和 n 的最大公约数。要求将最大公约数的计算定义为自定义函数，m、n 的值由访问本程序时通过浏览器地址栏附加参数方式提供。

提示：可用辗转相除法计算两个整数的最大公约数。

习题 2

一、单项选择题

1. 正确的 PHP 变量名是(　　)。

A. ＄12abc　　B. ＄abc＋cd　　C. ＄ab_c　　D. ab_c

2. 标识 PHP 程序的标记是(　　)。

A. < … >　　B. <? php … ? >

C. ? … ?　　D. /* … */

3. 支持多行注解的 PHP 注解符是(　　)。

A. //　　B. #　　C. /*　　*/　　D. '

4. PHP 语句以(　　)符号结束。

A. .　　B. :

C. ;　　D. 无需任何符号，换行就行

5. PHP 中变量的命名必须以(　　)开头。

A. #　　B. @　　C. ?　　D. $

6. 在 PHP 中定义常量的函数是(　　)。

A. Print　　B. ereg　　C. Split　　D. define

7. 对于常量的说法，正确的是(　　)。

A. 可以用赋值语句给一个常量赋值

B. 一个常量可以使用变量的值

C. 一个常量可以保存多个值

D. 常量的值一旦设定之后，在脚本的其他地方就不能再改变

8. 在 PHP 中，以下定义常量正确的是(　　)。

A. define("NAME","李明")　　B. NAME = "李明"

C. $NAME = "李明"　　D. set NAME = "李明"

9. 执行以下 PHP 程序后，$c 的值是(　　)。

```
<?php $a=100; $b=50; $c=$a/$b; ?>
```

A. 2　　B. 0　　C. 150　　D. 50

10. 在 PHP 中，使用(　　)符号连接两个字符串。

A. +　　B. ^　　C. .　　D. &

11. 语句 echo −8%3;的输出结果是(　　)。

A. −2　　B. 2　　C. 0　　D. 3

12. 语句 echo 8%(−3);的输出结果是(　　)。

A. −2　　B. 2　　C. 0　　D. 3

13. 以下 PHP 程序的输出结果是(　　)。

```
<?php
$name="李小明";
$var="name";
echo $$var;
?>
```

A. 李小明　　B. name

C. undefined variant $var　　D. $name

14. 语句 for($i=1;$i<100;$i+=3);执行结束后，变量 $i 的值是(　　)。

A. 99　　B. 100　　C. 101　　D. 102

15. 语句 for($i=1;$i<100;$i+=3);执行了(　　)次循环。

A. 31　　B. 32　　C. 33　　D. 34

16. 以下 PHP 程序的输出结果是(　　)。

```
<?php
for ($n=1;$n<=10;$n++){
  if ($n>=4) break;
  echo $n;
}
echo $n;
?>
```

A. 123　　B. 1234　　C. 12345　　D. 123456

17. 以下 PHP 程序的输出结果是(　　)。

```
<?php
for ($n=1;$n<=10;$n++){
```

```
    if ($n%2 ==0) continue;
    echo $n;
}
echo $n;
?>
```

A. 12345　　B. 24681011　　C. 13579　　D. 1357911

18. 执行语句 list($a,$b,$c)=array(1,2,3,4,5);后,变量$b的值是(　　)。

A. 1　　B. 2　　C. 3　　D. 4

19. 执行语句$arr=explode(",","北京,上海,广州,深圳");后,数组元素$arr[2]的值是(　　)。

A. 上海　　B. 广州　　C. 深圳　　D. 北京

20. 执行以下PHP程序,输出结果是(　　)。

```
<?php
$arr=array(1,2,3,4);
$str=implode("-",$arr);
echo $str;
?>
```

A. 1234　　B. 1-2-3-4　　C. 1 2 3 4　　D. 1,2,3,4

二、问答题

1. 在HTML网页文件中如何嵌入PHP程序?
2. PHP支持哪些数据类型?
3. PHP中有哪几种流程控制结构?实现分支结构和循环结构的各有哪些语句?
4. break与continue语句在循环中的作用是什么?
5. PHP函数中参数传递有哪几种方式?各有什么区别?

PHP 常用内置函数

为便于各类应用的开发，PHP 提供了极为丰富的各种内置函数。适当使用 PHP 的内置函数，既可简化 PHP 程序代码的编写，又可方便地实现所需要的有关功能。本章主要对 PHP Web 应用开发中常用的一些内置函数进行简要介绍，包括数学函数、字符串处理函数、日期和时间函数、文件操作函数、检测函数等。

3.1 数学函数

数学函数主要用于实现各种数学运算，或对有关的数值进行相应的处理。PHP 所提供的数学函数是十分全面的，常用的有 abs()、floor()、ceil()、round()、rand()、pow()与 sqrt()等。

1. abs()函数

abs()为绝对值函数，其语法格式为

```
number abs(mixed $value)
```

参数：value 用于指定要处理的数值，其类型为 mixed(即可以接受多种不同的类型)。

返回值：value 的绝对值，其类型为 number(即 integer 或 float)。若参数 value 的类型为 float，则返回值的类型也为 float，否则为 integer。

【例 3.1】 abs()函数应用示例(math01.php)。

```
<?php
echo "abs(1)=".abs(1)."<br>";
echo "abs(0)=".abs(0)."<br>";
echo "abs(-1)=".abs(-1)."<br>";
echo "abs(-1.5)=".abs(-1.5)."<br>";
?>
```

该示例的运行结果如图3.1所示。

图3.1 程序math01.php的运行结果

2. floor()与ceil()函数

floor()与ceil()均为取整函数,其语法格式为

```
float floor(float $value)
float ceil(float $value)
```

参数:value用于指定要处理的数值,其类型为float。

返回值:value经过取整后的值,其类型为float型。其中,floor()函数采用舍去法取整,返回不大于value的最接近的整数;ceil()函数则采用进一法取整,返回不小于value的下一个整数。

【例3.2】 floor()与ceil()函数应用示例(math02.php)。

```
<?php
echo "floor(3.14)=".floor(3.14)."<br>";
echo "floor(9.99)=".floor(9.99)."<br>";
echo "floor(-3.14)=".floor(-3.14)."<br>";
echo "ceil(3.14)=".ceil(3.14)."<br>";
echo "ceil(9.99)=".ceil(9.99)."<br>";
echo "ceil(-3.14)=".ceil(-3.14)."<br>";
?>
```

该示例的运行结果如图3.2所示。

图3.2 程序math02.php的运行结果

3. round()函数

round()为四舍五入函数,其语法格式为

```
float round(float $value[,int $precision=0])
```

参数:value 用于指定要处理的数值;precision(可选)用于指定四舍五入的精度(即十进制小数点后数字的数目),可以是正数、负数或零(默认值)。

返回值:value 按精度 precision 四舍五入后的值,其类型为 float。

【例 3.3】 round()函数应用示例(math03.php)。

```
<?php
echo "round(125.456,2)=".round(125.456,2)."<br>";
echo "round(125.456,1)=".round(125.456,1)."<br>";
echo "round(125.456,0)=".round(125.456,0)."<br>";
echo "round(125.456,-1)=".round(125.456,-1)."<br>";
echo "round(125.456,-2)=".round(125.456,-2)."<br>";
echo "round(125.456)=".round(125.456)."<br>";
?>
```

该示例的运行结果如图 3.3 所示。

图 3.3 程序 math03.php 的运行结果

4. rand()函数

rand()为随机整数函数,其语法格式为

```
int rand([int $min,int $max])
```

参数:min(可选)用于指定最小值,默认为 0;max(可选)用于指定最大值,默认为 getrandmax(),即随机整数最大的可能值。

返回值:返回 min 与 max 之间(包括 min 与 max)的伪随机整数。未指定 min 与 max 时,则返回 0 与 getrandmax()之间的伪随机整数。

【例 3.4】 rand()函数应用示例(math04.php)。

```
<?php
echo "rand()=".rand()."<br>";
echo "rand()=".rand()."<br>";
echo "rand()=".rand()."<br>";
```

```
echo "rand(1,100)=".rand(1,100)."<br>";
echo "rand(1,100)=".rand(1,100)."<br>";
echo "rand(1,100)=".rand(1,100)."<br>";
?>
```

该示例的运行结果如图 3.4 所示。

图 3.4 程序 math04.php 的运行结果

5. pow()函数

pow()函数为乘方函数,其语法格式为

```
number pow(number $base, number $exp)
```

参数: base 用于指定底数,exp 用于指定指数。

返回值: base 的 exp 次幂。

【例 3.5】 pow()函数应用示例(math05.php)。

```
<?php
echo "pow(0,0)=".pow(0,0)."<br>";
echo "pow(2,0)=".pow(2,0)."<br>";
echo "pow(2,3)=".pow(2,3)."<br>";
echo "pow(2,-3)=".pow(2,-3)."<br>";
echo "pow(-2,3)=".pow(-2,3)."<br>";
echo "pow(-2,-3)=".pow(-2,-3)."<br>";
?>
```

该示例的运行结果如图 3.5 所示。

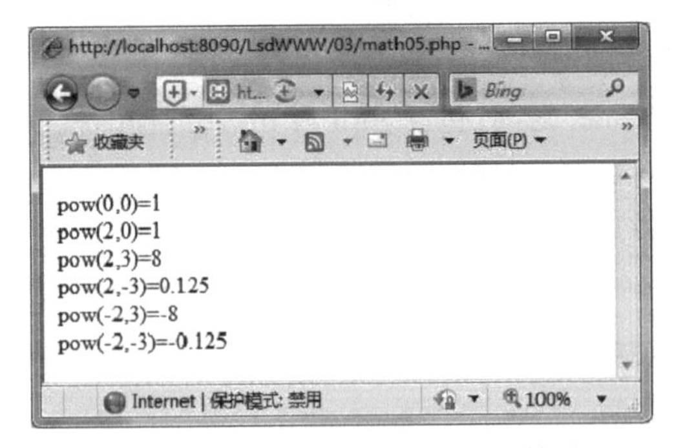

图 3.5 程序 math05.php 的运行结果

6. sqrt()函数

sqrt()函数为平方根函数，其语法格式为

```
float sqrt(float $value)
```

参数：value 用于指定要处理的数值。

返回值：value 的平方根。若 value 为负数，则返回 NAN。

【例 3.6】 sqrt()函数应用示例(math06.php)。

```
<?php
echo "sqrt(0)=".sqrt(0)."<br>";
echo "sqrt(100)=".sqrt(100)."<br>";
echo "sqrt(-100)=".sqrt(-100)."<br>";
echo "sqrt(101)=".sqrt(101)."<br>";
echo "sqrt(2.25)=".sqrt(2.25)."<br>";
?>
```

该示例的运行结果如图 3.6 所示。

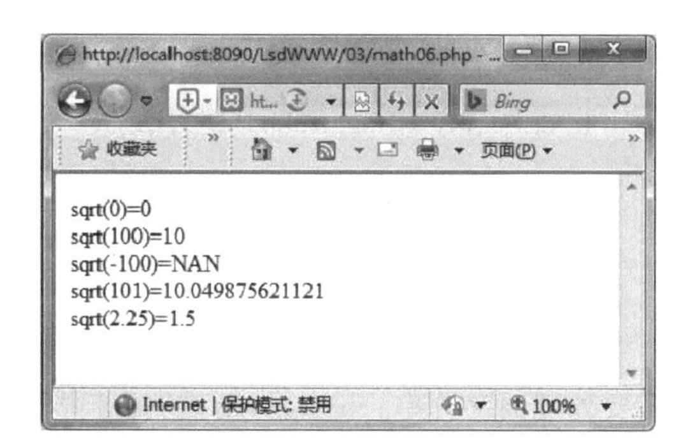

图 3.6 程序 math06.php 的运行结果

3.2 字符串处理函数

字符串处理函数主要用于对字符串进行相应的处理。PHP 所提供的字符串处理函数是相当丰富的，常用的有 strlen()、trim()、substr()、strtoupper()、strtolower()、strcmp()与 str_replace()等。

1. strlen()函数

strlen()函数用于获取字符串的长度(即字符串中所包含的字符的个数)，其语法格式为

```
int strlen(string str)
```

参数：str 用于指定需要计算其长度的字符串。

返回值：字符串 str 的长度。若 str 为空，则返回 0。

【例 3.7】 strlen()函数应用示例(string01.php)。

```
<?php
$str="Hello,World!";
echo strlen($str)."<br>";
$str="Hello, World!";
echo strlen($str)."<br>";
?>
```

该示例的运行结果如图 3.7 所示。

图 3.7 程序 string01.php 的运行结果

2. trim()函数

trim()函数用于删除字符串首尾处的空白字符(或指定字符),其语法格式为

```
string trim( string str[, string charlist])
```

参数: str 用于指定需要处理的字符串;charlist(可选)用于指定需要删除的字符,既可逐一列出,也可使用“..”列出一个字符范围。若不指定 charlist 参数,则表示要删除空白字符,包括普通空格符(" ")、制表符("\t")、换行符("\n")、回车符("\r")、空字节符("\0")与垂直制表符("\x0B")。

返回值: 删除了首尾处空白字符(或指定字符)的字符串。

说明: 如果只要删除字符串开头或末尾的空白字符(或指定字符),那么可分别使用 ltrim()或 rtrim()函数。这两个函数的语法格式与使用方法类似于 trim()函数。

【例 3.8】 trim()函数应用示例(string02.php)。

```
<?php
$str="\t#Hello,World!...    ";
echo strlen($str)."<br>";
$str=trim($str);
echo strlen($str)."<br>";
echo $str."<br>";
$str=trim($str,"#.");
echo $str."<br>";
?>
```

该示例的运行结果如图 3.8 所示。

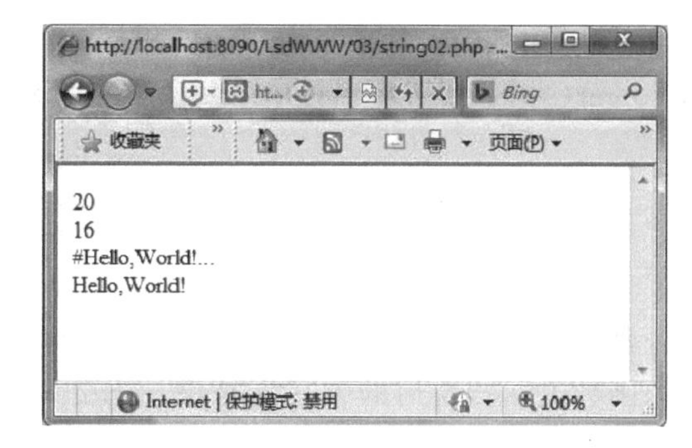

图 3.8 程序 string02.php 的运行结果

3. substr()函数

substr()函数用于获取字符串的子串,其语法格式为

```
string substr(string str, int start[, int length])
```

参数: str 用于指定需要从中获取子串的字符串;start 用于指定子串开始的位置(从 0 开始计算);length(可选)用于指定子串的长度。未指定 length 参数时,表示子串从位置 start 处开始直到字符串结尾。

返回值: 成功时返回字符串 str 从位置 start 处开始最大长度为 length 的子串,失败时返回 FALSE。特别地,若 length 值为 0、FALSE 或 NULL,则返回一个空字符串。

说明: 若参数 start 为负数,则表示从倒数第 start 个字符开始;若参数 length 为负数,则表示忽略字符串末尾的 length 个字符(即提取到倒数第 length 个字符止)。

【例 3.9】 substr() 函数应用示例(string03.php)。

```
<?php
$str="Hello,World!";
echo substr($str,0,1)."<br>";
echo substr($str,6,5)."<br>";
echo substr($str,6)."<br>";
echo substr($str,-6)."<br>";
echo substr($str,-6,5)."<br>";
echo substr($str,-6,-5)."<br>";
?>
```

该示例的运行结果如图 3.9 所示。

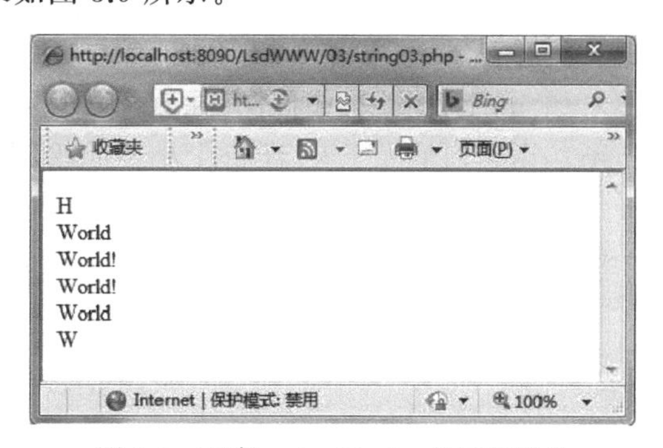

图 3.9 程序 string03.php 的运行结果

4. strtoupper()与 strtolower()函数

strtoupper()与 strtolower()函数用于将字符串中的所有字母转换为大写或小写，其语法格式为

```
string strtolower(string $str)
string strtoupper(string $str)
```

参数：str 用于指定需要处理的字符串。

返回值：strtoupper()函数返回转换后的大写字符串，strtolower()函数返回转换后的小写字符串。

【例 3.10】 strtoupper()与 strtolower()函数应用示例(string04.php)。

```
<?php
$str="Hello,Abc123!";
$str1=strtoupper($str);
$str2=strtolower($str);
echo $str."<br>";
echo $str1."<br>";
echo $str2."<br>";
?>
```

该示例的运行结果如图 3.10 所示。

图 3.10 程序 string04.php 的运行结果

5. strcmp()函数

strcmp()函数用于比较两个字符串的大小，其语法格式为

```
int strcmp(string str1, string str2)
```

参数：str1 用于指定第一个字符串；str2 用于指定第二个字符串。

返回值：若 str1 大于 str2，则返回值大于 0；若 str1 小于 str2，则返回值小于 0；若 str1 等于 str2，则返回值为 0。

【例 3.11】 strcmp()函数应用示例(string05.php)。

```
<?php
$str1="Hello";
$str2="hello";
```

```
if (strcmp($str1,$str2)>0)
    echo "$str1>$str2";
elseif (strcmp($str1,$str2)==0)
    echo "$str1=$str2";
else
    echo "$str1<$str2";
?>
```

该示例的运行结果如图 3.11 所示。

6. str_replace()函数

str_replace()函数用于实现字符串子串的替换，其基本的语法格式为

```
string str_replace(string search, string replace, string str)
```

参数：search 用于指定需要替换的子串，replace 用于指定替换后的子串，str 用于指定需要处理的字符串。

返回值：替换后的字符串。

【例 3.12】 str_replace()函数应用示例(string06.php)。

```
<?php
$str="我是一位学生!";
echo "替换前:<br>";
echo $str."<br>";
$str=str_replace("学生","教师",$str);
echo "替换后:<br>";
echo $str."<br>";
?>
```

该示例的运行结果如图 3.12 所示。

图 3.11 程序 string05.php 的运行结果

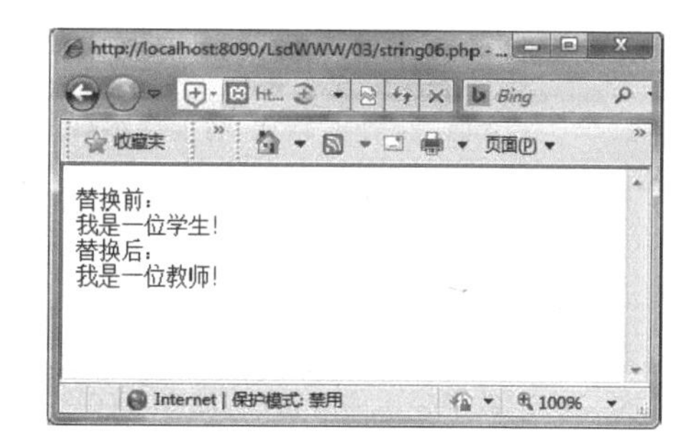

图 3.12 程序 string06.php 的运行结果

3.3 日期和时间处理函数

视频讲解

日期和时间处理函数主要用于获取相应的日期与时间，或对日期与时间进行相应的处理(如格式化等)。PHP 提供了一系列日期与时间处理函数，常用的有 time()、date()、 getdate()、mktime()与 checkdate()等。

1. time()函数

time()函数用于获取当前的 UNIX 时间戳,其语法格式为

```
int time()
```

返回值:当前的 UNIX 时间戳,即从 UNIX 纪元(格林尼治时间 1970 年 1 月 1 日 00:00:00)到当前时间的秒数。

2. date()函数

date()函数用于对时间/日期进行格式化,其语法格式为

```
string date(string format[, int timestamp])
```

参数:format 用于指定所使用的格式字符串(其中可包含的常用格式字符如表 3.1 所示);timestamp(可选)用于指定需要进行格式化的 UNIX 时间戳。未指定 timestamp 参数时,则默认为当前的本地时间,即 time()函数的返回值。

表 3.1 format 参数中的常用格式字符

格式字符	说明
a	小写的上午和下午值(am 或 pm)
A	大写的上午和下午值(AM 或 PM)
d	月份中的第几天,有前导零的两位数字(01~31)
D	星期中的第几天,文本表示,三个字母(Mon~Sun)
F	月份,完整的文本格式(January~December)
g	小时,12 小时格式,没有前导零(1~12)
G	小时,24 小时格式,没有前导零(0~23)
h	小时,12 小时格式,有前导零(01~12)
H	小时,24 小时格式,有前导零(00~23)
i	有前导零的分钟数(00~59)
j	月份中的第几天,没有前导零(1~31)
l	星期几,完整的文本格式(Sunday~Saturday)
m	数字表示的月份,有前导零(01~12)
M	三个字母缩写表示的月份(Jan~Dec)
n	数字表示的月份,没有前导零(1~12)
N	数字表示的星期中的第几天(PHP 5.1.0 新增,1~7,其中,1 表示星期一,7 表示星期日)
s	秒数,有前导零(00~59)
S	每月天数后面的英文后缀,两个字符(st、nd、rd 或 th)
t	指定月份所应有的天数(28~31)

续表

格式字符	说　　明
T	本机所在的时区，如 EST、MDT 等
w	星期中的第几天，数字表示（0～6，其中，0 表示星期天，6 表示星期六）
y	年份，两位数字（如 96、06 等）
Y	年份，4 位数字（如 1996、2006 等）
z	年份中的第几天（0～366）

返回值：格式化后的日期时间字符串。若 timestamp 参数不是一个有效数值，则返回 FALSE。

【例 3.13】 time()与 date()函数应用示例（datetime01.php）。

```
<?php
$now=time();
echo $now."<br>";
echo date("Y-m-d",$now)."<br>";
echo date("H:i:s",$now)."<br>";
echo date("Y-m-d H:i:s",$now)."<br>";
echo date("Y年 m月 d日 H时 i分 s秒",$now)."<br>";
echo date("l",$now)."<br>";
?>
```

该示例的运行结果如图 3.13 所示。

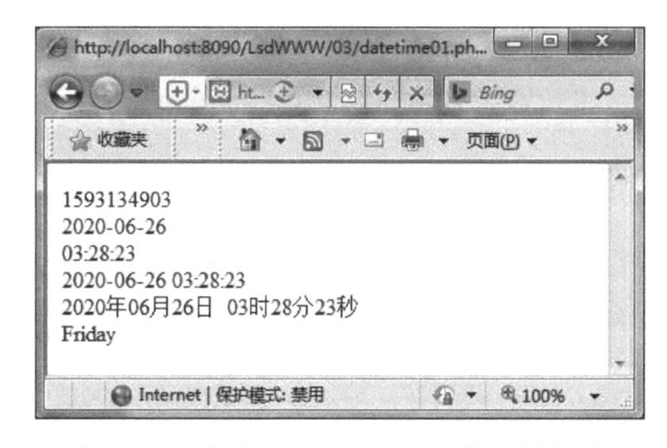

图 3.13　程序 datetime01.php 的运行结果

3. getdate()函数

getdate()函数用于获取日期/时间的信息，其语法格式为

```
array getdate([int timestamp])
```

参数：timestamp(可选)用于指定需要获取其信息的 UNIX 时间戳。未指定 timestamp 参数时，则默认为当前的本地时间，即 time()函数的返回值。

返回值：一个包含日期/时间信息的关联数组（其键名如表 3.2 所示）。

表 3.2 getdate()函数返回的关联数组的键名

键　名	说　明
seconds	秒的数字表示(0～59)
minutes	分钟的数字表示(0～59)
hours	小时的数字表示(0～23)
mday	月份中第几天的数字表示(1～31)
wday	星期中第几天的数字表示(0～6,其中,0 表示星期日,6 表示星期六)
mon	月份的数字表示(1～12)
year	年份的数字表示(4 位数字,如 1996、2006 等)
yday	一年中第几天的数字表示(0～365)
weekday	星期几的完整文本表示(Sunday～Saturday)
month	月份的完整文本表示(January～December)
0	自 UNIX 纪元开始至今的秒数(系统相关,典型值为-2 147 483 648～2 147 483 647)

【例 3.14】 getdate()函数应用示例(datetime02.php)。

```
<?php
$now=time();
$dtstr=date("Y-m-d l H:i:s",$now);
$dtinfo=getdate($now);
echo $now."<br>";
echo $dtstr."<br>";
print_r($dtinfo);
?>
```

该示例的运行结果如图 3.14 所示。

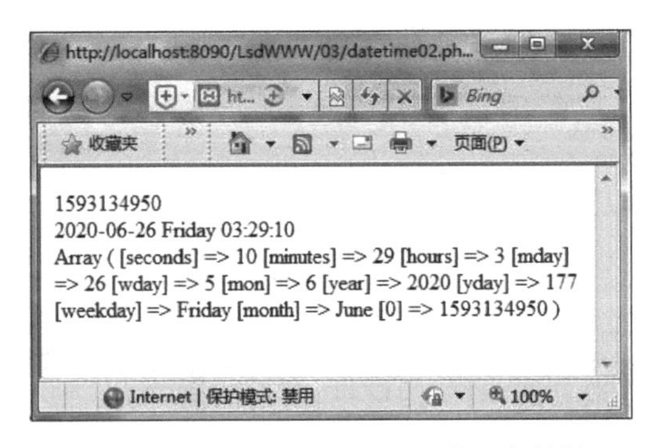

图 3.14 程序 datetime02.php 的运行结果

4. mktime()函数

mktime()函数用于获取一个日期/时间的 UNIX 时间戳,其语法格式为

```
int mktime([int hour[, int minute[, int second[, int month[, int day[, int year]]]]]])
```

参数：hour、minute、second、month、day 与 year 均为可选参数，分别用于指定小时数、分钟数、秒数（一分钟之内）、月份数、天数与年份数（两位或四位数字，其中，0～69 对应于 2000—2069，70～100 对应于 1970—2000）。参数可以从右向左省略，任何省略的参数会被设置成本地日期和时间的当前值。

返回值：与参数所指定的日期和时间相对应的 UNIX 时间戳。若参数非法，则返回 FALSE（在 PHP 5.1 之前则返回－1）。

【例 3.15】 mktime()函数应用示例（datetime03.php）。

```
<?php
$now=mktime(21,30,28,6,26,1996);
$dtstr=date("Y-m-d l H:i:s",$now);
$dtinfo=getdate($now);
echo $now."<br>";
echo $dtstr."<br>";
print_r($dtinfo);
?>
```

该示例的运行结果如图 3.15 所示。

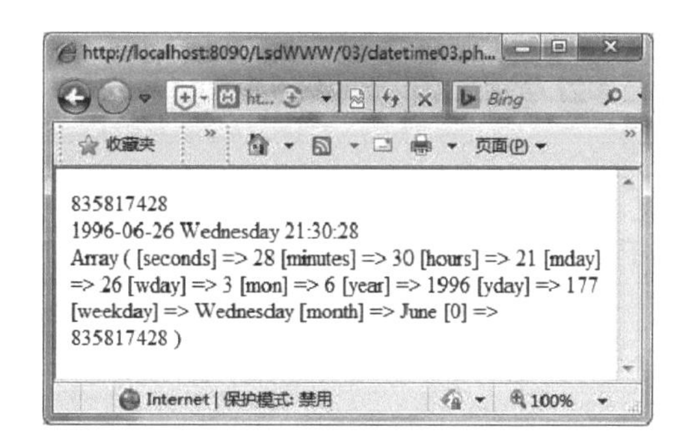

图 3.15 程序 datetime03.php 的运行结果

5. checkdate()函数

checkdate()函数用于检测一个日期的有效性（或合法性），其语法格式为

```
bool checkdate(int month, int day, int year)
```

参数：month 用于指定月份数（1～12），day 用于指定天数（1～31），year 用于指定年份数（1～32 767）。

返回值：若参数所指定的日期有效（year 值为 1～32 767，month 值为 1～12，day 值在相应年份与月份所应具有的天数范围之内），则返回 TRUE，否则返回 FALSE。

【例 3.16】 checkdate()函数应用示例（datetime04.php）。

```
<?php
$year=2020;
$month=2;
$day1=29;
$day2=30;
```

```
if (checkdate($month,$day1,$year))
    echo $year."-".$month."-".$day1."是一个有效日期.<br>";
if (!checkdate($month,$day2,$year))
    echo $year."-".$month."-".$day2."是一个无效日期.<br>";
?>
```

该示例的运行结果如图 3.16 所示。

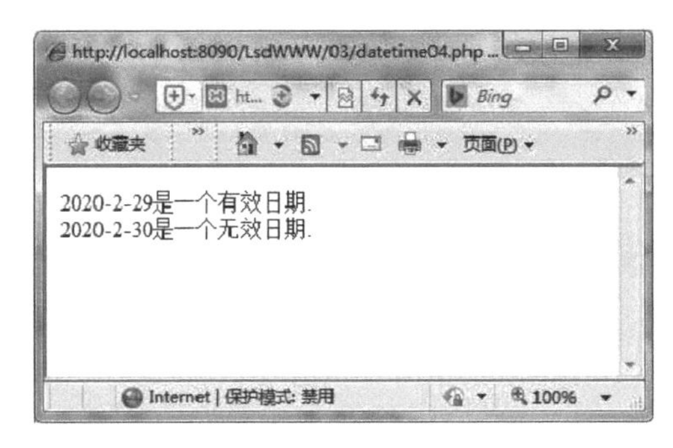

图 3.16 程序 datetime04.php 的运行结果

3.4 文件操作函数

文件操作函数主要用于对文件进行相应的操作,如文件的创建、读取、写入、复制、重命名与删除等。PHP 提供了一系列的文件操作函数,常用的有 fopen()、fclose()、fwrite()、fgetc()、feof()、fgets()、file()、filesize()、fread()、copy()、rename()与 unlink()等。

1. fopen()函数

fopen()函数主要用于打开一个文件,其基本的语法格式为

```
resource fopen(string filename, string mode)
```

参数:filename 用于指定文件名,mode 用于指定文件的打开方式(常用的文件打开方式如表 3.3 所示)。

表 3.3 常用的文件打开方式

打开方式	说明
r	以只读方式打开,将文件指针指向文件头
r+	以读写方式打开,将文件指针指向文件头
w	以写入方式打开,将文件指针指向文件头并将文件大小截为零。若文件不存在,则尝试创建
w+	以读写方式打开,将文件指针指向文件头并将文件大小截为零。若文件不存在,则尝试创建
a	以写入方式打开,将文件指针指向文件末尾。若文件不存在,则尝试创建

续表

打开方式	说　明
a+	以读写方式打开，将文件指针指向文件末尾。若文件不存在，则尝试创建
x	创建并以写入方式打开，将文件指针指向文件头。若文件已存在则打开失败，若文件不存在，则尝试创建
x+	创建并以读写方式打开，将文件指针指向文件头。若文件已存在，则打开失败，若文件不存在，则尝试创建
rb	以只读方式打开（二进制模式），将文件指针指向文件头
rb+	以读写方式打开（二进制模式），将文件指针指向文件头
wb	以写入方式打开（二进制模式），将文件指针指向文件头并将文件大小截为零。若文件不存在，则尝试创建
wb+	以读写方式打开（二进制模式），将文件指针指向文件头并将文件大小截为零。若文件不存在，则尝试创建
ab	以写入方式打开（二进制模式），将文件指针指向文件末尾。若文件不存在，则尝试创建
ab+	以读写方式打开（二进制模式），将文件指针指向文件末尾。若文件不存在，则尝试创建
xb	创建并以写入方式打开（二进制模式），将文件指针指向文件头。若文件已存在，则打开失败，若文件不存在，则尝试创建
xb+	创建并以读写方式打开（二进制模式），将文件指针指向文件头。若文件已存在，则打开失败，若文件不存在，则尝试创建

返回值：成功时返回相应的文件指针，失败时返回 FALSE。

2. fclose()函数

fclose()函数用于关闭一个已打开的文件，其语法格式为

```
bool fclose(resource handle)
```

参数：handle 为文件指针（该文件指针指向欲关闭的文件）。

返回值：成功时返回 TRUE，失败时返回 FALSE。

【例 3.17】 fopen()与 fclose()函数应用示例(file01.php)。

```
<?php
$fn="test.txt";
$fp=fopen($fn, "w");
if (!$fp){
    echo $fn."文件打开失败!<br>";
    die();
}
echo $fn."文件打开成功!<BR>";
if(!fclose($fp))
{
    echo $fn."文件关闭失败!<br>";
    die();
}
```

```
echo $fn."文件关闭成功!<BR>";
?>
```

该示例的运行结果如图 3.17 所示。

图 3.17　程序 file01.php 的运行结果

3. fwrite()函数

fwrite()函数用于向文件写入内容,其语法格式为

```
int fwrite(resource handle, string str[, int length])
```

参数：handle 为文件指针(该文件指针指向要向其写入内容的文件);str 用于指定需要写入的内容,length(可选)用于指定写入内容的长度(或字节数)。

返回值：成功时返回写入内容的字节数(写入过程在已写入了 length 字节或者已写完了 str 时停止),失败时返回 FALSE。

【例 3.18】 fwrite()函数应用示例(file02.php)。

```
<?php
$fn="test.txt";
$fp=fopen($fn, "w");
if (!$fp){
    echo "文件打开失败!<br>";
    die();
}
$str="Hello,World!\n";
if (($n=fwrite($fp,$str))!=FALSE)
    echo "写入了".$n."字节的内容.<br>";
else
    echo "写入失败!<br>";
$str="你好,世界!\n";
if (($n=fwrite($fp,$str))!=FALSE)
    echo "写入了".$n."字节的内容.<br>";
else
    echo "写入失败!<br>";
fclose($fp);
?>
```

该示例的运行结果如图 3.18 所示。

图 3.18 程序 file02.php 的运行结果

4. fgetc()函数

fgetc()函数用于从文件中读取一个字符,其语法格式为

```
string fgetc(resource handle)
```

参数：handle 为文件指针(该文件指针指向要从其读取内容的文件)。

返回值：包含所读取到的一个字符的字符串。若已到达 EOF,则返回 FALSE。

【例 3.19】 fgetc()函数应用示例(file03.php)。

```
<?php
$fn="test.txt";
$fp=fopen($fn, "r");
if (!$fp){
    echo "文件打开失败!<br>";
    die();
}
while (($str=fgetc($fp))!=FALSE){
    if ($str!="\n")
        echo $str;
    else
        echo "<br>";
}
fclose($fp);
?>
```

该示例的运行结果如图 3.19 所示。

5. feof()函数

feof()函数用于检测文件指针是否已到达文件末尾(EOF),其语法格式为

```
bool feof(resource handle)
```

参数：handle 为文件指针。

返回值：文件指针已到达 EOF 时返回 TRUE,否则返回 FALSE。

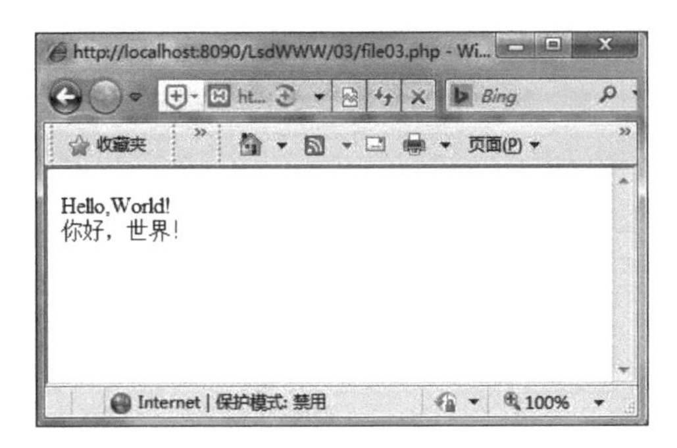

图 3.19　程序 file03.php 的运行结果

【例 3.20】 feof()函数应用示例(file04.php)。

```
<?php
$fn="test.txt";
$fp=fopen($fn, "r");
if (!$fp){
    echo "文件打开失败!<br>";
    die();
}
while (!feof($fp)){
    $str=fgetc($fp);
    if ($str!="\n")
        echo $str;
    else
        echo "<br>";
}
fclose($fp);
?>
```

该示例的运行结果如图 3.20 所示。

图 3.20　程序 file04.php 的运行结果

6. fgets()函数

fgets()函数用于从文件中读取一行,其语法格式为

```
string fgets(resource handle[, int length])
```

参数：handle 为文件指针(该文件指针指向要从其读取内容的文件)；length(可选)用于指定长度(或字节数)。未指定 length 参数时，则默认为 1KB 或 1024B(从 PHP 4.3 开始，则忽略掉此假定，而改为至行末结束)。

返回值：成功时返回所读取到的最多包含 length－1 个字符的字符串(读取过程在碰到换行符、到达 EOF 或者已读取了 length－1 字节时停止)，失败时返回 FALSE。

【例 3.21】 fgets()函数应用示例(file05.php)。

```
<?php
$fn="test.txt";
$fp=fopen($fn, "r");
if (!$fp){
    echo "文件打开失败!<br>";
    die();
}
while (!feof($fp)){
    $str=fgets($fp);
    echo $str."<br>";
}
fclose($fp);
?>
```

该示例的运行结果如图 3.21 所示。

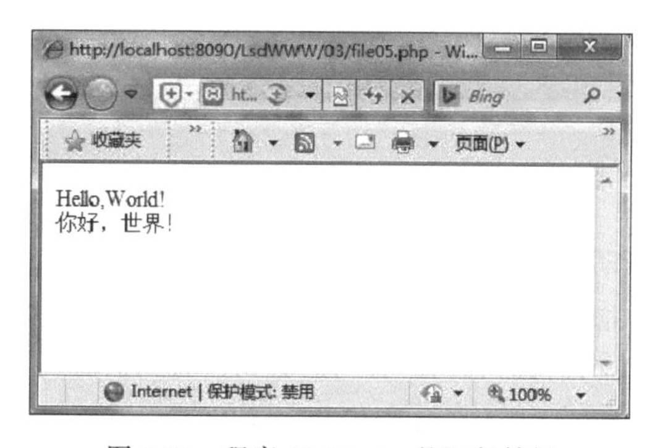

图 3.21　程序 file05.php 的运行结果

7. file()函数

file()函数用于将整个文件读取到一个数组中，其基本的语法格式为

```
array file(string filename)
```

参数：filename 用于指定文件名。

返回值：成功时返回包含整个文件内容的数组(每个元素存放文件的一行，包括换行符在内)，失败时返回 FALSE。

【例 3.22】 file()函数应用示例(file06.php)。

```
<?php
$fn="test.txt";
```

```
$lines=file($fn);
foreach ($lines as $n=>$line){
    echo $n.": ".$line."<br>";
}
?>
```

该示例的运行结果如图 3.22 所示。

图 3.22　程序 file06.php 的运行结果

8. filesize()函数

filesize()函数用于获取文件的大小(即字节数),其语法格式为

```
int filesize(string filename)
```

参数：filename 用于指定文件名。

返回值：成功时返回指定文件的字节数,失败时返回 FALSE。

9. fread()函数

fread()函数用于读取文件的内容,其语法格式为

```
string fread(resource handle, int length)
```

参数：handle 为文件指针(该文件指针指向要从其读取内容的文件);length 用于指定长度(或字节数)。

返回值：成功时返回所读取到的最多包含 length 个字符的字符串(读取过程在到达 EOF 或者已读取了 length 字节时停止),失败时返回 FALSE。

【例 3.23】 filesize()与 fread()函数应用示例(file07.php)。

```
<?php
$fn="test.txt";
$fp=fopen($fn, "r");
if (!$fp){
    echo "文件打开失败!<br>";
    die();
}
$str=fread($fp,filesize($fn));
echo str_replace("\n","<br>",$str);
fclose($fp);
?>
```

该示例的运行结果如图 3.23 所示。

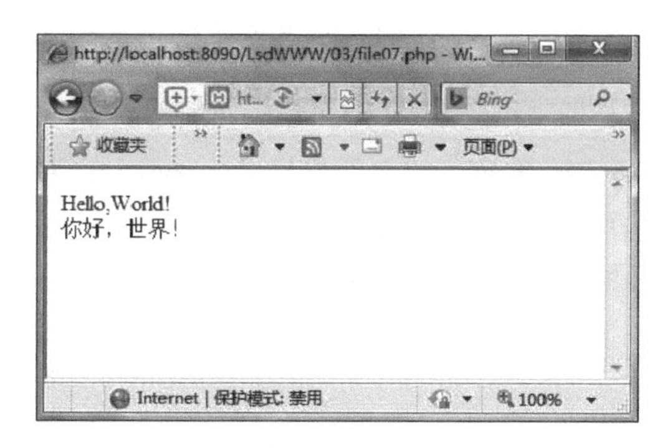

图 3.23　程序 file07.php 的运行结果

10. copy()函数

copy()函数用于实现文件的复制(也就是将源文件复制到目标文件)，其基本的语法格式为

```
bool copy(string source, string dest)
```

参数：source 用于指定源文件，dest 用于指定目标文件。

返回值：成功时返回 TRUE，失败时返回 FALSE。

说明：若目标文件已存在，将会被覆盖。

【例 3.24】　copy()函数应用示例(file08.php)。

```
<?php
$fn="test.txt";
$nfn="test123.txt";
if (copy($fn,$nfn))
    echo "文件复制成功!<br>";
else
    echo "文件复制失败!<br>";
?>
```

该示例的运行结果如图 3.24 所示。

图 3.24　程序 file08.php 的运行结果

11. rename()函数

rename()函数用于重命名一个文件或目录,其基本的语法格式为

```
bool rename(string oldname, string newname)
```

参数:oldname 用于指定需重命名的文件或目录,newname 用于指定新的名称。

返回值:成功时返回 TRUE,失败时返回 FALSE。

【例 3.25】 rename()函数应用示例(file09.php)。

```
<?php
$fn="test123.txt";
$nfn="testabc.txt";
if (rename($fn,$nfn))
    echo "文件重命名成功!<br>";
else
    echo "文件重命名失败!<br>";
?>
```

该示例的运行结果如图 3.25 所示。

图 3.25 程序 file09.php 的运行结果

12. unlink()函数

unlink()函数用于删除文件,其基本的语法格式为

```
bool unlink(string filename)
```

参数:filename 用于指定欲删除文件的文件名。

返回值:成功时返回 TRUE,失败时返回 FALSE。

【例 3.26】 unlink()函数应用示例(file10.php)。

```
<?php
$fn="testabc.txt";
if (unlink($fn))
    echo "文件删除成功!<br>";
else
    echo "文件删除失败!<br>";
?>
```

该示例的运行结果如图 3.26 所示。

图 3.26 程序 file10.php 的运行结果

3.5 检测函数

视频讲解

为便于对各类数据进行相应的检测，PHP 提供了一系列的检测函数，包括 empty()、isset()、is_null()、is_numeric()、is_string()、is_int()、is_float()、is_bool()与 is_array()等。

1. empty()函数

empty()函数用于检测一个变量是否为空，其语法格式为

```
bool empty(mixed $var)
```

参数：var 为待检测的变量。

返回值：当变量 var 存在且其值非空非零时返回 FALSE，否则返回 TRUE。

说明：在 PHP 中，空字符串("")、整数 0、浮点数 0.0、字符串("0")、空值(NULL)、布尔值假(FALSE)、空数组(array())、已声明但没有值的变量($var;)均被认为是空的。

【例 3.27】 empty ()函数应用示例(check01.php)。

```
<?php
$a=0;
$b=1;
$c=FALSE;
$d=TRUE;
if (empty($a)) {
    echo "变量 a 是空的.<br>";
}
if (!empty($b)) {
    echo "变量 b 不是空的.<br>";
}
if (empty($c)) {
    echo "变量 c 是空的.<br>";
}
if (!empty($d)) {
```

```
    echo "变量 d 不是空的.<br>";
}
?>
```

该示例的运行结果如图 3.27 所示。

图 3.27　程序 check01.php 的运行结果

2. isset()函数

isset()函数用于检测指定变量是否已经设置且其值不是 NULL,其基本的语法格式为

```
bool isset(mixed $var)
```

参数：var 为待检测的变量。

返回值：当变量 var 存在且其值不是 NULL 时返回 TRUE,否则返回 FALSE。

说明：对于一个变量,可调用 unset()函数进行释放(或销毁),从而变为未被设置的。

【例 3.28】　isset()函数应用示例(check02.php)。

```
<?php
$a=NULL;
if (empty($a)) {
    echo "变量 a 是空的.<br>";
}
if (!isset($a)) {
    echo "变量 a 是未设置的.<br>";
}
$b=0;
if (empty($b)) {
    echo "变量 b 是空的.<br>";
}
if (isset($b)) {
    echo "变量 b 是已设置的.<br>";
}
echo "释放变量 b...<br>";
unset($b);
if (!isset($b)) {
    echo "释放后,变量 b 是未设置的.<br>";
}
?>
```

该示例的运行结果如图 3.28 所示。

图 3.28 程序 check02.php 的运行结果

3. is_null()函数

is_null()函数用于检测一个变量的值是否为 NULL(空值),其语法格式为

```
bool is_null(mixed $var)
```

参数：var 为待检测的变量。

返回值：当变量 var 的值为 NULL 时返回 TRUE,否则返回 FALSE。

说明：空值 NULL 表示一个变量没有值。当一个变量尚未赋值、被赋值为 NULL 或被 unset()时,均被认为是 NULL。

【例 3.29】 is_null()函数应用示例(check03.php)。

```
<?php
$a;
if (@is_null($a)) {
    echo "变量 a 未赋值时,其值为 NULL.<br>";
}
$a=NULL;
if (is_null($a)) {
    echo "变量 a 赋值为 NULL 时,其值为 NULL.<br>";
}
$a=0;
if (!is_null($a)) {
    echo "变量 a 赋值为 0 时,其值不是 NULL.<br>";
}
unset($a);
if (@is_null($a)) {
    echo "释放后,变量 a 的值为 NULL.<br>";
}
?>
```

该示例的运行结果如图 3.29 所示。

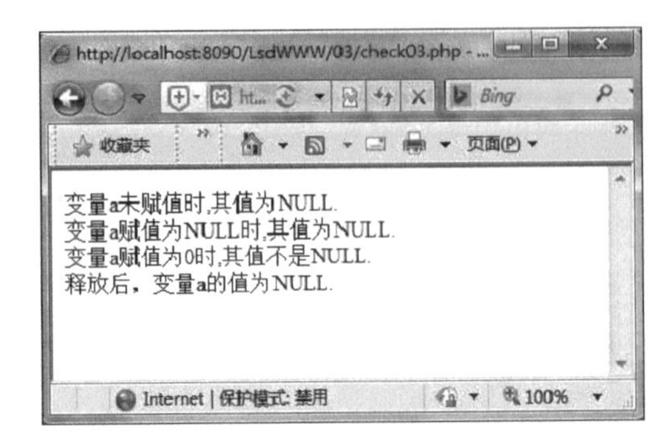

图 3.29　程序 check03.php 的运行结果

4. is_numeric()函数

is_numeric()函数用于检测一个变量的值是否为数字或数字字符串，其语法格式为

```
bool is_numeric(mixed $var)
```

参数：var 为待检测的变量。

返回值：当变量 var 的值为数字或数字字符串时返回 TRUE，否则返回 FALSE。

【例 3.30】 is_numeric()函数应用示例(check04.php)。

```
<?php
$a=0;
$b="0.00";
$c="abc123";
if (is_numeric($a)) {
    echo "变量 a 的值是一个 numeric.<br>";
}
if (is_numeric($b)) {
    echo "变量 b 的值是一个 numeric.<br>";
}
if (!is_numeric($c)) {
    echo "变量 c 的值不是一个 numeric.<br>";
}
?>
```

该示例的运行结果如图 3.30 所示。

图 3.30　程序 check04.php 的运行结果

5. is_string()函数

is_string()函数用于检测一个变量的值是否为字符串，其语法格式为

```
bool is_string(mixed $var)
```

参数：var 为待检测的变量。

返回值：当变量 var 的值为字符串时返回 TRUE，否则返回 FALSE。

6. is_int()函数

is_int ()函数用于检测一个变量的值是否为整数，其语法格式为

```
bool is_int(mixed $var)
```

参数：var 为待检测的变量。

返回值：当变量 var 的值为整数时返回 TRUE，否则返回 FALSE。

7. is_float()函数

is_float()函数用于检测一个变量的值是否为浮点数，其语法格式为

```
bool is_float(mixed $var)
```

参数：var 为待检测的变量。

返回值：当变量 var 的值为浮点数时返回 TRUE，否则返回 FALSE。

8. is_bool()函数

is_bool()函数用于检测一个变量的值是否为布尔值，其语法格式为

```
bool is_bool(mixed $var)
```

参数：var 为待检测的变量。

返回值：当变量 var 的值为布尔值时返回 TRUE，否则返回 FALSE。

9. is_array()函数

is_array()函数用于检测一个变量是否为数组，其语法格式为

```
bool is_array(mixed $var)
```

参数：var 为待检测的变量。

返回值：当变量 var 为数组时返回 TRUE，否则返回 FALSE。

3.6 上机实践

1. 生成一个随机整数序列(共 10 个随机整数)。
2. 比较两个指定字符串的大小。
3. 根据指定年月日，确定该日期是星期几？是一年中的第几天？
4. 先在指定的文件中添加两行内容，然后再读取其内容并逐行显示。
5. 选复制指定的文件，然后再删除。

习题3

1. 常用的数学函数有哪些？
2. floor()与 ceil()函数有何区别？
3. 请简述 round()函数的基本用法。
4. 请简述 rand()函数的基本用法。
5. 常用的字符串处理函数有哪些？
6. 请简述 substr()函数的基本用法。
7. 请简述 strcmp()函数的基本用法。
8. 常用的日期和时间处理函数有哪些？
9. 请简述 date()函数的基本用法。
10. 请简述 mktime()函数的基本用法。
11. 常用的文件操作函数有哪些？
12. 请简述 fopen()函数的基本用法。
13. 请简述 fwrite()函数的基本用法。
14. 为读取文件的内容，可使用哪些函数？有何区别？
15. 如何实现文件的复制、重命名与删除？
16. 常用的检测函数有哪些？
17. empty()与 is_null()函数有何区别？
18. isset()函数有何作用？
19. is_array()函数有何作用？

第4章 PHP面向对象编程

面向对象编程是目前常用的一种程序设计技术，可以极大地增强程序代码的可重用性、可扩展性与可靠性，提高应用程序的开发质量与开发速度，并减少应用程序的维护工作量。经过重新的设计与改进，PHP的面向对象功能已得到了极大的增强。本章首先介绍面向对象编程的基础知识，然后详细介绍PHP中面向对象编程的基本技术与高级技术。

4.1 面向对象编程的基础知识

面向对象编程(Object Oriented Programming，OOP)是一种与面向过程编程不同的技术，目前已得到十分广泛的应用。特别是对于各种大型应用软件的开发来说，面向对象编程更是一种首选的解决方案。

4.1.1 面向对象编程的基本概念

在面向对象编程中，应用程序的结构模块被组织为相应的对象(Object)。一个面向对象的应用程序实际上就是由一系列的相关对象所构成的。作为应用程序的基本组件，对象是封装了相应属性(Property)与方法(Method)的实体(Entity)。其中，属性描述了对象的静态特征，即对象的数据或状态；而方法则描述了对象的动态行为，即对象所能执行的功能或操作。通常，可将对象的属性理解为变量，而将对象的方法理解为函数。应用程序中各对象之间的联系是通过传递消息(Message)来实现的。如果要让对象执行某个操作，那么就必须向其发送一个消息；待对象接收到消息后，便可调用相应的方法去执行指定的操作。

类(Class)是面向对象编程中的一个十分重要的概念与要素。所谓类，其实就是具有相同特征与操作的一组对象的描述与定义，相当于对象的类型或分类。在一个类中，同样也封装了相应的属性与方法。通常，可将类看作构造对象的模板或蓝本，而一个具体的对象则是相应类的一个实例。基于同一个类所生成的每一个对象,都包含类所提供的方法,但其属性的取值却有可能不同。类和对象的关系,类似于大家所熟悉的数据类型与变量的关系,也是一种抽象与具体的关系。类的属性与方法通常又统称为类的成员。

例如,在开发一个学生成绩管理系统时,可先创建一个学生类 student。该类具有一些属性,如学号、姓名、性别等。该类也具有一些方法,如选课、退课等。有了学生类 student,便可以创建相应的学生对象,如 studentA、studentB 等。接着,便可以控制各学生对象去完成相应的操作,如选课、退课等。在此,学生类实际上是一个整体概念,可理解为所有学生个体的统称。而每个学生对象或学生个体,则是学生类的一个具体实例。各学生对象都具有相同的属性集,但其具体取值却可能有所不同,如 studentA 的姓名为"卢铭"、studentB 的姓名为"李兵"。另一方面,各学生对象都具有相同的方法集,通过对有关方法的调用,即可让各学生对象完成相应的操作。

4.1.2 面向对象编程的主要特征

与面向过程编程相比,面向对象编程有其明确的特征。其中,最主要的特征就是封装性(Encapsulation)、继承性(Inheritance)与多态性(Polymorphism)。

封装性是指将数据(即属性)与操作(即方法)置于对象之中,其主要目的是实现对象的数据隐藏与数据保护,并为对象提供相应的操纵接口。这样,在访问对象中的数据时,只能通过对象所提供的操作来实现。通过封装,可以有效地隐藏对象内部的具体细节,并实现对象的相对独立性,从而便于应用程序的维护与扩展。其实,封装性同样适用于类,在不同的类中即封装了该类的属性与方法。封装性是面向对象编程的主要特征之一,在某种意义上可将其看作结构化编程技术的逻辑延伸。

继承性是指从一个已存在的类派生出另外一个或多个新类。其中,被继承的类称为父类,而通过继承所产生的类则称为子类。由于子类是从其父类继承而来的,因此子类将拥有其父类的全部属性与方法。此外,必要时还可以在子类中对所继承的属性与方法进行修改(但不能删除),或者添加新的属性与方法。更重要的是,在父类中所进行的修改会自动更新到相应的子类中。继承性是面向对象编程的重要特征,也是使应用程序具有良好的可重用性与可扩展性的根本所在。为便于理解,可将继承看作复制类的一种特殊方式。通过继承,可以充分利用已有的程序代码,缩短应用程序的开发周期,并提高应用程序的开发质量。实际上,继承可分为两种类型,即单重继承与多重继承。其中,单重继承是指一个子类的父类只能有一个,多重继承是指一个子类的父类可以多于一个。

多态性是指同名方法(或函数)的功能可随对象类型或参数定义的不同而有所不同。实现多态性的主要方法是重载,即对类中已有的方法进行重新定义。对于某一类对象来说,在调用多态方法时所传递的参数或参数个数不同,该方法所实现的功能或过程也会有所不同。多态性也是面向对象编程的一个重要特征,一方面可以使各类对象的处理趋向一致,另一方面也有利于提高应用程序的灵活性。

4.2 PHP 面向对象编程的基本技术

在 PHP 中使用面向对象的方式进行编程时,需要先创建相应的类,然后再以类为基础创建所需要的对象,接着才能进一步访问对象的有关属性与方法。

4.2.1 类的创建

在 PHP 中,为创建一个类,需要使用关键字 class。在创建类时,一般要根据需要在类中添加相应的成员。在 PHP 中,类的成员可分为 3 大类,即常量、属性与方法。为添加类的常量,只需使用关键字 const 定义相应的常量即可。为添加类的属性,只需使用关键字 var 声明相应的变量即可。为添加类的方法,只需使用关键字 function 定义相应的函数即可。因此,创建类的基本格式为

```
class classname
{
    //常量
    const constname_1=constvalue_1;
    const constname_2=constvalue_2;
    ...
    const constname_k=constvalue_k;
    //属性
    var $propertyname_1;
    var $propertyname_2;
    ...
    var $propertyname_n;
    //方法
    function methodname_1(…)
    {…}
    function methodname_2(…)
    {…}
    ...
    function methodname_m(…)
    {…}
}
```

其中,constname_1～constname_k 为常量名,constvalue_1～constvalue_k 为常量值,propertyname_1～propertyname_n 为属性名,methodname_1～ methodname_m 为方法名。根据需要,各方法可以带参数,也可以不带参数。

在类的方法中,可以访问类自身的有关属性,格式为

```
$this->propertyname
```

其中,propertyname 为属性名。在此,“$this”实际上是一个特殊的变量,用于指代当前类自身。而“->”则是 PHP 的一个运算符,用于访问类或对象的有关属性或方法。在访问类或对象的属性时,属性名之前不用带美元符“$”。

在类的方法中,也可以访问类自身的有关常量,其基本格式为

```
self::constname
```

其中,constname 为常量名。在此,“self”是一个表示当前类自身的特殊类,而“::”则是 PHP 的作用域运算符。

视频讲解

【例 4.1】 类的创建示例(class_student.php)。

```
<?php
class student                          //学生类
{
  //常量
  const SM="学生类";                   //说明
  //属性
  var $xh;                             //学号
  var $xm;                             //姓名
  var $xb;                             //性别
  //设置学生信息
  function setinfo($xh,$xm,$xb)
  {
    $this->xh=$xh;
    $this->xm=$xm;
    $this->xb=$xb;
  }
  //输出学生信息
  function getinfo()
  {
    echo "学号:$this->xh"."<BR>";
    echo "姓名:$this->xm"."<BR>";
    echo "性别:$this->xb"."<BR>";
  }
  //输出说明信息
  function showMSG() {
    echo "说明:".self::SM."<BR>";
  }
}
?>
```

在该示例所创建的学生类 student 中,共有一个常量、三个属性与三个方法。其中,方法 setinfo()用于设置学生的学号、姓名与性别,方法 getinfo()则用于输出学生的学号、姓名与性别,方法 showMSG()用于输出说明信息。

4.2.2 对象的使用

对象是类的实例。创建了类之后,即可为其创建相应的对象,并进一步去访问对象的属性与方法。创建对象通常又称为实例化一个类,在 PHP 中需使用关键字 new 来实现,其基本格式为

```
$objectname=new classname();
```

其中,objectname 为对象名,classname 为类名。

为访问对象的属性与方法,需使用"->"运算符,其基本格式为

```
$objectname->propertyname
$objectname->methodname(…)
```

其中,objectname 为对象名,propertyname 为属性名,methodname 为方法名。应该注意的是,在调用方法时,根据其具体定义,可能需要提供相应的参数值。

对象使用完毕后,最好能及时地将其销毁,以便释放其所占用的内存空间。为此,只需将其赋为空值即可,其基本格式为

```
$objectname=NULL;
```

其中,objectname 为对象名,NULL 则表示空值。

与类的成员属性与成员方法不同,类的成员常量是通过类名进行访问,其基本格式为

```
classname::constname
```

其中,classname 为类名,constname 为类的成员常量名。

在 PHP 5.3.0 以上的版本,类的成员常量也可通过其对象进行访问,其基本格式为

```
$objectname::constname
```

其中,objectname 为对象名,constname 为相应类的成员常量名。

【例 4.2】 对象的使用示例(student01.php)。

```
<?php
include("class_student.php");              //学生类
echo "说明:".student::SM."<BR>";           //输出说明信息
$MyStudent=new student();                  //创建学生对象
$MyStudent->showMSG();                     //调用方法(输说明信息)
echo "说明:".$MyStudent::SM."<BR>";        //访问常量(输说明信息)
//调用方法(设置学生信息)
$MyStudent->setinfo("200600001","卢铭","男");
$MyStudent->getinfo();                     //调用方法(输出学生信息)
$MyStudent->xm="卢俊";                      //访问属性(修改学生姓名)
echo "姓名:".$MyStudent->xm."<BR>";        //访问属性(输出学生姓名)
$MyStudent=NULL;                           //销毁对象
?>
```

该示例的运行结果如图4.1所示。在该示例中，首先通过include语句引入程序文件class_student.php的代码——学生类student的定义(如例4.1所示)，以备后用。

图4.1　程序student01.php的运行结果

4.2.3　构造函数的使用

构造函数是类中的一个特殊函数(或特殊方法)，可在创建对象时自动地加以调用。通常，可在构造函数中完成一些必要的初始化任务，如设置有关属性的初值、创建所需要的其他对象等。

在PHP 4及以前的版本中，构造函数的名称必须与类名相同。而在PHP 5及以后的版本中，构造函数的名称则是固定的，即必须为__construct(其中的“__”为两个下画线)，而不再与类名相同。这样，当类名改变时，无须再修改构造函数的名称。与其他的函数一样，构造函数既可以带参数，也可以不带参数。

当然，为保证向下的兼容性，PHP 5及以后的版本仍然允许在类中定义相应的与类名同名的方法。在这种情况下，如果没有__construct函数，那么与类名同名的方法便是所在类的构造函数；反之，如果存在__construct函数，那么与类名同名的方法就不是所在类的构造函数了。在PHP 5及以后的版本中创建对象时，将首先搜索有没有__construct函数，未找到时再继续搜索有没有与类名同名的方法。

【例4.3】 构造函数的使用示例(student02.php)。

```
<?php
//学生类
class student
{
  //属性
  var $xh;
  var $xm;
  var $xb;
  //构造函数(在此功能为设置学生的信息)
  function __construct($xh,$xm,$xb)
```

```
    {
      $this->xh=$xh;
      $this->xm=$xm;
      $this->xb=$xb;
    }
    //输出学生信息
    function getinfo()
    {
      echo "学号:$this->xh"."<BR>";
      echo "姓名:$this->xm"."<BR>";
      echo "性别:$this->xb"."<BR>";
    }
  }
  //创建学生对象
  $MyStudent=new student("200600001","卢铭","男");
  $MyStudent->getinfo();                //调用方法(输出学生信息)
  $MyStudent->xm="卢俊";                 //访问属性(修改学生姓名)
  echo "姓名:".$MyStudent->xm;           //访问属性(输出学生姓名)
  $MyStudent=NULL;                      //销毁学生对象
  ?>
```

在该示例中，学生类 student 的构造函数__construct()的功能为设置学生的学号、姓名和性别，实际上与例 4.1 中方法 setinfo()的功能是一样的。由于学生类 student 定义有构造函数，因此在创建学生对象时可自动调用之并完成相应的设置学生信息的功能。该示例的运行结果如图 4.2 所示。

图 4.2　程序 student02.php 的运行结果

4.2.4　析构函数的使用

与构造函数一样，析构函数也是类中的一个特殊函数(或特殊方法)。但与构造函数相反，析构函数是在销毁对象时被自动调用的。通常，可在析构函数中执行一些在销毁对象前所必须完成的操作。

在 PHP 4 及以前的版本中，是没有析构函数的。而在 PHP 5 及以后的版本中，则可以使用析构函数，且其名称是固定的，即必须为__destruct(其中的“__”为两个下画线)。与构造函数不同，析构函数是不能带有任何参数的。

视频讲解

【例 4.4】 析构函数的使用示例(student03.php)。

```
<?php
class student                              //学生类
{
  var $xm;                                 //属性
  function __construct($xm)                //构造函数
  {
    $this->xm=$xm;
    echo "学生<".$this->xm.">来啦!<BR>";
  }
  function __destruct()                    //析构函数
  {
    echo "学生<".$this->xm.">走了!<BR>";
  }
}
$MyStudent=new student("李兵");            //创建学生对象
$MyStudent=NULL;                           //销毁学生对象
?>
```

在该示例的学生类 student 中，既包含构造函数，也包含析构函数，因此在创建与销毁学生对象时，将自动对其进行调用。该示例的运行结果如图 4.3 所示。

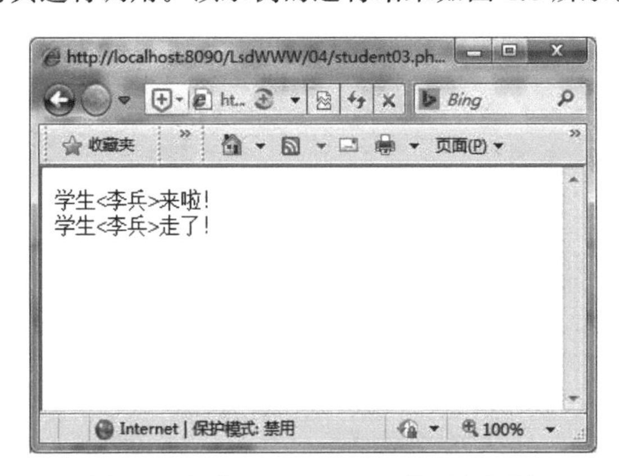

图 4.3　程序 student03.php 的运行结果

4.2.5　类属性的访问控制

使用关键字 var 所声明的属性，在类的内部与外部都可以进行访问。如果要更灵活地控制类属性的访问范围，那么可在 PHP 5 及以后的版本中使用新引入的访问控制关键字，即 public、private 与 protected。

关键字 public 与 var 实际上是等价的。使用关键字 public 所声明的属性是公有属性，可以在类的内部与外部进行访问，也可以被继承。其实，这也是类属性的默认访问方式。

若要缩小类属性的访问范围，可有选择地使用关键字 private 或 protected。其中，使用关键字 private 所声明的属性是私有的，只能在类的内部进行访问；而使用关键字 protected 所声明的属性则是保护的，只能在类的内部及其子类中进行访问。应该注意的是，私有属性是不能被继承的，而保护属性则可以被继承。

【例 4.5】 类属性的访问控制示例(student04.php)。

```
<?php
class student
{
  public $xh;                                 //学号(公有属性)
  private $xm;                                //姓名(私有属性)
  protected $xb;                              //性别(保护属性)
  function __construct($xh,$xm,$xb)
  {
    $this->xh=$xh;
    $this->xm=$xm;
    $this->xb=$xb;
  }
  function getinfo()
  {
    echo "学号:$this->xh"."<BR>";
    echo "姓名:$this->xm"."<BR>";
    echo "性别:$this->xb"."<BR>";
  }
}
$MyStudent=new student("200600001","卢铭","男");
$MyStudent->getinfo();
echo "学号:$MyStudent->xh"."<BR>";         //xh 为公有属性,允许访问
echo "姓名:$MyStudent->xm"."<BR>";         //xm 为私有属性,不允许访问
echo "性别:$MyStudent->xb"."<BR>";         //xb 为保护属性,不允许访问
$MyStudent=NULL;
?>
```

该示例的运行结果如图 4.4 所示，其中的错误是由语句“echo "姓名：$MyStudent->xm"."
";”造成的。由于 xm 为私有属性，因此试图在类的外部对其进行访问是不允许的。同样，xb 为保护属性，因此也不允许在类的外部进行访问。

在创建类时，为更好地实现对数据的隐藏或封装，通常会将各属性声明为私有的(private)或保护的(protected)。但在实际的应用中，对属性的读取与设置操作是极其频繁的。为了有效地实现对类中各属性的访问，可在类中创建相应的__get()函数与__set()函数(其中的“__”为两个下画线)。__get()函数与__set()函数是 PHP 5 及以后的版本所提供的两个特殊函数，分别用于读取与设置类中的各个属性。其中，__get()函数只有一个参数，且该参数只用于传递相应属性的名称。而__set()函数则有两个参数，分别为相应属性的名

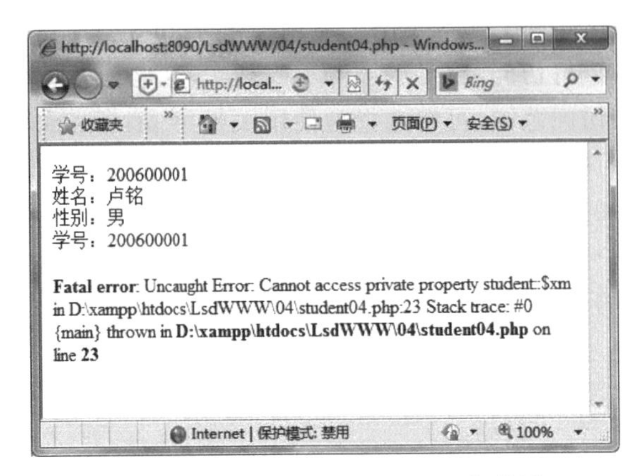

图 4.4　程序 student04.php 的运行结果

称与所要设置的值。

视频讲解

【例 4.6】 __get()函数与__set()函数的使用示例(student05.php)。

```
<?php
class student
{
  public $xh;                                    //学号(公有属性)
  private $xm;                                   //姓名(私有属性)
  protected $xb;                                 //性别(保护属性)
  function __construct($xh,$xm,$xb)
  {
    $this->xh=$xh;
    $this->xm=$xm;
    $this->xb=$xb;
  }
  function getinfo()
  {
    echo "学号:$this->xh"."<BR>";
    echo "姓名:$this->xm"."<BR>";
    echo "性别:$this->xb"."<BR>";
  }
  function __get($propertyname)
  {
    if (isset($this->$propertyname))
      return($this->$propertyname);
    else
      return(NULL);
  }
  function __set($propertyname,$propertyvalue)
  {
    $this->$propertyname=$propertyvalue;
  }
```

```
}
$MyStudent=new student("200600001","卢铭","男");
$MyStudent->getinfo();
echo "学号:$MyStudent->xh"."<BR>";
echo "姓名:$MyStudent->xm"."<BR>";
echo "性别:$MyStudent->xb"."<BR>";
$MyStudent->xh="200600002";
$MyStudent->xm="刘莉";
$MyStudent->xb="女";
$MyStudent->getinfo();
$MyStudent=NULL;
?>
```

该示例的运行结果如图 4.5 所示。

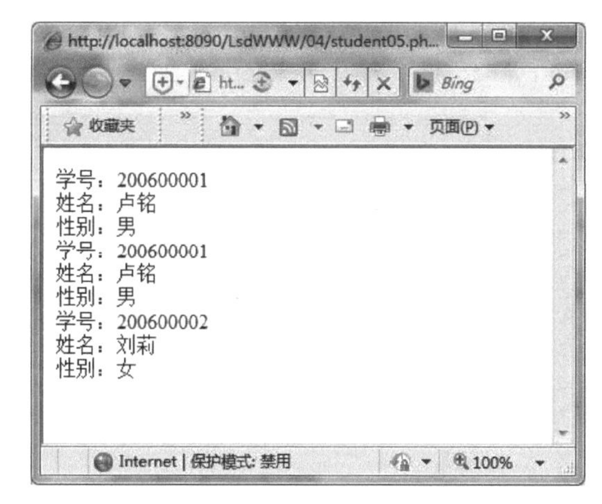

图 4.5 程序 student05.php 的运行结果

在类中所创建的__get()函数与__set()函数是较为特殊的，可在读取与设置属性时自动地进行调用。例如，在使用语句“$ myvar = $ objectname->propertyname”读取属性值时，将自动调用相应的__get()函数，并将属性名 propertyname 作为该函数的参数，而该函数的返回值即为相应属性的当前值。又如，在使用语句“$ objectname->propertyname = $ myvalue”设置属性值时，将自动调用相应的__set()函数，并将属性名 propertyname 作为该函数的第一个参数，而将 $ myvalue 作为该函数的第二个参数。

在类中使用__get()函数与__set()函数来控制对属性的访问是一个值得推荐的良好的编程习惯。这样，可确保对类中各属性的访问都是通过相同的方式进行，并可在必要时进行相应的判断与处理(如空值判断、错误处理等)，使程序更为健壮。

4.2.6 类方法的访问控制

在类中创建方法时，若在关键字 function 前未使用其他任何关键字，则该方法是公共的，可在类的内部与外部直接进行调用。如果要更严格地控制类方法的访问范围，那么在 PHP 5 及以后的版本中同样可以使用 public、private 与 protected 访问控制关键字。类方法的访问控制与类属性的访问控制是相似的。

视频讲解

【例 4.7】 类方法的访问控制示例(student06.php)。

```
<?php
class student
{
  public $xh;                                   //学号(公有属性)
  private $xm;                                  //姓名(私有属性)
  protected $xb;                                //性别(保护属性)
  function __construct($xh,$xm,$xb)
  {
    $this->xh=$xh;
    $this->xm=$xm;
    $this->xb=$xb;
  }
  public function queryinfo()                   //公有方法
  {
    $this->getinfo();
  }
  private function getinfo()                    //私有方法
  {
    echo "学号:$this->xh"."<BR>";
    echo "姓名:$this->xm"."<BR>";
    echo "性别:$this->xb"."<BR>";
  }
  function __get($propertyname)
  {
    if (isset($this->$propertyname))
      return($this->$propertyname);
    else
      return(NULL);
  }
  function __set($propertyname,$propertyvalue)
  {
    $this->$propertyname=$propertyvalue;
  }
}
$MyStudent=new student("200600001","卢铭","男");
$MyStudent->queryinfo();                        //queryinfo()为公有方法,允许调用
echo "学号:$MyStudent->xh"."<BR>";
echo "姓名:$MyStudent->xm"."<BR>";
echo "性别:$MyStudent->xb"."<BR>";
$MyStudent->xh="200600002";
$MyStudent->xm="刘莉";
$MyStudent->xb="女";
```

```
$MyStudent->getinfo();                    //getinfo()为私有方法,不允许调用
$MyStudent=NULL;
?>
```

该示例的运行结果如图 4.6 所示,其中的错误是由语句“$MyStudent->getinfo();”造成的。由于 getinfo()为私有方法,因此试图在类的外部对其进行调用是不允许的。

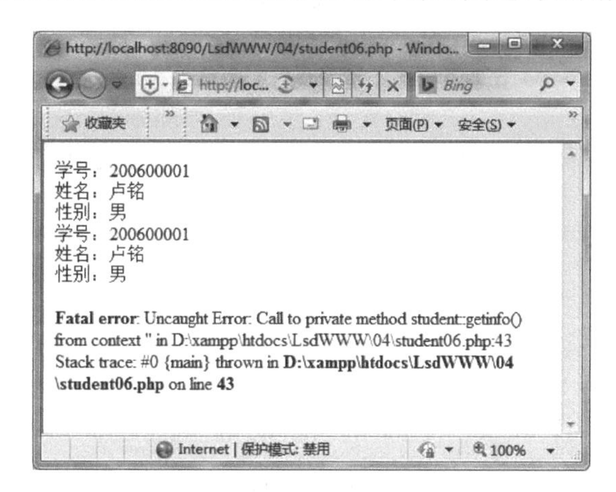

图 4.6 程序 student06.php 的运行结果

4.3 PHP 面向对象编程的高级技术

为了在 PHP 中更好地使用面向对象的方式进行编程,还应掌握一些相关的高级技术,如类的继承、方法的重载、对象的克隆与串行化、静态成员的使用、抽象方法与抽象类的使用、接口的使用等。

4.3.1 类的继承

继承是面向对象编程的主要特征之一。在 PHP 中,只支持单重继承,即一个子类只能有一个父类。通过继承而生成的子类,将自动拥有父类的有关成员(在父类中被声明为 private 的属性与方法是不能被继承的,而其他的属性与方法则可以被继承)。此外,还可根据需要声明相应的新属性或定义相应的新方法。必要时,也可重新声明父类中的同名属性(如改变其默认值),或重新定义父类中的同名方法(如改变其所实现的功能)。

对于 PHP 来说,类的继承是很容易实现的,只需使用关键字 extends 即可,其基本格式为

```
class childclassname extends parentclassname
{
//新常量
    const newconstname_1=newconstvalue_1;
```

```
    const newconstname_2=newconstvalue_2;
    ...
    const newconstname_k=newconstvalue_k;
    //新属性
    var|public|private|protected $newpropertyname_1;
    var|public|private|protected $newpropertyname_2;
    ...
    var|public|private|protected $newpropertyname_n;
    //新方法
    [public|private|protected] function newmethodname_1(...)
    {…}
    [public|private|protected] function newmethodname_2(...)
    {…}
    ...
    [public|private|protected] function newmethodname_m(...)
    {…}
}
```

其中，childclassname 为子类名，parentclassname 为父类名，newconstname_1～newconstname_k 为新常量的名称，newconstvalue_1～newconstvalue_k 为新常量的值，newpropertyname_1～newpropertyname_n 为新属性的名称，newmethodname_1～newmethodname_m 为新方法的名称。根据需要，各属性与方法均可指定为相应的访问方式。此外，各新方法可以带参数，也可以不带参数。

【例 4.8】 类的继承示例(student07.php)。

```
<?php
//学生类 student
include("class_student.php");
//学生类 student_A
class student_A extends student
{
  //新属性
  private $department;
  private $specialty;
  //新方法
  function setdepartment($department)
  {
    $this->department=$department;
  }
  function getdepartment()
  {
    echo "系别:$this->department"."<BR>";
  }
  function setspecialty($specialty)
  {
```

```
    $this->specialty=$specialty;
  }
  function getspecialty()
  {
    echo "专业:$this->specialty"."<BR>";
  }
}
$MyStudent=new student_A();
$MyStudent->setinfo("200600001","卢铭","男");
$MyStudent->setdepartment("计信系");
$MyStudent->setspecialty("计算机应用专业");
$MyStudent->getinfo();
$MyStudent->getdepartment();
$MyStudent->getspecialty();
$MyStudent=NULL;
?>
```

在该示例中,父类 student 中的所有属性与方法都是公有的(如例 4.1 所示),因此其子类 student_A 通过继承也拥有同样的属性与方法。此外,在子类 student_A 中,还另外声明了两个新属性,并为其分别定义了两个新方法。该示例的运行结果如图 4.7 所示。

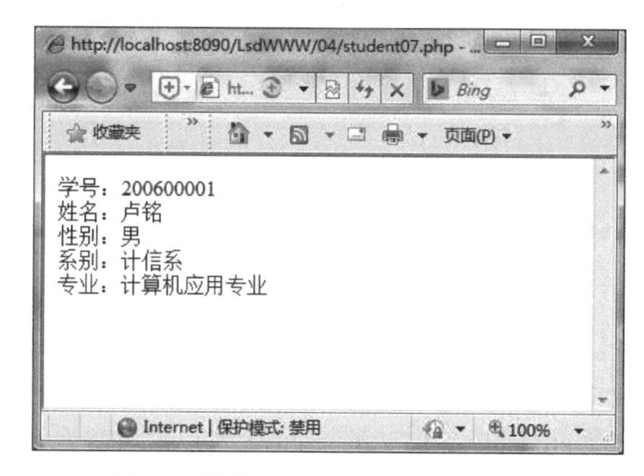

图 4.7 程序 student07.php 的运行结果

在子类中,也可以访问父类中的有关方法,其基本格式为

```
parent::methodname(…);
```

其中,methodname 为方法名。在此,“parent”实际上是一个特殊的类,用于指代当前类的父类。

如果不想让一个类被继承,那么可在创建该类时,使用关键字 final 进行声明。

【例 4.9】 类的继承示例(student08.php)。

```
<?php
//学生类 student
include("class_student.php");
//学生类 student_A
```

```
final class student_A extends student
{
  //新属性
  private $department;
  private $specialty;
  //新方法
  function setdepartment($department)
  {
    $this->department=$department;
  }
  function setspecialty($specialty)
  {
    $this->specialty=$specialty;
  }
  function getinfo_A()
  {
    parent::getinfo();
    echo "系别:$this->department"."<BR>";
    echo "专业:$this->specialty"."<BR>";
  }
}
$MyStudent=new student_A();
$MyStudent->setinfo("200600001","卢铭","男");
$MyStudent->setdepartment("计信系");
$MyStudent->setspecialty("计算机应用专业");
$MyStudent->getinfo_A();
$MyStudent=NULL;
//学生类 student_B
class student_B extends student_A
{
}
?>
```

该示例的运行结果如图 4.8 所示,其中的错误信息是由程序中的最后三行代码产生的(子类 student_B 试图继承父类 student_A,但父类 student_A 已被声明为 final,故不允许被继承)。

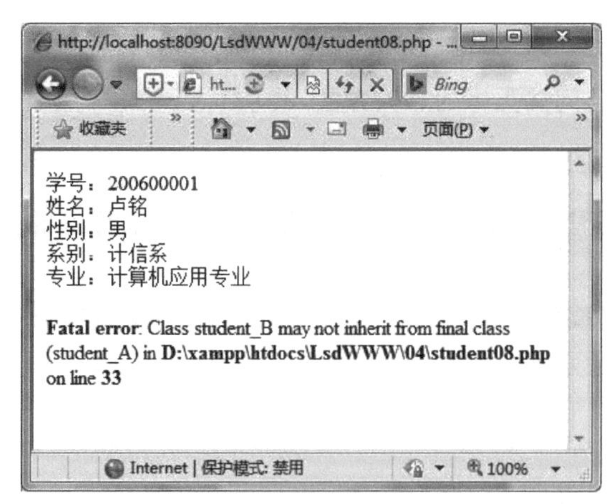

图 4.8　程序 student08.php 的运行结果

4.3.2　方法的重载

多态也是面向对象编程的主要特征之一，其主要的实现方式就是方法的重载。所谓方法的重载，是指在子类中重新定义父类中的同名方法。

【例 4.10】　方法的重载示例(student09.php)。

```
<?php
//学生类 student
include("class_student.php");
//学生类 student_A
class student_A extends student
{
  //新属性
  private $department;
  private $specialty;
  //重载父类的方法 setinfo
  function setinfo($xh,$xm,$xb,$department=NULL,$specialty=NULL)
  {
    $this->xh=$xh;
    $this->xm=$xm;
    $this->xb=$xb;
    $this->department=$department;
    $this->specialty=$specialty;
  }
  //重载父类的方法 getinfo
  function getinfo()
  {
    echo "学号:$this->xh"."<BR>";
    echo "姓名:$this->xm"."<BR>";
    echo "性别:$this->xb"."<BR>";
    echo "系别:$this->department"."<BR>";
    echo "专业:$this->specialty"."<BR>";
  }
}
$MyStudent=new student_A();
$MyStudent->setinfo("200600001","卢铭","男","计信系","计算机应用专业");
$MyStudent->getinfo();
$MyStudent=NULL;
?>
```

该示例的运行结果如图 4.9 所示。

如果不想让一个方法在子类中被重载，那么可在定义该方法时，使用 final 关键字进行声明。

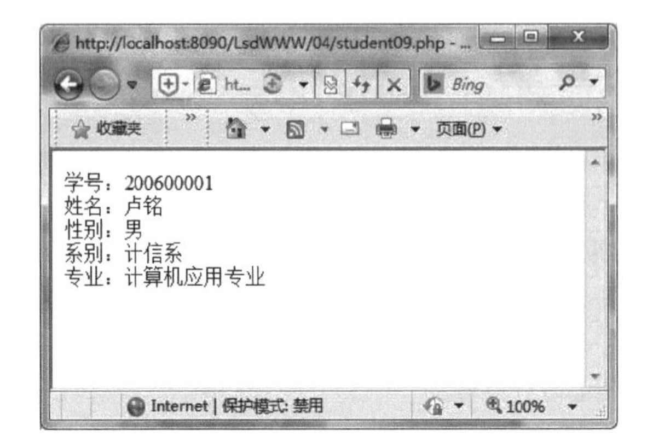

图 4.9　程序 student09.php 的运行结果

【例 4.11】　方法的重载示例(student10.php)。

```
<?php
//学生类 student
include("class_student.php");
//学生类 student_A
class student_A extends student
{
  //新属性
  private $department;
  private $specialty;
  //重载父类的方法 setinfo
  function setinfo($xh,$xm,$xb,$department=NULL,$specialty=NULL)
  {
    $this->xh=$xh;
    $this->xm=$xm;
    $this->xb=$xb;
    $this->department=$department;
    $this->specialty=$specialty;
  }
  //新方法
  final function getinfo_more()
  {
    parent::getinfo();
    echo "系别:$this->department"."<BR>";
    echo "专业:$this->specialty"."<BR>";
  }
}
$MyStudent=new student_A();
$MyStudent->setinfo("200600001","卢铭","男","计信系","计算机应用专业");
$MyStudent->getinfo_more();
$MyStudent=NULL;
```

```
//学生类 student_B
class student_B extends student_A
{
  function getinfo_more()
  {
    echo "学号:$this->xh"."<BR>";
    echo "姓名:$this->xm"."<BR>";
    echo "性别:$this->xb"."<BR>";
    echo "系别:$this->department"."<BR>";
    echo "专业:$this->specialty"."<BR>";
  }
}
?>
```

该示例的运行结果如图 4.10 所示，其中的错误信息是由程序中的最后一段代码产生的(子类 student_B 试图重载父类 student_A 的 getinfo_more()方法，但该方法已被声明为 final，故不允许被重载)。

图 4.10 程序 student10.php 的运行结果

4.3.3 对象的克隆

对象的克隆是指为已存在的对象建立副本。为了实现此类应用，PHP 5 及以后的版本提供了一个特殊的克隆函数，且将其命名为__clone(其中的“__”为两个下画线)。

在默认情况下，在克隆对象时将建立一个与原对象具有相同成员的对象。必要时，也可以在克隆对象的同时改变原对象的某些属性。为此，需要在相应类的__clone()函数中进行相应的处理。

【例 4.12】 对象的克隆示例(student11.php)。

```
<?php
class student{
  var $xh;
```

```
    var $xm;
    var $xb;
    function __construct($xh,$xm,$xb)  {
      $this->xh=$xh;
      $this->xm=$xm;
      $this->xb=$xb;
    }
    function getinfo()  {
      echo "学号:$this->xh"."<BR>";
      echo "姓名:$this->xm"."<BR>";
      echo "性别:$this->xb"."<BR>";
    }
    function __clone(){                        //克隆函数
      $this->xm=$this->xm."(克隆的)";     //修改姓名
    }
}
$MyStudent=new student("200600001","李兵","男");
echo "原来的对象:<BR>";
$MyStudent->getinfo();
$MyStudent0=clone $MyStudent;
echo "克隆的对象:<BR>";
$MyStudent0->getinfo();
$MyStudent=NULL;
$MyStudent0=NULL;
?>
```

该示例的运行结果如图 4.11 所示。

图 4.11 程序 student11.php 的运行结果

4.3.4 对象的串行化

对象的串行化是指将对象转换为一个字符串。与此相反，对象的反串行化是指将对象的串行化字符串重新还原为原来的对象。通过对象的串行化与反串行化，即可实现对象的保存与传输等特殊应用。

在 PHP 中，为了实现对象的串行化与反串行化，需使用 serialize()与 unserialize()函数。其中，serialize()函数的参数为对象名，返回值为指定对象被串行化后的字符串；unserialize()函数的参数为某对象的串行化字符串，返回值为重新组织好的对象。

在调用 serialize()函数串行化一个对象时，PHP 将首先调用该对象的__sleep()函数(如果有)。__sleep()函数(其中的“__”为两个下画线)实际上是类中的一个特殊函数。该函数不接受任何参数，但要返回一个包含该类对象中应被串行化的所有属性的数组(若无该函数，则所有属性均将被串行化)。通常，在该函数中可执行某些清除任务，如提交数据、关闭数据库连接等。

在调用 unserialize()函数通过反串行化重建对象后，PHP 将首先调用该对象的__wakeup()函数(如果有)。__wakeup()函数(其中的“__”为两个下画线)实际上也是类中的一个特殊函数。该函数不接受任何参数，通常可在其中完成某些初始化任务，如设置属性、重建数据库连接等。

【例 4.13】 对象的串行化与反串行化示例(student12.php)。

```
<?php
date_default_timezone_set('PRC');        //设置中国时区
class student                            //学生类
{
  var $xm;                               //属性(姓名)
  var $sj;                               //属性(时间)
  function __construct($xm)              //构造函数
  {
    $this->xm=$xm;
    $this->sj=date("H:i:s");             //当前时间
    echo "<".$this->sj.">学生<".$this->xm.">来啦!<BR>";
  }
  function __destruct()                  //析构函数
  {
    $this->sj=date("H:i:s");             //当前时间
    echo "<".$this->sj.">学生<".$this->xm.">走了!<BR>";
  }
  function showinfo()                    //显示对象信息
  {
    echo "姓名:".$this->xm."<BR>";
    echo "时间:".$this->sj."<BR>";
  }
  function __sleep()                     //串行化时只包括 xm 属性
  {
    echo "<".date("H:i:s").">学生对象<".$this->xm.">被串行化啦!<BR>";
    $sxsz=array("xm");
    return($sxsz);
  }
```

```
    function __wakeup()                    //反串行化时重新设置 sj 属性
    {
      $this->sj=date("H:i:s");
      echo "<".$this->sj.">学生对象<".$this->xm.">被反串行化啦!<BR>";
    }
}
echo "[创建对象]<BR>";
$MyStudent=new student("李兵");
$MyStudent->showinfo();
sleep(1);
echo "[串行化对象]<BR>";
$MyObjStr=serialize($MyStudent);
sleep(1);
echo "[销毁对象]<BR>";
$MyStudent=NULL;
sleep(1);
echo "[反串行化对象]<BR>";
$MyStudent0=unserialize($MyObjStr);
$MyStudent0->showinfo();
sleep(1);
echo "[销毁对象]<BR>";
$MyStudent0=NULL
?>
```

该示例的运行结果如图 4.12 所示。

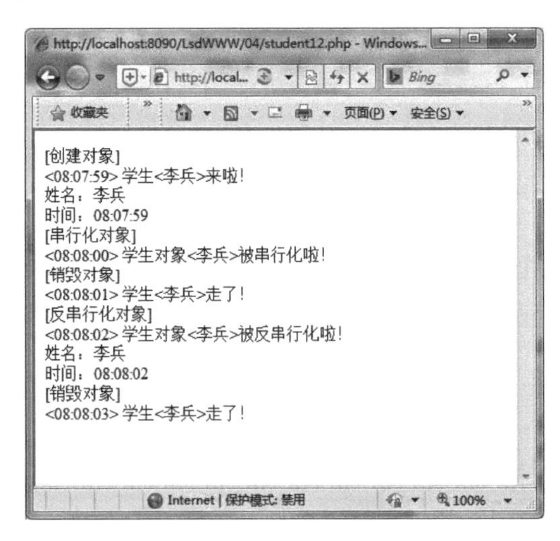

图 4.12　程序 student12.php 的运行结果

4.3.5　静态成员的使用

类的静态成员包括类的静态属性与静态方法。与一般的类成员不同,类的静态成员与对象(即类的实例)无关,而只与类本身有关。实际上,静态成员所代表的是类所要封装的数据与功能,而并非特定对象所要封装的数据与功能。其中,静态属性类似于全局变量,由该类的所有实例共享;而静态方法则类似于全局函数,无须创建该类的实例即可直接进行调用。

在 PHP 中,静态成员是使用关键字 static 来进行声明的。对于静态成员,其访问方式也与一般的类成员不同。

在类的内部,静态成员应通过特殊类 self(而不是特殊变量 $this)来进行访问,其基本格式为

```
self::$propertyname
self::methodname(…)
```

其中,propertyname 为静态属性名,methodname 为静态方法名。

类似地,在类的外部,静态成员则应通过类名来进行访问,其基本格式为

```
classname::$propertyname
classname::methodname(…)
```

其中,classname 为相应静态属性或静态方法所在类的名称。

【例 4.14】 静态成员的使用示例(student13.php)。

```
<?php
class student                          //学生类
{
  private $xm;                         //私有属性(姓名)
  static private $counter=0;           //静态私有属性(计数器),其初值为 0
  function __construct($xm)            //构造函数
  {
    $this->xm=$xm;
    self::$counter=self::$counter+1;
    echo "学生<".$this->xm.">来啦!目前共有".self::$counter."人。<BR>";
  }
  function __destruct()                //析构函数
  {
    self::$counter=self::$counter-1;
    echo "学生<".$this->xm.">走了。目前共有".self::$counter."人。<BR>";
  }
  static function getcounter()         //静态方法(获取总人数)
  {
    return(self::$counter);
  }
}
echo "目前的学生总人数:".student::getcounter()."。<BR>";
$MyStudent=new student("李兵");
$MyStudent1=new student("张强");
$MyStudent=NULL;
echo "目前的学生总人数:".student::getcounter()."。<BR>";
```

```
$MyStudent2=new student("王志");
$MyStudent1=NULL;
$MyStudent2=NULL;
echo "目前的学生总人数:".student::getcounter()."。<BR>";
?>
```

该示例的运行结果如图 4.13 所示。

图 4.13　程序 student13.php 的运行结果

4.3.6　抽象方法与抽象类的使用

在 PHP 5 及以后的版本中,除了一般的类与方法以外,还可以定义和使用相应的抽象类与抽象方法。其中,抽象方法是指使用 abstract 关键字定义的尚未实现(即没有任何代码)且无任何参数的以分号“;”结束的方法,而抽象类则是指使用 abstract 关键字定义的包含一个或多个抽象方法的类。

抽象类是不能被实例化的,但允许被继承。通过继承抽象类,可以生成相应的子类,并在其中全部或部分实现有关的抽象方法。抽象方法一旦被实现,即可成为一般的方法。同样,当抽象类中所有的抽象方法均被实现后,该抽象类便成为一般的可被实例化的类。通常,可将抽象类作为其子类的模板来看待,而其所包含的抽象方法则可作为相应的一般方法的占位符来看待。

【例 4.15】　抽象方法与抽象类的使用示例(student14.php)。

```
<?php
abstract class student {                    //抽象类 student
  var $xh;
  var $xm;
  var $xb;
  //构造函数(在此功能为设置学生信息)
  function __construct($xh,$xm,$xb)  {
    $this->xh=$xh;
    $this->xm=$xm;
```

```
      $this->xb=$xb;
    }
    //抽象方法 getinfo()
    abstract function getinfo();
}
class student_A extends student {
    function getinfo() { //实现父类中的抽象方法
      echo "学号:$this->xh"."<BR>";
      echo "姓名:$this->xm"."<BR>";
      echo "性别:$this->xb"."<BR>";
    }
}
class student_B extends student {
    function getinfo() {                    //实现父类中的抽象方法
      echo "No.:$this->xh"."<BR>";
      echo "Name:$this->xm"."<BR>";
      echo "Sex:$this->xb"."<BR>";
    }
}
$MyStudent_A=new student_A("200600001","卢铭","男");
$MyStudent_A->getinfo();
$MyStudent_A=NULL;
$MyStudent_B=new student_B("200600001","卢铭","男");
$MyStudent_B->getinfo();
$MyStudent_B=NULL;
?>
```

该示例的运行结果如图 4.14 所示。

图 4.14　程序 student14.php 的运行结果

4.3.7 接口的使用

在 PHP 5 及以后的版本中，接口相当于一种特殊的抽象类，只有常量与抽象方法两种成员。但与抽象类的定义不同,接口是使用 interface 关键字来进行定义的,且其中的抽象方法无须使用 abstract 关键字与访问控制关键字进行修饰。定义了相应的接口后,即可在创建类时使用 implements 关键字将有关的接口整合起来,并在类中为各个方法编写具体的功能代码。这样,所创建的类便实现了相应的接口。至于接口中所定义的常量,其访问方式为"接口名::常量名"(与类成员常量的访问方式类似)。

【例 4.16】 接口的使用示例(student15.php)。

```
<?php
interface setdata                                   //接口 setdata
{
  function setinfo($a,$b,$c);
}
interface getdata                                   //接口 getdata
{
  function getinfo();
}
class student implements setdata,getdata            //学生类 student
{
  var $xh;
  var $xm;
  var $xb;
  function setinfo($xh,$xm,$xb)                     //实现方法 setinfo
  {
    $this->xh=$xh;
    $this->xm=$xm;
    $this->xb=$xb;
  }
  function getinfo()                                //实现方法 getinfo
  {
    echo "学号:$this->xh"."<BR>";
    echo "姓名:$this->xm"."<BR>";
    echo "性别:$this->xb"."<BR>";
  }
}
$MyStudent=new student();
$MyStudent->setinfo("200600001","卢铭","男");
$MyStudent->getinfo();
$MyStudent=NULL;
?>
```

该示例的运行结果如图 4.15 所示。

到目前为止,PHP 并不支持多重继承。但在 PHP 5 及以后的版本中所引入的接口,可看作多重继承的一种解决方法。

图 4.15 程序 student15.php 的运行结果

4.3.8 类方法的调用处理

当试图调用一个类中并不存在的方法时，就会产生错误。为了实现对类方法调用错误的统一处理，可使用 PHP 5 及以后的版本所提供__call()函数(其中的“__”为两个下画线)。

__call()函数是 PHP 5 及以后的版本所提供的一个特殊函数，可在调用不存在的方法时自动地被调用，通常用于输出相应的错误信息。该函数有两个参数，其中第一个参数用于接收相应的方法名，第二个参数用于接收相应的参数数组。

【例 4.17】 类方法的调用处理示例(student16.php)。

```
<?php
class student
{
  var $xm;
  function __construct($xm)
  {
    $this->xm=$xm;
    echo "学生<".$this->xm.">来啦!<BR>";
  }
  function __destruct()
  {
    echo "学生<".$this->xm.">走了!<BR>";
  }
  function __call($name,$args)
  {
    echo "所调用的方法".$name."()不存在!<BR>";
  }
}
$MyStudent=new student("李兵");                        //创建学生对象
$MyStudent->setinfo("200600001","李兵","男");
$MyStudent->getinfo();
$MyStudent=NULL;                                      //销毁学生对象
?>
```

该示例的运行结果如图 4.16 所示。

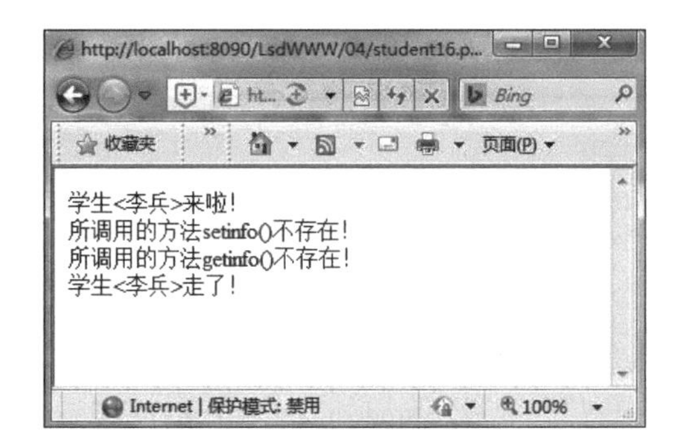

图 4.16　程序 student16.php 的运行结果

4.3.9　类文件的自动加载

在开发大型系统时，往往要创建大量的类。为便于管理、维护与使用，通常可将各个类分别保存到相应的类文件中。这样，在需要某个类时，只需通过 include 语句加载(或引入)相应的类文件即可。实际上，在 PHP 5 及以后的版本中，类的加载也可以由系统自动完成。为此，需使用 PHP 5 及以后的版本所提供__autoload()函数(其中的“__”为两个下画线)。

__autoload()函数是 PHP 5 及以后的版本的一个特殊的预定义全局函数，其功能就是自动加载所需要的类。该函数只有一个参数，用于接收由系统自动传递的类名。

【例 4.18】　类文件的自动加载示例(student17.php)。

```
<?php
//__autoload 函数
function __autoload($classname)
{
  include("class_".$classname.".php");
}
//创建学生对象
$MyStudent=new student();
//调用方法(设置学生信息)
$MyStudent->setinfo("200600001","卢铭","男");
//调用方法(输出学生信息)
$MyStudent->getinfo();
//访问属性(修改学生姓名)
$MyStudent->xm="卢俊";
//访问属性(输出学生姓名)
echo "姓名:".$MyStudent->xm;
//销毁学生对象
$MyStudent=NULL;
?>
```

在该示例中，定义了一个__autoload()函数。当程序执行到“$MyStudent = new

student;”语句时，由于找不到学生类 student，因此便将类名 student 作为参数自动调用 __autoload()函数，从而引入程序文件 class_student.php 的代码——学生类 student 的定义（如例 4.1 所示）。该示例的运行结果如图 4.17 所示。

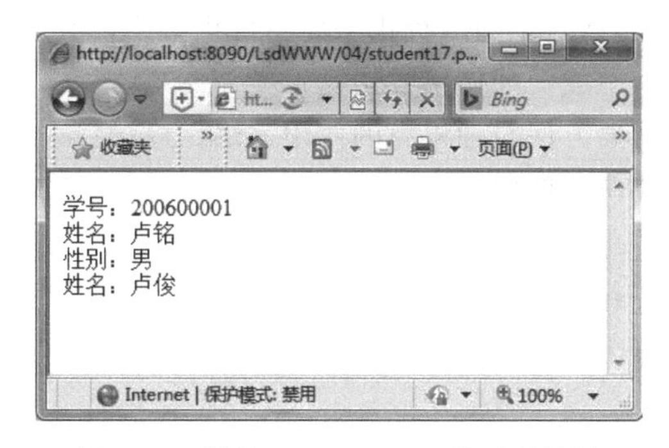

图 4.17 程序 student17.php 的运行结果

应该说明的是，类的自动加载实际上是通过自动加载类文件来实现的。因此，在命名类文件时，应遵循一定的规则，以便统一实现类的自动加载。其中，较为理想的一种命名方案就是“前缀＋类名＋扩展名”。例如，可将前缀指定为“class_”，而将扩展名指定为“.php”。这样，如果类名为 student 与 teacher，那么相应的类文件名就是 class_student.php 与 class_teacher.php。

4.4 上机实践

1. 请自行创建一个基本的课程类，然后再通过继承的方式创建相应的子类以扩充其功能。
2. 请自行创建一个基本的购物车类，然后再通过继承的方式创建相应的子类以扩充其功能。

习题 4

1. 请简述面向对象编程的基本概念与主要特征。
2. 在 PHP 中，如何创建一个类？请简述其基本格式。
3. 在 PHP 中，如何创建一个对象？请简述其基本格式。
4. 在 PHP 中，如何访问对象的属性与方法？请简述其基本格式。
5. 请简述 PHP 中构造函数的使用方法。
6. 请简述 PHP 中析构函数的使用方法。
7. 请简述如何控制 PHP 中类属性的访问范围。
8. 请简述如何控制 PHP 中类方法的访问范围。

9. 在 PHP 中,如何实现类的继承?请简述其基本格式与使用要点。
10. 在 PHP 中,如何实现方法的重载?
11. 在 PHP 中,如何实现对象的克隆?
12. 在 PHP 中,如何实现对象的串行化与反串行化?
13. 请简述 PHP 中静态成员的使用方法。
14. 请简述 PHP 中抽象方法与抽象类的使用方法。
15. 请简述 PHP 中接口的使用方法。
16. 请简述 PHP 中__call()函数的基本用法。
17. 请简述 PHP 中__autoload()函数的基本用法。

PHP 与浏览器交互编程

在互联网应用中，许多 Web 应用程序往往需要获取上网用户的信息，例如登录的用户名和密码、留言内容、用户是否在线、在线时间等，这些信息的采集可以通过本章的相关知识实现。本章主要介绍 PHP 与浏览器之间数据交互的编程技术，包括提交 Web 表单数据、接收 Web 表单数据、文件上传、保存用户会话状态的 Session 和 Cookie 应用。

5.1 Web 表单数据的提交

视频讲解

浏览器与 Web 服务器的 Web 应用程序之间采用 HTTP 进行数据传输，它基于"请求/响应"模式。浏览器向 Web 服务器提交数据的方式有两种：GET 方式和 POST 方式。当浏览器向 Web 服务器某个 PHP 程序发送一个"GET 请求"时，浏览器以 GET 方式向 Web 服务器的某个 PHP 程序提交数据；当浏览器向 Web 服务器某个 PHP 程序发送一个"POST 请求"时，浏览器以 POST 方式向 Web 服务器的某个 PHP 程序提交数据。

提交 Web 表单数据的方法有两种：GET 方式和 POST 方式。具体采用哪种方法提交表单数据，由<form>表单元素的 method 属性指定。

5.1.1 使用 GET 方式提交表单数据

GET 方式是提交表单数据的默认方法。GET 方式将表单数据以查询字符串形式附加到 URL 后面，并作为 URL 的一部分内容发送到 Web 服务器。GET 方式传递参数的格式如下。

```
http://URL? name1=value1&name2=value2…
```

其中，URL 为 Web 服务器某个数据接收程序的网址，问号"?"后面的内容为查询字符串，列出了需要传递给 PHP 程序的各个参数，参数以"参数名＝参数值"格式定义，name1，name2

等是参数名,也就是表单的元素名,参数名要根据PHP程序中的变量名而定;value1,value2等是参数值,即表单中对应元素的值。各参数之间用符号“&”相连,URL与查询字符串之间用符号“?”相连。

【例5.1】 定义一个用户注册表单网页文件register.html。

```
<html>
<head>
  <meta charset="utf-8">
  <title>注册用户</title>
</head>
<body>
<form action="register.php" method="get">
  用 户 名:<input type="text" name="username"><br>
  密    码:<input type="password" name="password" ><br>
  确认密码: <input type="password" name="confirmpassword" ><br>
  <input type="submit" value="注册">
</form>
</body>
</html>
```

在该网页文件中,<form>表单元素的action属性指定了表单数据由PHP程序register.php(其代码参见5.2.1节)接收并处理,method属性指定了表单数据以GET方式向register.php程序传递数据。因此,访问register.html文件,输入表单的注册信息,如图5.1所示,然后单击“注册”按钮,显示如图5.2所示的结果。

图5.1 注册用户界面

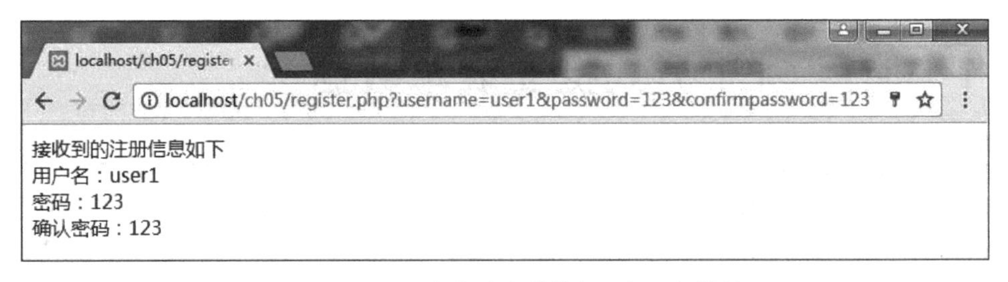

图5.2 PHP程序接收表单数据后的运行结果

从如图5.2所示的浏览器的地址栏可以看出,以GET方式传递表单数据时,将表单数据附加到接收表单数据的PHP程序网址之后。而这对于传递一些重要信息而言,建议不要使用 GET 方式提交表单数据。

5.1.2 使用 POST 方式提交表单数据

POST 方式提交表单数据是通过在<form>表单元素中加入属性“method=post”,将表单的数据以 POST 方式提交到 Web 服务器的 PHP 程序,再由 PHP 程序接收表单数据并进行处理。

【例 5.2】 一个简单的调查问卷网页文件 eg5_2.html。

```
<html>
<head>
  <meta charset="utf-8">
  <title>问卷调查</title>
</head>
<body>
<form name="form1" method="post" action="eg5_4.php">
  姓名 <input name="name" type="text" id="name"><br>
  喜爱的运动 <input name="love" type="text" id="love"><br>
  <input type="submit" name="Submit" value="确定">
</form>
</body>
</html>
```

在该网页文件中,<form>元素的 method 属性指定以 POST 方式提交表单数据,action 属性指定了接收并处理表单数据的 Web 服务器程序是 eg5_4.php 程序(其代码参见 5.2.2 节)。访问 eg5_2.html 文件,如图 5.3 所示,输入图中内容,单击“确定”按钮后,由 eg5_4.php 程序接收表单数据,进行处理,输出结果如图 5.4 所示。

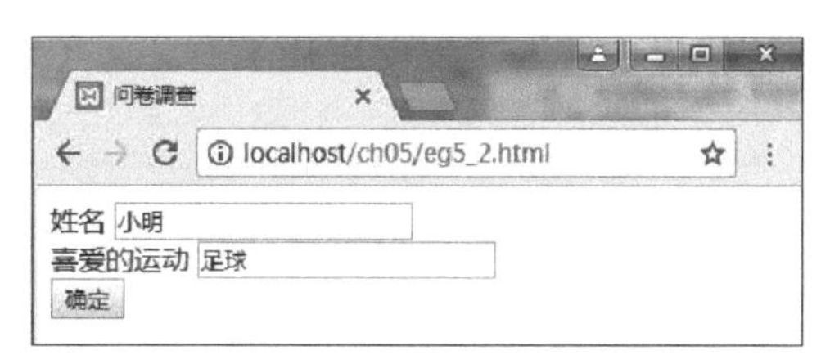

图 5.3　输入表单数据

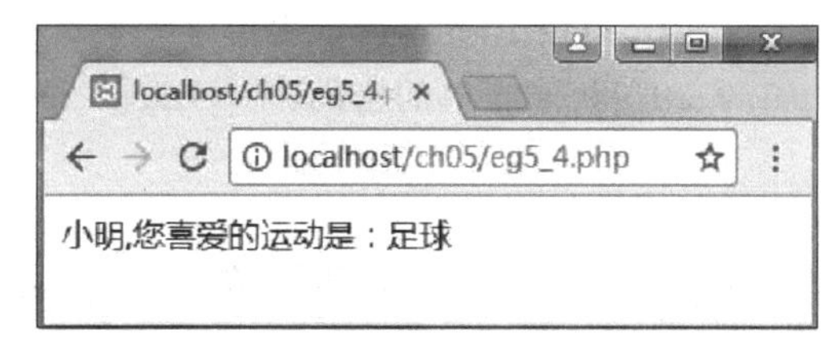

图 5.4　PHP 程序接收表单数据的运行结果

从图 5.4 可以看出,采用 POST 方式时,表单上输入的数据不会附加到 action 属性所设定的 URL 之后发送，这对于传递重要信息而言，POST 方式是一种安全的提交数据方法。

5.1.3 两种提交方式的差别

GET 方式和 POST 方式都可以提交浏览器中表单的数据，但两者存在如下差别。

(1) POST 方式比 GET 方式安全。GET 提交方式把数据附加到 URL 后面的查询字符串中，并存放在历史记录中，用户可以修改 URL 的参数值，达到不同目的。不建议采用 GET 方式。

(2) POST 方式可以提交更多的数据。POST 方式提交的数据没有大小限制，而 GET 方式提交的数据大小受到 URL 长度的限制，只用于提交少量的数据。

(3) 不同的提交方式，Web 服务器接收数据的方式也有所不同。5.2 节介绍其接收数据的具体方法。

视频讲解

5.2 PHP 接收 Web 表单数据

PHP 提供了预定义全局变量 $ _GET、$ _POST、$ _REQUEST，用来获取浏览器表单数据，这些全局变量都是数组类型。

5.2.1 利用 $ _GET 全局变量接收表单数据

当浏览器以 GET 方式提交表单数据时，Web 服务器的 PHP 程序可以用 $ _GET 全局数组变量读取表单的各个元素值。通过数组元素“ $ _GET[下标]”获取表单的某一元素值，其中，下标是表单的元素名，必须与网页中表单的元素名称相同，而且大小写也须一致。

【例 5.3】 接收例 5.1 注册用户表单数据的 PHP 程序 register.php。

```
<?php
echo "接收到的注册信息如下<br>";
echo "用户名:".$_GET["username"];
echo "<br>密码:".$_GET["password"];
echo "<br>确认密码:".$_GET["confirmpassword"];
?>
```

在该程序中，$ _GET["username"]数组元素读取表单中元素名为 username 的元素值，即输入的用户名，$ _GET["password"]获取表单的密码，$ _GET["confirmpassword"]获取表单的确认密码。

5.2.2 利用 $ _POST 全局变量接收表单数据

当浏览器以 POST 方式提交表单数据时，Web 服务器的 PHP 程序可以用 $ _POST 全局数组变量读取表单的各个元素值。通过数组元素“ $ _POST[下标]”获取表单的某一元素值，其中，下标是表单的元素名，必须与网页中表单的元素名称相同，而且大小写也须一致。

【例 5.4】 接收例 5.2 调查问卷表单数据的 PHP 程序 eg5_4.php。

```
<?php
echo $_POST["name"];
echo ",您喜爱的运动是:".$_POST["love"];
?>
```

在该程序中，$ _POST["name"]数组元素获取表单中输入的姓名，$ _POST["love"]数组元素获取表单中输入的运动名称。

5.2.3 利用 $ _REQUEST 全局变量接收表单数据

使用 $ _REQUEST 全局变量获取 POST 方式、GET 方式，以及 HTTP Cookie 传递到 PHP 程序的数据。例 5.3 和例 5.4 的程序中，全局变量 $ _GET 和 $ _POST 都可以用 $ _REQUEST 替换，$ _Cookie 全局变量也可以用 $ _REQUEST 替换。

在 HTML 表单中，除了使用文本框元素外，还可以使用单选按钮、复选框、下拉列表等表单元素输入数据。对于同一组单选按钮元素，它们的名字必须相同。对于同一组的复选框元素，它们的名字必须相同，并且在其名字后加上一对方括号“[]”。这样，PHP 程序把这些选中的复选框的值作为一个数组处理。下面给出一个表单综合实例。

【例 5.5】 创建一个填写用户个人信息的表单网页文件 eg5_5.php，它包含文本框、复选框、单选按钮和下拉列表元素。

eg5_5.php 文件的主要代码如下。

```
…
<body>
<form name="form1" method="post" action="eg5_6.php">
  <p>姓名 <input name="myname" type="text"><br>
    性别<input name="gender" type="radio" value="男" checked>男
    <input type="radio" name=" gender" value="女">女<br>
    出生年月<select name="year">
      <?php
      for ($i=2019;$i>=1900;$i--){
        echo "<option value='".$i."'>".$i."</option>";
      }
      ?>
      </select>年
      <select name="month">
        <?php
        for ($i=1;$i<=12;$i++){
          echo "<option value='".$i."'>".$i."</option>";
        }
        ?>
```

```
      </select>月
    <br>感兴趣的编程语言
    <input name="interest[]" type="checkbox" value="PHP">PHP
    <input name="interest[]" type="checkbox" value="VB.NET">VB.NET
    <input name="interest[]" type="checkbox" value="Java">Java
  <input name="interest[]" type="checkbox" value="VC++">VC++</p>
  <p><input type="submit" name="Submit" value="确定"></p>
</form>
</body>
```

在该网页文件中，两个单选按钮元素的 name 属性值相同，均为 gender；4 个复选框元素的 name 属性值都是 interest[]，这样 PHP 程序把提交的复选框元素视为一个数组。

【例 5.6】 接收并处理例 5.5 表单数据的 PHP 程序(eg5_6.php)。

```
<?php
echo $_REQUEST["myname"];
echo "<br>你的性别是:".$_REQUEST["gender"];
echo "<br>出生年月:".$_REQUEST["year"]."年".$_REQUEST["month"]."月";
echo "<br>感兴趣的编程语言是:";
for ($i=0;$i<count($_REQUEST["interest"]);$i++) {
  echo $_REQUEST["interest"][$i]."  ";
}
?>
```

首先访问 eg5_5.php，显示如图 5.5 所示的页面，输入用户信息后，单击“确定”按钮，将表单数据传送给 Web 服务器端的 eg5_6.php 程序，由它进行处理，生成新的网页，返回给用户浏览器，输出结果如图 5.6 所示。

图 5.5　访问 eg5_5.html 显示的页面

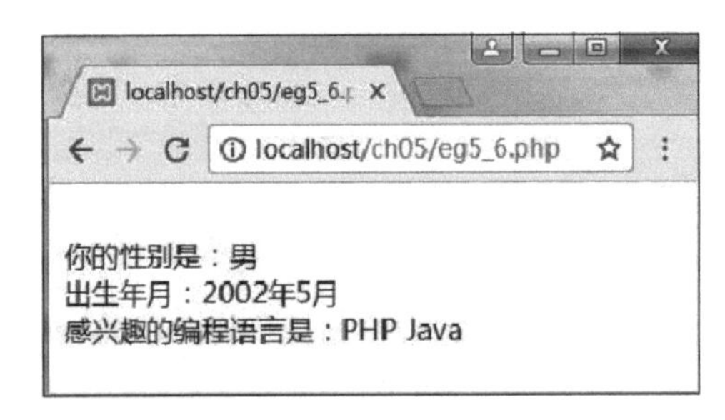

图 5.6　返回的个人信息

5.3 文件上传

在许多 Web 应用程序中经常使用文件上传功能,例如把图片、文档文件、压缩文件等上传到 Web 服务器。在 PHP 中实现文件上传,首先要在配置文件 php.ini 中对上传文件的配置做一些设置,然后编写 PHP 程序,利用全局变量 $_FILES 获取上传文件的有关信息,再利用 move_uploaded_file()函数实现文件的上传。

5.3.1 上传文件的设置

视频讲解

PHP 配置文件 php.ini 的[File Uploads]节定义了一些与上传文件相关的配置选项,包括是否支持上传文件、上传文件的临时目录、上传文件的大小、指令执行的时间等,修改这些选项的值,可以满足特定的文件上传需要。上传相关的选项如下。

(1) file_uploads:是否允许 HTTP 文件上传。其默认值为 On,表示支持文件上传。

(2) upload_tmp_dir:存储上传文件的临时目录。一般使用系统默认目录,也可以自行指定其目录。XAMPP 套件中其默认目录为"C:\xampp\tmp"。

(3) upload_max_filesize:允许上传文件大小的最大值,以 MB 为单位,默认值为 2MB。如果要上传超过 2MB 的文件,需要修改此选项的值。

(4) max_file_uploads:允许一次上传的文件数量的最大值,默认值为 20。

除了以上 File Uploads 节的上传相关选项外,往往还需要修改以下几个影响文件上传的选项。

(5) max_size:以 POST 方式提交表单数据时,PHP 能接收的 POST 数据的上限值,默认为 8MB,表示表单的所有数据(单行文本框、多行文本框等)的大小之和必须小于 8MB,否则 PHP 不能获取表单的所有数据,即 $_GET、$_POST、$_FILES 将是空数组。如果该选项值设置为 0,则不限制表单数据大小。

(6) max_execution_time:配置单个 PHP 程序在 Web 服务器端上执行的最长时间,单位是 s,默认值为 30s。如果要上传大文件,必须将该选项值修改为更长的时间,否则超过了 PHP 程序执行的最大时间,仍然不能实现上传文件。如果该选项值设为 0,表示不限制执行时间。

(7) memory_limit:单个 PHP 程序在 Web 服务器端执行时占用的最大内存空间,默认值为 128MB。当设置为-1 时,表示不限制。

更改了 php.ini 配置文件的选项后,必须重新启动 Apache Web 服务器,使配置生效。

5.3.2 $_FILES 全局变量

当表单以 POST 方式上传文件时,PHP 程序可以用 $_FILES 全局数组变量获取上传文件相关的信息,如上传的文件名、文件大小、文件 MIME 类型、临时文件名等。$_FILES 是一个二维数组,假设表单中上传文件元素的名称为 filename,那么 $_FILES 数组的各个数组元素含义如表5.1所示。

表5.1　$_FILES全局数组元素的含义

名　　称	含　　义
$_FILES['filename']['name']	上传文件的文件名
$_FILES['filename']['type']	上传文件的MIME类型。MIME类型规定各种文件格式的类型，如“image/gif”表示上传的是gif类型的文件
$_FILES['filename']['size']	上传文件的大小，单位为B
$_FILES['filename']['tmp_name']	文件被上传后在Web服务器端存储的临时文件名
$_FILES['filename']['error']	文件上传结果的状态码。其值和意义如下： 0：文件上传成功 1：文件大小超过upload_max_filesize选项的上限值 2：文件大小超过FORM表单中MAX_FILE_SIZE参数的上限值 3：文件只有部分被上传 4：没有选择上传文件

视频讲解

5.3.3　文件上传的实现

在PHP中，要实现文件上传，首先用is_uploaded_file()函数判断指定的文件是否通过HTTP POST方式上传，如果是，则返回true，再继续执行move_uploaded_file()函数完成文件的上传。

1. is_uploaded_file()函数

is_uploaded_file()函数判断指定的文件是否通过HTTP POST方式上传。如果是，返回true。其语法格式为

```
bool is_uploaded_file(string $filename)
```

其中，$filename参数是$_FILES['filename']['tmp_name']的值，不是$_FILES['filename']['name']的值。

2. move_uploaded_file()函数

move_uploaded_file()函数将上传的文件移到指定的目录。如果成功，返回true，否则返回false。其语法格式为

```
bool move_uploaded_file(string $filename, string $destination)
```

其中，$filename参数是上传文件的临时文件名，即$_FILES['filename']['tmp_name']的值；$destination是上传的文件在服务器端存储的目标路径和文件名。

【例5.7】　创建一个表单，在表单中添加一个文件域，用来上传小于2MB的文件，将上传的文件存储到Web服务器站点根目录下的upload目录(eg5_7.php)。

eg5_7.php文件的主要代码如下。

```
<form method="post" action="eg5_7.php" enctype="multipart/form-data">
  <p>
```

```
        选择要上传的文件:
        <input type="file" name="upfile" >
        <input type="submit" name="submit" value="上传">
    </p>
</form>
<?php
$dir="../upload";
if(isset($_FILES["upfile"])) {
    $fileinfo=$_FILES["upfile"];
    if($fileinfo['error']>0){
        echo "上传错误:";
        switch($fileinfo['error']){
            case 1:
                echo "上传文件大小超过配置文件规定的最大值";
                break;
            case 2:
                echo "上传文件大小超过表单数据的最大值";
                break;
            case 3:
                echo "上传文件不全";
                break;
            case 4:
                echo "没有上传文件";
                break;
        }
    }else{
      if (!is_dir($dir)) {
          mkdir($dir);
      }
      $destfile=$dir."/".$fileinfo["name"];
        if(is_uploaded_file($fileinfo["tmp_name"])){
          if(move_uploaded_file($fileinfo["tmp_name"],$destfile))
              echo "文件上传成功";
          else
              echo "上传失败";
        }else{
            echo "文件上传不合法";
        }
    }
}
?>
```

在上述PHP程序中，$_FILES["upfile"]的下标upfile必须与表单的文件域的name属性值相同。另外，在执行本程序之前，需要预先在C:\xampp\htdocs文件夹中创建upload子文件夹，才能执行本程序。

一个表单不仅可以上传一个文件，也可以同时上传多个文件，只需要在表单中添加多个文件域，这些文件域的name属性值为同一个数组即可，PHP程序用循环语句将上传的多个文件逐个移到指定的目录。

【例 5.8】 同时上传多个文件的 PHP 程序(eg5_8.php)。

该程序的主要代码如下。

```
<form method="post" action="eg5_8.php" enctype="multipart/form-data">
  文件 1:<input type="file" name="upfiles[]" ><br>
  文件 2:<input type="file" name="upfiles[]" ><br>
  文件 3:<input type="file" name="upfiles[]" ><br>
  文件 4:<input type="file" name="upfiles[]" ><br>
  文件 5:<input type="file" name="upfiles[]" ><br>
  文件 6:<input type="file" name="upfiles[]" ><br>
  <p><input type="submit" name="submit" value="上传"></p>
</form>
<?php
$uploads_dir = '../upload';
if(isset($_FILES["upfiles"])) {
    foreach ($_FILES["upfiles"]["error"] as $key => $error) {
        $name = $_FILES["upfiles"]["name"][$key];
        if(!empty($name)){
            if ($error ==UPLOAD_ERR_OK) {
                $tmp_name = $_FILES["upfiles"]["tmp_name"][$key];
                move_uploaded_file($tmp_name, "$uploads_dir/$name");
                echo "文件:$name, 上传成功<br>";
            }else{
                echo "文件:$name, 上传不合法<br>";
            }
        }
    }
}
?>
```

在浏览器中访问网址“http://localhost/ch05/eg5_8.php”,显示如图 5.7 所示的界面,选择一些要上传的文件,单击“上传”按钮,输出效果如图 5.8 所示。同时,在 C:\xampp\htdocs\upload 文件夹中存放了上传的文件。

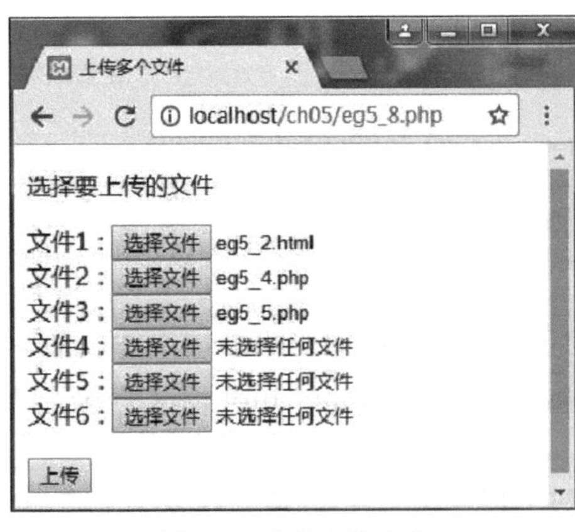

图 5.7 选择上传文件

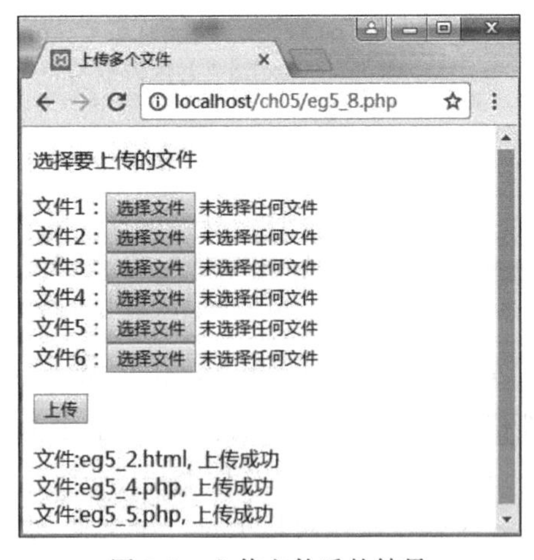

图 5.8 上传文件后的结果

5.4 网页重定向

在网页中，可以利用超链接把用户导航到另一个页面，但用户必须单击超链接才可以实现。在一些特定的场景中，要求页面自动重定向到另一个页面，显示另一个页面内容。例如，用户访问一个论坛时，如果没有登录论坛，就会自动地跳转到登录页面，这需要使用网页重定向技术实现。

实现重定向网页的方法有三种：一是利用 PHP 的 header()函数；二是利用 HTML 的 META 标记；三是利用 JavaScript 脚本程序。本节只介绍 header()函数的使用。

PHP 的 header()函数用来向浏览器发送 HTTP 头部信息。其语法格式为

```
void header(string str [,bool replace[,int http_response_code]])
```

参数说明：

(1) str 参数是被发送的 HTTP 头部字段，其格式为

```
域名:域值
```

例如，下面的 PHP 程序向浏览器发送一个 HTTP 头部信息，告诉浏览器即将发送的内容是 HTML 文档，文档字符集为 UTF-8 编码。

```
<?php header("Content-Type: text/html; charset=UTF-8"); ?>
```

该程序与以下 HTML 的 META 标记的作用相同。

```
<meta http-equiv="Content-Type" content="text/html; charset=UTF-8">
```

(2) 可选的 replace 参数指明是替换前一条类型的头部标记，还是增加一条相同类型的头部标记。默认值为替换。但如果将其值设为 false，则可以强制发送多个同类头部标记。

(3) 可选的 http_response_code 参数强制将 HTTP 响应代码设为指定值。

下面介绍 header()函数常见的几种应用。

1. 重定向网页

header()函数最常见的应用之一是重定向网页。利用 header("Location: URL")函数，强制地向浏览器发送一个 HTTP 的 Location 头部字段信息从而实现重定向功能。例如，下列程序实现在浏览器中显示 www.php.net 网站的主页内容。

```
<?php
header("Location: http://www.php.net");
exit;
?>
```

【例 5.9】 设计一个含有表单的网页文件 eg5_9.html，提交表单数据后由 PHP 程序检查表单数据是否为空，如果表单数据为空，则重定向到原网页文件 eg5_9.html。

(1) 设计表单网页文件 eg5_9.html。其主要代码如下。

```
<form action="eg5_9_check.php" method="post">
  姓名: <input type="text" name="yourname">
  <input type="submit" value="确定">
</form>
```

(2) 编写检查表单数据是否为空的 PHP 程序 eg5_9_check.php。其代码如下。

```
<?php
if (trim($_POST['yourname']) =="")
{
    header("Location: eg5_9.html");
    exit;
}
echo "你的名字是 ".$_POST['yourname'];
?>
```

程序中,使用全局数组元素 $_POST['yourname']获取从浏览器传来的表单数据,如果是空字符串,则调用 header()函数,向浏览器发送 Location 头标,从而浏览器显示 eg5_9.html 网页文件的内容;否则显示出相应的姓名信息。

2. 向浏览器发送非 HTML 文档的内容

有时候需要向浏览器输出非 HTML 文件的其他格式类型的文件内容,例如,需要从数据库中读取记录内容,动态地生成一个 PDF 格式的文档,传送到浏览器上并显示。此时需要告诉浏览器,输出文件的类型是 PDF 类型,再传送 PDF 文档。利用 header()函数可以很好地解决这类问题。在 header()函数中声明输出内容的类型,可以输出其他类型的文件。表 5.2 列出了常见的内容类型。更多的内容类型详见 Apache 安装文件夹中 conf 子文件夹下的 mime.types 文件。

表 5.2 常用的文件格式内容类型

内容类型	描述说明
application/pdf	Adobe 的 PDF 类型,表示输出 PDF 文档
application/msword	输出 Word 文档
application/excel	输出 Excel 文档
image/gif	输出 GIF 图形
image/png	输出 PNG 图形
application/octet-stream	输出一个 ZIP 压缩文件
text/plain	输出文本文件

【例 5.10】 显示动态生成的 JPG 图形,图形内容为随机生成的 4 位整数。

(1) 设计网页文件 eg5_10.html。其代码内容如下。

```
<!doctype html>
<html>
<head>
<meta charset="utf-8">
<title>显示 PHP 动态生成的图形</title>
```

```
</head>
<body>
<div align="left"><img src="verifynum.php"></div>
</body>
</html>
```

上述网页文件中，图像标签<img src="verifynum.php">所指的图形是通过执行verifynum.php程序生成的，其程序内容如下。

(2) 输出4位随机整数组成的动态图形的PHP程序verifynum.php。该程序产生[1000,9999]内的4位随机整数，作为图形内容，数字为红色，图形背景色为白色。

```
<?php
header("Content-type: image/jpeg");
$image = imagecreate(60, 30) or die("不能初始化 GD 库");
$color = imagecolorallocate($image, 255, 0, 0);
$bgcolor = imagecolorallocate($image, 255, 255, 255);
imagefill($image,0,0,$bgcolor);
$num=mt_rand(1000,9999);
imagestring($image,7,10,10,"$num",$color);
imagejpeg($image);                              //输出带数字的图片
imagedestroy($image);
?>
```

利用以上方法可以产生图形化数字，可作为登录界面的验证码。

3. header()函数其他应用

header()函数除了上述两种常见的应用外，还有一些其他的应用，以下是使用header()函数的一些例子。

1) 强制显示页面的最新内容

强制用户每次都从网站获取页面的最新资料，而不是代理服务器或者浏览器的缓存内容，可以使用下列header()函数之一实现。

```
<?php
//告诉浏览器此页面的过期时间(格林尼治时间)，只要是以前的日期即可
header("Expires: Mon, 26 Jul 1970 05:00:00 GMT");
//告诉浏览器此页面的最后更新日期(格林尼治时间)是当天，目的就是强迫浏览器获取最新资料
header("Last-Modified: ".gmdate("D, d M Y H:i:s")." GMT");
//告诉客户端不使用浏览器的缓存
header("Cache-Control: no-cache, must-revalidate");
header("Pragma: no-cache");                     //适用于 HTTP 1.0
?>
```

2) 强制浏览器显示“找不到网页”信息

有时候要限制某类用户不能访问某一网页，则可将响应的状态码设置为404，这样浏览器就显示“找不到网页”。代码如下。

```
<?php
```

```
header('HTTP/1.1 404 Not Found');
header("Status: 404 Not Found");
?>
```

需要注意的是,header()函数必须在发送任何输出(包括 HTML 标记、空格、空行)之前执行。

3) 强制下载文件

一般情况下,可以直接在浏览器中输出各种不同类型的文件。在默认情况下,使用header()函数输出其他文件类型时,该文件内容自动地显示在浏览器窗口中。如果需要下载该文件,可以用 header()函数强制浏览器显示"文件下载"对话框,进行下载文件处理。强制下载文件的程序如下。

```
<?php
$filename="winter.jpg";
header('Content-Type: image/gif');
header('Content-Disposition: attachment;filename="'.$filename.'"');
header('Content-Length: '.filesize($filename));
readfile($filename);
?>
```

在执行该程序前,在程序所在的文件夹中存放一个图片文件 winter.jpg,然后访问该程序,就会下载 winter.jpg 文件。

5.5 PHP 的 Session 会话

Session 是存储浏览器用户与 Web 服务器之间交互信息的一种技术,它在 Web 服务器端存储用户交互信息,使得用户访问同一个服务器的不同网页时,能够共用这些信息,实现数据在不同网页之间的传递。

视频讲解

5.5.1 Session 概述

Session 的中文含义是会话,它是用户从登录网站开始,到关闭浏览器或者结束会话所经过的时间。从 Web 开发者的角度看,Session 是在服务器端保存的与用户交互相关的变量和信息,其中的变量称为会话变量,记录有关浏览器会话的信息,例如登录的用户名和密码、购物车清单等。每个会话可以存储许多变量以及它们的值。当首次启动会话时,服务器生成一个唯一的会话标识符(Session ID,SID),它是一个标识会话的字符串。通过这个会话标识符,服务器与浏览器保持彼此之间的联系。一旦启动会话后,浏览器每次请求一个页面时,必须把这个会话标识符发送到服务器。服务器根据会话标识符对用户进行识别,就可以返回用户对应的会话数据。

在默认情况下,会话标识符存放在浏览器的 Cookie 中,这个 Cookie 由 Web 服务器自动发送到访问它的客户端浏览器。也可通过修改配置,在浏览器不支持 Cookie 的情况下使用会话，此时，会话标识符不存入 Cookie，而是手工或自动附加在 URL 后面，作为 URL 参数传递给浏览器并返回。服务器可以通过请求的 URL 获取会话标识符，这在浏览器不支持或禁用 Cookie 功能的情况下非常有用。

根据 PHP 的会话配置不同，可以将会话中的所有信息保存到服务器共享内存、会话文件或者数据库。如果用会话文件存放会话数据，那么会话标识符将作为会话文件名称中的唯一字符串。Web 应用程序根据会话标识符的值，存储或读取用户的会话数据。

会话的生命周期是有限的，默认为 24min，可以通过修改 PHP 的 php.ini 配置文件的指令设置。在会话的生命周期内，会话是有效的。如果用户的浏览器在超过生命周期的时间里没有向 Web 服务器发送任何请求，那么服务器就会认为这个会话已停止工作，断开该会话，会话就会自动过期，其存储的信息也不再有效。

由于用户浏览器与服务器之间必须传输的唯一数据是会话标识符，所有与会话相关的其他数据都存储在服务器，没有敏感的数据在网络中传输。因此，Session 技术更加安全。

PHP 中 Session 的工作过程如下。

(1) 在第一次访问的 page1 页面中，调用 session_start()函数，启动 Session。启动 Session 后，自动产生一个唯一的 Session ID 标识该用户的请求，并创建 Session 文件以及 Cookie 信息。

(2) 在 page1 页面中使用全局数组变量 $_SESSION，对其添加、删除、修改数组元素，实现用户个人信息的存储、读取、修改和释放。同时，相应的 Session 文件的内容随之变化。

(3) page1 页面执行完后，自动将 Session ID 信息放到 Cookie 中，返回浏览器。此时就完成了浏览器与服务器之间的第一次请求和响应。

(4) 用户再次访问该服务器的其他页面 page2 时，会将浏览器中存在的 Cookie 数据(值为 Session ID)与请求正文一起发送到服务器的 page2 页面。

(5) 在 page2 页面调用 session_start()函数，启动 Session。然后，判断是否存在 Session Name 的 Cookie 数据，若存在，则表明是同一个用户访问 page2 页面，不再创建新的 Session ID，而是从第二次请求的 Cookie 中获取 Session ID，再由 Session ID 找到对应的 Session 文件。

(6) 在 page2 页面中利用 $_SESSION 全局数组，获取在 page1 页面中存储到 Session 文件的 Session 变量值，从而实现从 page1 页面到 page2 页面的参数传递。

(7) 关闭浏览器后，删除浏览器主机内存中的 Cookie 数据，但对应的 Session 文件并没有删除，直到 Session 过期时间到期。

5.5.2　Session 的配置

视频讲解

在 PHP 的 php.ini 配置文件中有一个[session]节，通过设置其中的指令的值，可以调整 Session 的许多处理功能。下面介绍 Session 的部分配置指令，更多的指令参见 php.ini 文件中的说明或者 PHP 帮助指南。

1. session.save_handler=files

它定义用哪种存储方式存储会话数据。其默认值为“files”，表示采用文件存储会话数据。如果要用数据库存储会话数据，可将此选项值设为“user”，表示以用户自定义函数

(user)存储会话数据。user 方式的配置最复杂,但也是最稳定、功能最强大的方式。因为它需要建立自定义处理函数,在任何媒体中存储会话数据。

2. session.save_path="C:\xampp\tmp"

如果 session.save_handler 选项设为 files,那么这个指令用来指定存储会话文件的目录。在 UNIX 和 Linux 下,其默认值为/tmp;在 Windows 下,必须为此指令设置一个已经存在的目录路径,在 XAMPP 中,其默认值为"C:\xampp\tmp"。

注意:不能将这个参数设置为 Web 服务器网站根目录下的任何目录。

3. session.use_cookies=1

其默认值为 1(启用),表示使用 Cookie 传递 Session ID(SID),如果设置为 0,则使用 URL 的查询字符串方式传递 Session ID。

说明:当设置 session.use_cookies=1 后,不需要明确地调用 Cookie 的设置函数(如 PHP 的 setcookie()函数),因为这是由 Session 处理程序自动处理的。

4. session.use_only_cookies=1

其默认值为 1(推荐),表示 PHP 只使用 Cookie 存放和传递 Session ID。设置为 0,可以使 Cookie 和 URL 传递 Session ID。

5. session.name=PHPSESSID

指定 Session 名称,它用作 Cookie 名称。其默认值为 PHPSESSID。通过 session_name()函数可更改其名称。

6. session.auto_start=0

指定在请求开始时是否自动地启动一个会话,默认值 0(禁止),建议不要修改此选项。

7. session.cookie_lifetime=0

设置 Session ID 在 Cookie 中的有效期,以 s 为单位。默认值为 0,表示 Session ID 在关闭浏览器之前一直有效。

8. session.cookie_path=/

使用 Cookie 传递 Session ID 时 Cookie 的有效路径,默认值为"/"。

9. session.cookie_domain=

使用 Cookie 传递 Session ID 时 Cookie 的有效域名,默认值为空。

10. session.gc_maxlifetime=1440

定义 Session 文件中数据的有效期,以 s 为单位,默认值为 1440s,即 24min,在此时间内,如果浏览器没有访问 Session 文件,则与该 Session 文件对应的 Session ID 将失效,会话数据将被销毁,与 Session ID 对应的浏览器会话结束。

视频讲解

5.5.3 启动 Session

只有在每个页面上启动会话,才能在会话中创建、修改和删除会话变量,跟踪用户信息。可以在每个 PHP 程序中使用 session_start()函数启动会话。session_start()函数的语法格式为

```
bool session_start()
```

它根据是否存在 Session ID(会话标识符),创建一个新的会话或者继续使用当前会话。

如果不存在会话标识符，则创建一个新的会话，同时在 C:\xampp\tmp 文件夹中创建一个 sess 开头的会话文件，文件大小为 0B。如果通过 GET 方式或者 Cookie 方式提交了会话标识符，则继续使用当前会话，并解释对应的会话文件，获取会话变量。该函数执行成功则返回 TRUE，否则返回 FALSE。

注意：必须在调用 header()函数或者向浏览器输出其他内容之前调用该函数，否则会话不能正常地工作。

5.5.4　使用 Session

一旦启动了会话后，就可以利用 $_SESSION 全局数组给会话变量赋值或者读取会话变量的值。只需在 $_SESSION 数组的方括号内写上会话变量名作为其下标，就可以存取会话变量了。

通过赋值语句向 $_SESSION 数组添加数组元素，将产生新的会话变量，并自动地添加到当前会话中，同时这些会话变量以“键名|值类型：长度：值”的格式序列化到对应的会话文件中。通过赋值语句修改 $_SESSION 数组的元素值，相应的会话变量也写入会话文件中。所有会话变量的值都存放到会话文件或者其他存储媒体中。当给会话变量赋值后，就可以在其后的程序或者其他 PHP 脚本程序中读取会话变量的值。

【例 5.11】 创建会话变量和读写会话变量。

(1) 创建会话变量的程序 eg5_11_page1.php。程序代码如下。

```
<?php
session_start();
$_SESSION['username']= "王小明";
$_SESSION['age']=20;
echo "你的名字:".$_SESSION['username']."<br>";
echo "年龄: ".$_SESSION['age']."<br>";
echo "<a href=eg5_11_page2.php>下一个网页</a>"
?>
```

(2) 读取和修改 eg5_11_page1.php 程序的会话变量，文件名为 eg5_11_page2.php。

```
<?php
session_start();
echo "你的名字:".$_SESSION['username']."<br>";
echo "年龄: ".$_SESSION['age']."<br>";
$_SESSION['username']='张三';
$_SESSION['age']=21;
echo "修改会话变量的值之后<br>";
echo "你的名字:".$_SESSION['username']."<br>";
echo "年龄: ".$_SESSION['age']."<br>";
?>
```

首先访问 eg5_11_page1.php 程序，输出结果如图 5.9 所示。单击“下一个网页”链接，则访问 eg5_11_page2.php，输出结果如图 5.10 所示。

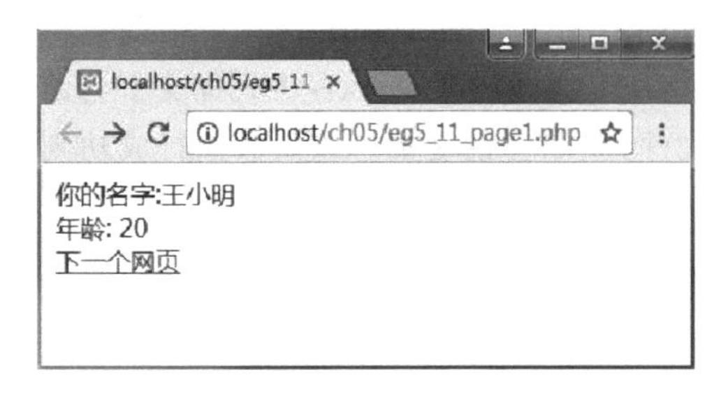

图 5.9　访问 eg5_11_pag1.php 的结果

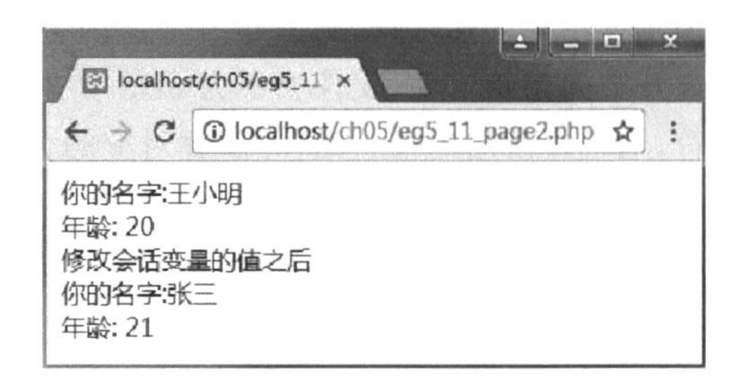

图 5.10　访问 eg5_11_page2.php 的结果

从这个例子的访问过程可以看出，启动会话后，就可以在其他 PHP 程序中存取一个会话中的所有会话变量。此外，使用会话变量，必须先调用 session_start()函数，启动会话。

访问 eg5_11_page1.php 程序后，在 C:\xampp\tmp 文件夹中创建一个文件名类似于 sess_m7lgsjgf6gj71d77u5un3opl9m 的会话文件，会话文件名以“sess_”开头，其后是 26 个字符的会话标识符。其中，会话标识符是执行 session_start()函数时产生的。该会话文件的内容如下。

```
username|s:9:"王小明";age|i:20;
```

访问 eg5_11_page2.php 程序后，会话文件的内容更改为下列内容。

```
username|s:6:"张三";age|i:21;
```

会话文件的内容由多个会话变量字符串组成，每个字符串又由会话变量名、类型符和值三部分组成，会话变量字符串之间用分号隔开。本例由两个会话变量 username 和 age 组成，username 为字符串型，age 为整型。会话变量的类型有整型(i)、浮点型(d)、布尔型(b)、字符串型(s)、数组(a)和对象类型(o)。

视频讲解

5.5.5　删除和销毁 Session

通过修改 php.ini 配置文件中的[session]节的指令，可以根据会话的有效时间或者垃圾回收概率，自动地删除会话。但是有时候需要在程序中删除会话，例如，用户需要退出网站，单击“退出”链接，删除全部会话变量。PHP 提供了 session_unset()和 session_destroy()函数，可以删除和销毁会话变量。

1. session_unset()函数

session_unset()函数的语法格式为

```
void session_unset()
```

该函数删除当前会话中 $_SESSION 数组的所有元素，并删除会话文件中的所有内容，将会话设置为没有创建会话变量时的状态。

注意：该函数不能完全地删除存储在服务器中的会话，会话文件仍然存在。如果要完全地删除会话，需要使用 session_destroy()函数。

【例 5.12】 用 session_unset()函数删除会话(eg5_12.php)。

```
<?php
  session_start();
  $_SESSION['username'] = '李';
  echo "删除会话前,username 值为".$_SESSION['username']."<br>";
  session_unset();
  echo "删除会话后,username 值为".$_SESSION['username'];
?>
```

访问该程序,浏览器显示的结果如图 5.11 所示。从输出结果可以看出,执行 session_unset()函数后,删除了所有会话变量以及会话文件的内容,会话文件变为空文件。因此,$_SESSION['username']数组元素已经不存在了,即会话变量 username 已被删除,显示出相关的提示信息。

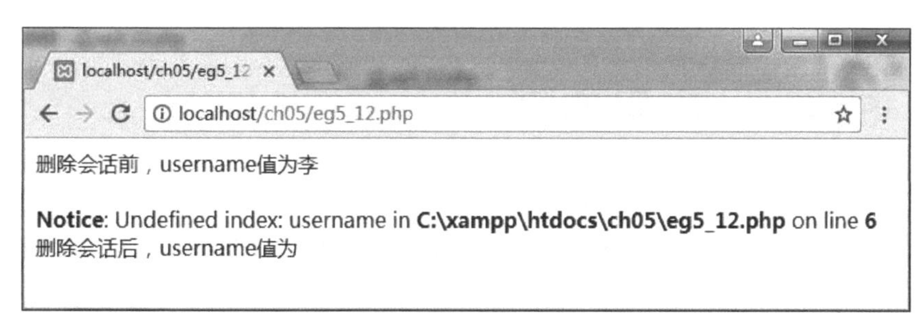

图 5.11　访问 eg5_12.php 的结果

2. session_destroy()函数

session_destroy()函数的语法格式为

```
bool session_destroy()
```

该函数删除当前会话中的所有会话变量,并且删除该会话对应的会话文件,使得当前会话无效。销毁成功后返回 TRUE,否则返回 FALSE。

注意:使用 session_destroy()删除会话数据和会话文件后,内存中仍存在会话变量。因此,要彻底删除会话的所有资源,还需要清除浏览器内存的 Cookie 数据,方法是调用 setcookie()函数,将会话 Cookie 设置为过期。

【例 5.13】 用 session_destroy()函数删除会话(eg5_13.php)。

```
<?php
    session_start();
    $_SESSION['username'] = 'user1';
    echo "删除会话前,username 值为".$_SESSION['username']."<br>";
    session_destroy();
    $_SESSION = array();                          //删除所有会话变量
    echo "删除会话后,username 值为".$_SESSION['username'];
?>
```

3. unset()函数

使用unset()函数,可以删除某个会话变量,其他会话变量仍存在。要注意的是,不能用unset($_SESSION)来删除整个$_SESSION数组,否则将不能再通过$_SESSION全局数组创建会话变量了。

【例5.14】 删除名为username的会话变量(eg5_14.php)。

```
<?php
    session_start();
    $_SESSION['username'] = "user2";
    $_SESSION['pwd'] = "12345";
    echo "删除前,username 值为".$_SESSION['username']."<br>";
    unset($_SESSION['username']);
    echo "删除后,username 值为".$_SESSION['username'];
?>
```

视频讲解

5.5.6 Session应用实例

【例5.15】 登录后台管理系统的实现。

在开发Web网站的后台管理系统时,往往要求进行用户登录,只有用户登录成功后,才能使用后台管理功能。用户在登录页面中输入用户名、密码和验证码,单击"登录"按钮后,如果用户名、密码和验证码都正确,则将它们存放到会话文件中,完成登录过程。设计过程如下。

(1) 编写图形化数字验证码的程序verifynum.php。为了在登录页面显示图形化的数字验证码,可利用随机函数产生一个[1000,9999]内的4位随机整数,将该整数作为验证码,并存放到会话中,以便登录后能够将表单中输入的验证码与会话中的验证码进行比较。源程序与例5.10的verifynum.php程序基本相同。

```
<?php
session_start();
...                                        //此处的程序段与例 5.10 的 verifynum.php 程序相同
$_SESSION["verifynum"]=$num;
?>
```

(2) 登录表单文件login.php。初始的登录页面如图5.12(a)所示,有两个文本框、一个密码框和一个按钮,用<img src="verifynum.php">元素显示图形化数字验证码。

在login.php程序中,$_GET["message"]的值是由登录验证程序checklogin.php传递过来的参数值,$_COOKIE["username"]、$_COOKIE["password"]也是checklogin.php程序存储的Cookie数据,以便在表单中显示出已经输入的用户名、密码。该程序首先判断$_GET["message"]的值,如果其值是"verifyError",则以红色显示"验证码错误,重新登录!";如果$_GET["message"]的值是"loginError",则以红色显示"用户名或密码错误,重新登录!",然后显示登录表单,如图5.12(b)和图5.12(c)所示。

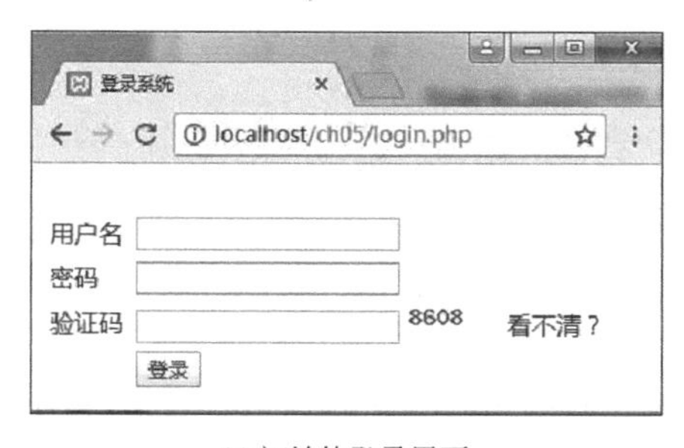

(a) 初始的登录界面

(b) 验证码输入错误的页面

(c) 用户名或密码输入错误

图 5.12　登录页面的三种情况

login.php 程序的主要代码如下。

```
<body>
<script type="text/javascript">
function shuaxin()  {
    document.getElementById('code').src = "verifynum.php?"+Math.random();
}
</script>
<?php
session_start();
if(isset($_GET["message"])){
    if($_GET["message"]=="verifyError"){
        echo "<font color='red'>验证码错误,重新登录!</font>";
    }else if($_GET["message"]=="loginError"){
        echo "<font color='red'>用户名或密码错误,重新登录!</font>";
    }
}
$username="";
if(isset($_COOKIE["username"]))
    $username=$_COOKIE["username"];
$password="";
if(isset($_COOKIE["password"]))
    $password=$_COOKIE["password"];
?>
<form method="post" action="checklogin.php">
<table width="400" border="0" align="center" cellpadding="2" cellspacing="1">
  <tbody>
```

```
    <tr>
      <td width="10%">用户名</td>
      <td width="60%"><input type="text" name="username" size="20" value="<?
php echo $username;?>" /></td>
  </tr>
    <tr>
      <td>密码</td>
      <td><input type="password" name="password" SIZE="20" value="<?php echo
$password;?>"/></td>
  </tr>
    <tr>
      <td>验证码</td>
      <td><input type="text" name="verifynum" size="20" />
          <img id="code" src="verifynum.php" onclick="shuaxin()">
          <span onclick="shuaxin()">看不清?</span>
        </td>
  </tr>
      <tr>
      <td></td>
      <td><input type="submit" value="登录" /></td>
  </tr>
    </tbody>
  </table>
  </form>
  </body>
```

(3) 登录验证程序 checklogin.php。它完成以下功能。

① 启动 Session。

② 如果表单输入的验证码不正确,则重新加载登录程序 login.php,并传递查询字符串"message=verifyError",由 login.php 处理。

③ 如果表单输入用户名或密码不正确,则重新加载登录程序 login.php,并传递查询字符串"message=loginError",由 login.php 处理。

④ 如果表单输入的用户名、密码和验证码都正确,则显示"登录成功"信息,以及"退出"超链接。在实际应用中,可以把这一步的代码修改为加载后台管理系统主页面。

checklogin.php 程序代码如下。

```
<?php
session_start();
$username=$_POST["username"];
$password=$_POST["password"];
if($_POST["verifynum"]!=$_SESSION["verifynum"]){
    setcookie("username",$username);
    setcookie("password",$password);
    header("Location: login.php?message=verifyError");
    return;
```

```
}
if($username=="admin" && $password=="12345"){
    $_SESSION["username"]=$username;
    $_SESSION["password"]=$password;
    echo "登录成功!";
    echo "欢迎 ".$_SESSION["username"]." 访问系统";
    echo "<a href='logout.php'>退出</a>";
}else{
    setcookie("username",$username);
    setcookie("password",$password);
    header("Location: login.php?message=loginError");
}
?>
```

(4) 退出功能的程序 logout.php。在完成后台管理操作之后,为了安全退出后台管理,需要清空 Session 变量。退出程序实现以下功能。

① 启动 Session。

② 删除所有会话变量,以及对应的会话文件。

③ 删除与登录相关的 Cookie 数据。

④ 重定向到登录表单程序 login.php。

logout.php 程序的代码如下。

```
<?php
session_start();
session_unset();
setcookie(session_name(),session_id(),time()-20);
setcookie("username","",time()-20);
setcookie("password","",time()-20);
session_destroy();
$_SESSION=array();
header("Location: login.php");
?>
```

(5) 为了保证后台系统的每个程序必须在登录后才能执行,防止未经验证的用户执行后台程序,进行非法操作,同时为了提高代码的重用性,设计一个公共程序 islogin.php,判断用户是否已经登录。如果 $_SESSION["username"]变量不存在,表明用户未登录,则强制将页面跳转到登录页面 login.php。

islogin.php 程序的代码如下。

```
<?php
if(!isset($_SESSION["username"])){
    header("Location: login.php");
    exit;
}
?>
```

然后，在每一个后台程序的开头，添加下列程序段，判断是否已经登录。如果未登录，则显示登录页面。

```
<?php
session_start();
include "islogin.php";
?>
```

5.6 PHP的Cookie技术

Cookie是Web服务器将少量的数据保存到用户浏览器的一种技术。本节首先介绍Cookie概念，然后介绍创建和修改Cookie，读取Cookie数据，删除Cookie等知识。

视频讲解

5.6.1 Cookie概述

Cookie是Web服务器通过其页面程序写到浏览器所在主机硬盘的一个很小的文本文件。Cookie由某一Web页面程序创建，并能够被同一个域的其他Web页面检索和使用。Cookie的主要用途是存储用户在一个Web站点上曾经访问的页面记录、最后访问时间、访问网站的次数，以及用户输入的信息，例如用户名、密码等。这样，当用户下次再访问这个网站时，Web应用程序就可以检索以前保存在Cookie的信息，用户不必每次访问时都输入信息。Cookie的另一个用途是保存用户状态管理的信息。例如，购物网站为了跟踪每个购物者，利用Cookie创建购物车，存放用户选择购买的商品信息。

当用户访问设置了Cookie的Web网站时，执行页面程序，向浏览器发送预先设置的Cookie信息，浏览器接收到Cookie信息后将其保存在本地硬盘的特定位置。不同的浏览器保存Cookie的位置各不相同。例如，IE浏览器把Cookie信息保存在类似于“C:\Documents and Settings\登录名\cookies”的文件夹。当用户再次访问同一个Web时，浏览器就将请求和Cookie信息一起发送给Web服务器。

Cookie分为两种类型：会话Cookie和永久性Cookie。会话Cookie将信息保存在浏览器主机的内存，当用户关闭浏览器后自动清除会话Cookie。永久性Cookie将信息保存在浏览器所在硬盘的文本文件中，当用户关闭浏览器后，这些信息仍然保存在计算机的硬盘中。永久性Cookie有一个有效时间，在有效时间之后将删除该Cookie。

Cookie文件的内容以“键/值”对形式存储，它包括若干个变量名和对应值，还可以包括有效时间、路径、域、安全参数等。一个单独的Cookie文件最多可以保存20个键/值对，或者4096个字符。如果Cookie已经达到了20个键/值对的限制，而浏览器又需要在Cookie中添加新的键/值对，它将从Cookie中删除最先保存的键/值对，再添加新的键/值对。

Cookie常用于以下两方面。

(1) 记录用户访问的信息。例如，利用Cookie记录用户访问网站的次数，记录用户曾经输入的信息，记录曾经浏览的页面，完成自动登录等。

(2) 实现页面之间传递参数。例如,在一个 page1 页面中定义了一个表示产品 ID 的变量 id=100,要把这个变量传递到另一个 page2 页面,可以把变量 id 以 Cookie 形式保存到用户浏览器的内存或文件,然后在另一个 page2 页面读取该 Cookie 变量的值即可。

在网站上使用 Cookie 存在以下限制。

(1) 大多数浏览器支持最多可达 4096B 的 Cookie。因此,Cookie 主要用来存储少量的数据,不能用来保存大量数据。

(2) 大多数浏览器只允许每个网站保存 20 个 Cookie。如果试图保存更多的 Cookie,则将删除最先保存的 Cookie。此外,浏览器还限制 Cookie 总数最多为 300 个。

(3) 用户可以设置浏览器,拒绝接受 Cookie。因此,对 Web 开发人员来说,Cookie 不是一种保存信息的可靠方式。如果 Web 应用程序需要使用 Cookie,则必须先测试浏览器是否接受 Cookie。

5.6.2　创建 Cookie

视频讲解

1. 创建会话 Cookie

在 PHP 中,利用 setcookie()函数创建和删除 Cookie。setcookie()函数的语法格式为

```
boolean setcookie(string name [,string value [, int expire [, string path [, string domain [, bool secure]]]]])
```

该函数定义一个和其他 HTTP 头标一起发送的 Cookie 信息。Cookie 信息必须在脚本的任何其他输出之前发送,这些输出包括 HTML 标签、空行以及空格。因此,必须在所有输出之前调用该函数。如果在调用 setcookie()之前已经输出了内容,该函数将调用失败并返回 false。如果 setcookie()函数成功运行,则返回 true,但并不说明浏览器已接受了 Cookie。

在所有参数中,除了 name 参数以外,其余参数都是可选的。可以用空字符串“""”替换某参数以跳过该参数。参数 expire 和 secure 的值是整型,不能用空字符串,而是用 0 代替。各参数的含义如表 5.3 所示。

表 5.3　setcookie()函数的参数

参　数	说　明
name	表示 Cookie 变量名
value	表示 Cookie 变量的值
expire	指定 Cookie 变量的有效时间,通常用 time()函数再加上秒数设定 Cookie 的失效期,或者用 mktime()实现。如果未设定,Cookie 将会在关闭浏览器后失效
path	指定 Cookie 在 Web 服务器端的有效路径。当设置为“/”时,Cookie 对整个域名 domain 有效。默认值为设定 Cookie 的当前目录
domain	指定 Cookie 的有效域名
secure	指定 Cookie 是否通过 HTTPS 连接传送。当设为 true 时,Cookie 只能在 HTTPS 连接上有效。默认值为 false,表示在 HTTP 和 HTTPS 连接上均有效

要创建会话Cookie，在setcookie()函数中给出name和value这两个参数值即可。下面给出一个创建会话Cookie的例子。

【例5.16】 创建会话Cookie(eg5_16.php)。

```
<?php
setcookie("username","王云清");
setcookie("age",20);
echo"已经创建了cookie.";
?>
```

上述代码中，第1条语句创建一个名为username的Cookie变量，值为“王云清”；第2条语句创建一个名为age的Cookie变量，值为20。

当浏览器访问该程序时，会将程序中的两个Cookie变量以及它们的值随同页面内容发送到浏览器，并在浏览器所在主机的内存中存储这两个Cookie变量的值。

注意：由于Cookie是HTTP头标的一部分，必须在向浏览器输出HTML内容之前执行setcookie()函数，否则会显示错误。除非使用缓冲输出方法，先在服务器保存输出内容，再向浏览器输出。

2. 创建永久性Cookie

永久性Cookie是存储在用户计算机硬盘上的一个文本文件。为了创建永久性Cookie，延长Cookie的生存期，可以在setcookie()函数中指定有效时间。这样，关闭浏览器后，Cookie仍然保存在用户计算机的硬盘中，其后访问同一个Web站点时，这些保存到硬盘的Cookie文件可以被其他程序使用。有效时间是一个UNIX时间戳(从1970年1月1日零时开始计时的秒数)。可以用两个函数计算时间戳：第一个是time()函数，它返回当前时间的UNIX时间戳，对它加上一个秒数设定Cookie的有效时间；第二个是mktime()函数，它计算一个日期的UNIX时间戳。

【例5.17】 创建永久性Cookie的程序(eg5_17.php)。

```
<?php
//生成2021年11月8日 12:30:50的时间戳
$lifetime=mktime(12,30,50,11,8,2021);
setcookie("myname","张三",$lifetime);
setcookie("test1",1,time()+86400);              //有效期1天
setcookie("test2",2,time()+86400 * 30);         //有效期1月(30天)
//有效期1年
setcookie("test3","10",time()+86400 * 365,"/","www.myweb.com");
echo "已经创建了永久性Cookie";
?>
```

利用IE浏览器访问eg5_17.php程序，将4个Cookie变量及其值，以及输出的页面内容一起发送到浏览器，并在用户浏览器所在硬盘的“C:\Documents and Settings\登录名\cookies”文件夹中创建一个Cookie文件。

注意：在发送Cookie时，值的部分会被自动urlencode编码。PHP收到Cookie时，会自动解码，并赋值到可变的Cookie名称。

5.6.3 读取 Cookie

当浏览器端设置了 Cookie 后，浏览器会将请求和 Cookie 一起发送回到 Web 服务器。因此，在其他 PHP 程序中便可以应用全局数组 $_COOKIE 读取 Cookie 变量的值。

【例 5.18】 使用 Cookie 实现简单的计数器(eg5_18.php)。

```
<?php
$count=1;
if(isset($_COOKIE["count"])){
    $count=$_COOKIE["count"]+1;
}
setcookie("count",$count,time()+86400*365);
echo "你访问本页面 $count 次了.";
?>
```

第一次访问该程序时，$_COOKIE["count"]变量不存在，因此不执行 if 语句，以后每次访问该程序时，读取 Cookie 变量 count 的值，并增加 1，作为 Cookie 发送浏览器并保存到硬盘。

【例 5.19】 读取例 5.16 创建的 Cookie 信息(eg5_19.php)。

```
<?php
echo "输出会话 cookie 的信息:<br>";
echo "username 的值:".$_COOKIE["username"]."<br>";
echo "age 的值:".$_COOKIE["age"];
?>
```

当需要读取某一个 Cookie 变量的值时，只需在 $_COOKIE 数组元素的下标中写上 Cookie 变量名，就可以读取该 Cookie 变量的值。例如，$_COOKIE["username"]表示读取 Cookie 中 username 变量的值。

当访问了例 5.16 的程序 eg5_16.php 后，再访问本程序 eg5_19.php，输出结果如下。

```
输出会话 cookie 的信息:
username 的值:王云清
age 的值:20
```

通过这个实例的运行结果可以看出，利用 Cookie 技术，可以实现多个 PHP 程序之间共享 Cookie 信息，达到数据在 PHP 程序之间传递的目的。

读取 Cookie 数据，也可以用 foreach 循环语句实现，代码如下。

```
<?php
  foreach ($_COOKIE as $name => $value)
    echo $name."  ".$value."<br>";
?>
```

5.6.4　删除 Cookie

删除 Cookie 的方法是重新执行 setcookie()函数，将 Cookie 值设置为空字符串，其余参数与上一次调用 setcookie()函数时相同，这样可以删除客户端指定名称的 Cookie；而将有效时间设置为过去任何日期的时间戳，也可以删除指定名称的 Cookie。

【例 5.20】 删除例 5.17 永久性 Cookie 中名称为 myname、test1 的 Cookie 变量。

```
<?php
setcookie("myname","",time()-300);
setcookie("test1","");
?>
```

视频讲解

5.6.5　Cookie 数组

可以在 Cookie 中使用 Cookie 数组，它的作用相当于多个 Cookie。它的 Cookie 个数与数组中元素的个数相等。定义 Cookie 数组的方法是，在 Cookie 变量名后面加上一对方括号以及下标值。下面是使用 Cookie 数组的一个例子。

【例 5.21】 创建和读取 Cookie 数组的 PHP 程序(eg5_21.php)。

```
<?php
//创建 Cookie 数组
if (!isset($_COOKIE['UserInfo']['name'])) {
    setcookie("UserInfo[name]", "黄超");
    setcookie("UserInfo[address]", "广州市");
    setcookie("UserInfo[birthday]", "1995-05-25");
    echo "创建了 Cookie 数组 UserInfo";
} else {                                          //读取 Cookie 数组元素,并输出它们
    $name = $_COOKIE['UserInfo']['name'];
    $address = $_COOKIE['UserInfo']['address'];
    $birthday = $_COOKIE['UserInfo']['birthday'];
    echo $name."  ".$address."  ".$birthday;
}
?>
```

第 1 次访问该程序时，因为 Cookie 数组元素 UserInfo['name']不存在，因此，执行 if 分支语句，创建 Cookie 数组 UserInfo。第 2 次访问该程序，此时，因 Cookie 数组元素 UserInfo['name']已经存在，则执行 else 分支语句，显示 Cookie 数组 UserInfo 的各个元素值。

在使用 Cookie 时，可能遇到的问题并不是所有浏览器都支持 Cookie，或者浏览器禁止 Cookie 功能。如果程序中使用了 Cookie 而用户的浏览器不支持 Cookie，就需要以一种友好的方式告诉用户，他的浏览器不支持 Cookie。

【例 5.22】 测试浏览器是否支持 Cookie 的 PHP 程序(eg5_22.php)。

```
<?php
```

```
if (isset($_GET['step']) && $_GET['step'] =='2'){
    $test_temp=isset($_COOKIE['test_temp'])?'支持':'不支持';
    $test_persist=isset($_COOKIE['test_persist'])?'支持':'不支持';
    setcookie('test_temp', '',time()-365*24*60*60);
    setcookie('test_persist', '', time()-365*24*60*60);
    echo "浏览器 $test_temp 临时性 cookies.<br/>";
    echo "浏览器 $test_persist 永久 cookies.";
} else {
    setcookie('test_temp', 'ok');
    setcookie('test_persist', 'ok',time()+14*24*60*60);
    header("Location: {$_SERVER['PHP_SELF']}?step=2");
}
?>
```

在该程序中，首先判断 $_GET['step']变量是否被赋值，如果未被赋值，则执行 else 分支，设置两个 Cookie 变量，然后通过 header()重新访问本程序，此时因为 $_GET['step']变量已被赋值，执行 if 分支。如果 Cookie 变量被赋值，则证明浏览器支持 Cookie。

5.6.6 Cookie 应用实例

视频讲解

【例 5.23】 自动登录的实现，并使用 Cookie 存储登录信息。

在论坛、电子邮箱、网上购物、微博等网站的登录功能中，可以记住用户名和密码，下次打开网站时就自动登录，或者多少天内免登录。这种功能一般都是通过 Cookie 实现。其实现的基本思路为：在登录时，如果选择了自动登录或者多少天内免登录等这类复选框选项，则在用户登录成功后将用户名、密码存储为 Cookie 数据。下次登录时从浏览器的 Cookie 数据中获取用户名和密码，自动进行验证。验证通过则自动登录，否则需要输入用户和密码进行登录。设计过程如下。

(1) 登录页面的 PHP 程序 login.php。在一些网站中，打开一个需要验证用户的页面时，如购物车页面，如果没有登录，则跳转到登录页面。登录成功后能够自动地跳转到先前要打开的页面。因此，在登录程序中，用数组元素 $_GET['req_url']获取先前的页面地址，然后检查 Cookie 中是否有保存的用户名和密码。如果有，则重定向到登录验证程序 logincheck.php，完成用户验证，打开主页面或者其他经过用户验证的页面。登录界面如图 5.13 所示。

图 5.13　登录页面

```
<body>
<?php
session_start();
$req_url="login.php";
if(isset($_GET['req_url']))
    $req_url=$_GET['req_url'];
$username="";
if(isset($_COOKIE["username"]))
    $username=$_COOKIE["username"];
$password="";
if(isset($_COOKIE["password"]))
    $password=$_COOKIE["password"];
if($username!="" && $password!="")
    header("Location: logincheck.php?req_url=$req_url");
?>
<form  action="logincheck.php?req_url=<?php echo $req_url;?>" method="post">
    <div>
        用户名<input id="username" name="username" type="text" value=""
placeholder="用户名">
    </div>
    <div>
        密   码<input id="password" name="password" type="password"
placeholder="登录密码">
    </div>
    <div>
        <input type="checkbox" name="expire" value="86400">1天内自动登录
</div>
    <button id="submit" type="submit">登录</button>
</form>
</body>
```

(2) 验证登录用户的 PHP 程序 logincheck.php。此程序完成如下功能。

① 如果提交的用户名或密码是空的,则返回登录页面。

② 验证用户名和密码。如果验证通过,则将用户名、密码存储为 Session 数据。如果选中了“1天内自动登录”复选框,则将用户名和密码存储为 Cookie 数据,以便下次自动登录。打开主页面或者其他想要打开的页面。如果验证不通过,则返回登录页面。

```
<?php
//logincheck.php 页面用于验证登录页面表单信息,并创建 Cookie
session_start();
$req_url="login.php";
if(isset($_GET['req_url']))
    $req_url=$_GET['req_url'];
$username=$_POST['username'];
$password=$_POST['password'];
```

```
$expire='';
if(isset($_POST['expire']))
    $expire=$_POST["expire"];
if(empty($_POST['username']) or empty($_POST['password'])){
    echo "<script language='javascript'>alert('用户名和密码不能为空!');history.
go(-1);</script>";
    return;
}
else{
    if($username=="admin" && $password=="12345"){
        $_SESSION["username"]=$username;
        $_SESSION["password"]=$password;
        if(!empty($expire)){    //如果用户选择了自动登录,就把用户名和密码放到Cookie
            setcookie("username", $username, time()+$expire);
            setcookie("password", $password, time()+$expire);
        }
        if(strpos($req_url,"login.php")===false){
            header("Location:".$req_url);
        }else{
            header("Location: main.php");
        }
    }else{
        echo "<script>alert('用户名或密码错误,请重新登录。');history.go(-1);
</script>";
        return;
    }
}
?>
```

(3) 检测用户是否已经登录的程序 islogin.php。它完成如下功能：如果浏览器的 Cookie 中有用户名和密码，表明用户选择了自动登录选项，并且已经登录过，因此验证通过。另一种情况是，用户没有选择自动登录选项，就要判断 Web 服务器端是否存在 Session 数据。如果存在 Session 数据，则验证通过；否则验证不通过，重定向到登录页面，并传递当前页面 URL 到登录页面。

```
<?php
if(isset($_COOKIE["username"])){
    if(!isset($_SESSION["username"])){
        $_SESSION["username"]=$_COOKIE["username"];
    }else if($_COOKIE["username"]!=$_SESSION["username"]) {
        header("Location:login.php?req_url=".$_SERVER['REQUEST_URI']);
        exit;
    }
}else if(!isset($_SESSION["username"])){
    header("Location:login.php?req_url=".$_SERVER['REQUEST_URI']);
```

```
    exit;
}
?>
```

(4) 主页面程序 main.php。主页面是登录成功后显示的页面内容,这需要根据实际应用场景设计内容。本例的主页面程序只是一个简单示例。在主页面程序的开头需要添加下列两条语句,用来判断用户是否已经登录过。如果未登录,跳转到登录页面;否则,显示主页面的内容。

```
<?php
//main.php:主页面功能
session_start();
require("islogin.php");
echo "这是主页面,根据实际需要,在这部分定义主页面的内容";
echo "<br>欢迎 ".$_SESSION["username"]." 访问系统";
echo "<a href='logout.php'>退出</a>";
?>
```

(5) 退出系统的程序 logout.php。其功能是:清除 Session 数据和 Session 文件,重定向到登录页面。其代码与例 5-15 的退出功能的代码基本相同。

(6) 其他页面程序 eg5_23.php。对于需要登录验证成功后才能显示的其他页面,都需要在程序的开头添加以下语句,验证用户是否已经登录成功。

```
<?php
session_start();
require("islogin.php");
?>
```

5.7 上机实践

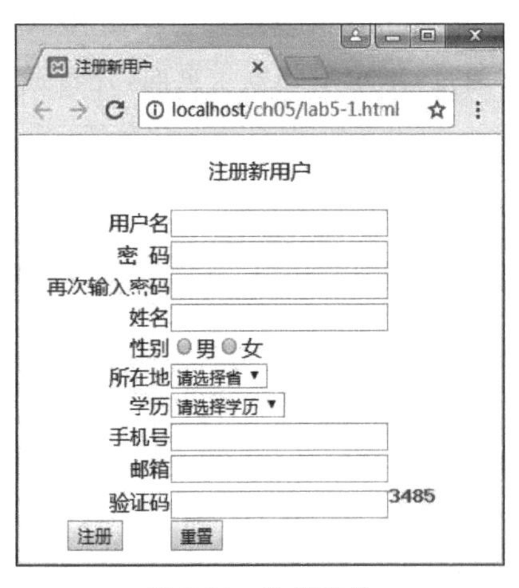

图 5.14 注册表单

(1) 设计一个用户注册表单网页文件和一个显示用户注册信息的 PHP 程序。要求如下。

① 用户注册表单的信息包括如图 5.14 所示的项目。其中,“所在地”下拉列表的选项为各省的名称,“学历”下拉列表的选项包括“博士”“硕士”“本科”“大专”“高中”。

② 验证码的生成程序可参考例 5.15 的验证码生成程序。

③ 单击“注册”按钮后,由 PHP 程序显示提交的各项注册内容。

(2) 设计一个含有表单的网页文件(见图 5.15)和一个 PHP 程序,当在表单的网址文本框中输入一个网址后，单击“提交”按钮，能够在浏览器窗口上显示该网址对应的页面内容。

(3) 设计一个含有登录表单的网页文件(见图5.16)和一个PHP程序，实现功能为：访问登录网页文件，输入用户名和密码，选择相应的用户类别(分为学生、教师和管理员)，单击“登录”按钮后，能够把用户名、密码和所选的用户类型存储到Cookie中。

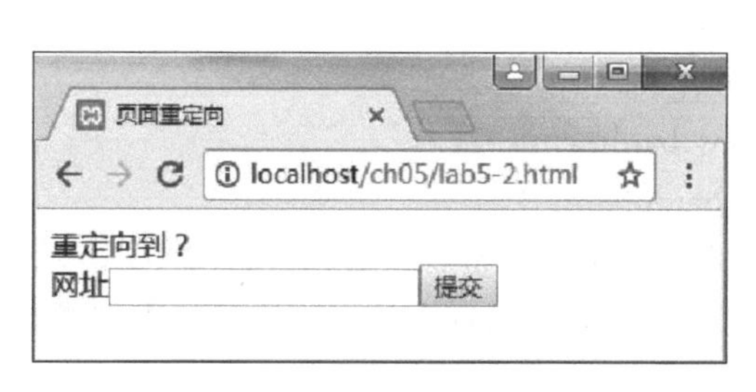

图5.15　页面重定向表单

图5.16　登录表单

(4) 编写一个检测用户浏览器的Cookie功能是否启用的PHP程序。

(5) 编写一个PHP程序，创建两个会话变量：yourclass和yourname，分别存放所在班级名称和姓名。然后输出这两个会话变量的值。

习题5

一、单项选择题

1. 为了把表单的数据提交Web服务器的程序处理，表单应该有一个(　　)元素。

   A. <input type="text">　　B. <input type="submit">

   C. <input type="reset">　　D. <input type="password">

2. 对于表单中的同一组单选按钮，它们的(　　)属性的值必须相同。

   A. name　　B. id　　C. class　　D. style

3. 为了把表单中同一组复选框的多个选中项都提交给Web服务器的程序，这些复选框的name属性应定义为(　　)。

   A. name="choose"　　B. name="choose[]"

   C. name="choose{}"　　D. name="choose[3]"

4. 为了把更多的表单数据安全地提交给Web服务器，表单的提交方式应该为(　　)。

   A. GET方式　　B. POST方式

   C. HEAD方式　　D. 以上都不对

5. 关于GET方式和POST方式传递数据的说法，正确的是(　　)。

   A. GET方式通过URL参数形式传递数据，长度没有限制

   B. POST方式通过表单传递数据，传递数据更安全，可以传递大量的数据

   C. GET方式和POST方式传递数据，没有区别

   D. GET方式传递数据时，URL与参数字符串之间用分号“;”分隔

6. 下列数组中,可以获取 GET 方式提交表单数据的是(　　)。
   A. $_GET　　B. $_SESSION　　C. $_SERVER　　D. $_COOKIE
7. 下列数组中,既可以获取 GET 方式又可以获取 POST 方式提交的表单数据的是(　　)。
   A. $_GET　　B. $_POST　　C. $_REQUEST　　D. $_SERVER
8. PHP 程序中重定向到网站 www.baidu.com 的语句是(　　)。
   A. header("http://www.baidu.com");
   B. header("Location:http://www.baidu.com");
   C. header("Hostname:http://www.baidu.com");
   D. header("redirect:http://www.baidu.com");
9. 关于 Session 和 Cookie 的差别,下列说法正确的是(　　)。
   A. Session 数据存储在 Web 服务器端,Cookie 数据存储在浏览器的内存或硬盘
   B. 关闭浏览器后,Session 数据仍可访问,Cookie 数据不可访问
   C. 关闭浏览器后,会话 Cookie 数据仍存在
   D. 可以删除 Session 数据,不可以删除 Cookie 数据
10. 要删除一个 Cookie 变量 xy,可以使用(　　)函数。
   A. deletecookie("xy")　　B. clearcookie("xy")
   C. setcookie("xy","",time()-200)　　D. setcookie("xy","1234")
11. PHP 程序要使用 Session,必须先执行(　　)函数。
   A. session_start()　　B. session_destroy()
   C. session_unset()　　D. session_id()
12. 设置 Cookie 变量 myname 的有效期为 1 天,正确的函数是(　　)。
   A. setcookie("myname","张三",time()+3600)
   B. setcookie("myname","张三",time()+36000)
   C. setcookie("myname","张三",time()+86400)
   D. setcookie("myname","张三",time()+604800)
13. 获取上传文件信息的数组是(　　)。
   A. $_REQUEST　　B. $_FILES
   C. $_SERVER　　D. $_COOKIE
14. 假设表单中的一个文件域元素的 name 属性定义为: name="myfile"。那么提交表单后,获取上传文件的原文件名,正确的是(　　)。
   A. $_FILES['myfile']['name']　　B. $_FILES['myfile']['tmp_name']
   C. $_FILES['myfile'][size]　　D. $_FILES['myfile']['type']

二、问答题

1. header()函数的功能是什么?
2. 常见的 MIME 类型有哪些?
3. 什么是 Cookie? 它有哪些主要用途? Cookie 有哪些限制?
4. 什么是临时性 Cookie? 什么是永久性 Cookie? 两者有什么差别?
5. 利用 setcookie()函数设置永久性 Cookie 时,必须要指定哪个参数?
6. 什么是 Session? Session 数据存放在服务器还是客户端计算机?

7. Session 和 Cookie 有什么区别?
8. 默认情况下,Session 数据存放在哪种存储媒体中?
9. 会话文件存放什么内容? 其存储格式是怎样的?
10. 在默认情况下,PHP 会话的生命周期是多少秒?
11. <form>元素中,method 和 action 属性的作用分别是什么?
12. 要用表单上传文件,那么表单元素<form>的 method 属性应该是什么?

第 6 章

PHP 访问 MySQL 数据库

Web 应用系统与其他应用系统一样，通常也需要数据库的支持。对于 PHP 来说，最常用的数据库就是 MySQL。实际上，Apache＋PHP＋MySQL 早已成为 Web 应用开发中的首选模式之一。本章首先介绍 MySQL 的应用基础与 SQL 的常用语句，然后再介绍在 PHP 中使用 mysqli 函数库进行数据库编程的有关技术。

6.1 MySQL 的应用基础

MySQL 是一个基于客户机/服务器(C/S)体系结构的关系型数据库管理系统(RDBMS)，最初由瑞典的 MySQL AB 公司开发，目前属于 Oracle 旗下的产品。由于 MySQL 体积小、速度快，而且是一种开源软件，因此已成为中小型网站开发的首选，并与 Linux(操作系统)、Apache(Web 服务器)与 PHP(Web 编程语言)一起被业界称为经典的 LAMP 组合。

6.1.1 MySQL 的启动与关闭

要访问 MySQL 服务器上的数据库，就必须先启动 MySQL 服务程序；反之，关闭 MySQL 服务程序后，就不能访问 MySQL 服务器上的数据库了。

在如图 6.1(a)所示的 XAMPP 控制面板中，单击 MySQL 组件(Module)处的 Start 按钮，即可启动 MySQL 服务程序。若能启动成功，将显示出相应的进程号与所使用的端口号(在此为 3306)，如图 6.1(b)所示。与此同时，Start 按钮会切换为 Stop 按钮。在这种情况下，若要关闭 MySQL 服务程序，只需单击 Stop 按钮。

6.1.2 MySQL 数据库的管理

对于 MySQL 数据库的管理，目前已有许多不同的工具可供选用。其实，在 XAMPP 中

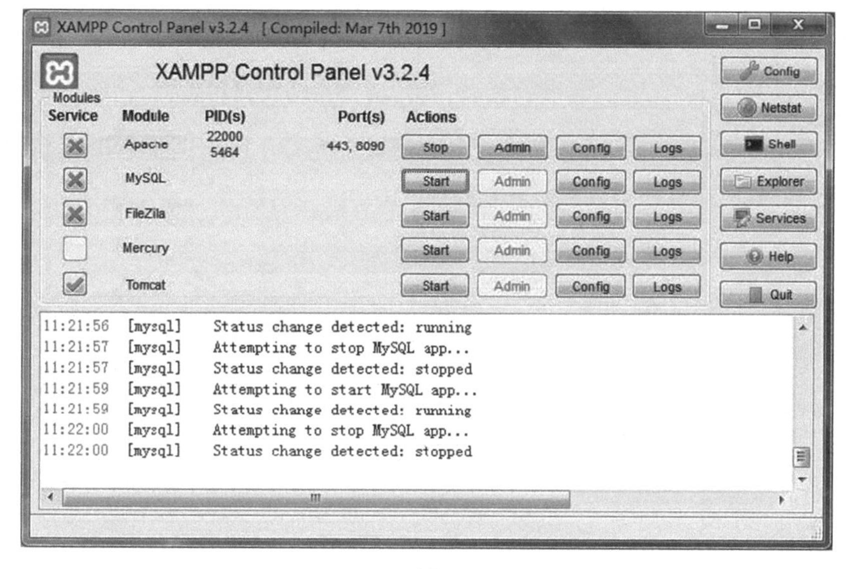

(a)

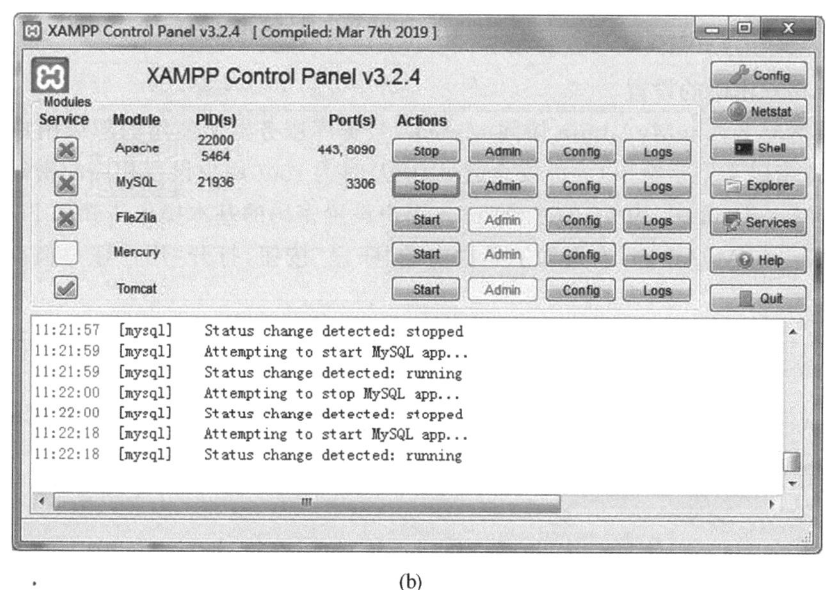

(b)

图 6.1　XAMPP 控制面板

就自带有一款用 PHP 开发的基于 Web 的 MySQL 数据库管理工具，即 phpMyAdmin。phpMyAdmin 的功能十分强大，使用起来也颇为方便。关于 phpMyAdmin 的具体用法，可参阅其使用手册或有关资料。在此，仅介绍一些常用的操作。

1. phpMyAdmin 的启动

通过 XAMPP 控制面板启动 Apache 服务器(在此其端口号已修改为 8090)与 MySQL 服务程序，然后打开浏览器，在地址栏中输入“http://localhost：8090/phpmyadmin/”并按 Enter 键，即可打开如图 6.2 所示的 phpMyAdmin 主页面。

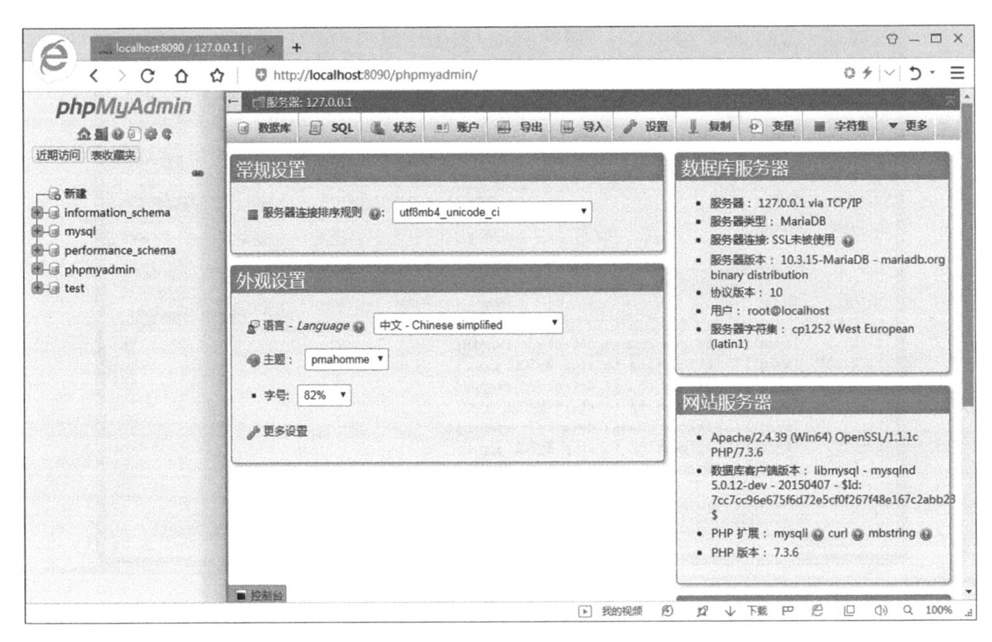

图 6.2 phpMyAdmin 主页面

2. root 用户密码的设置

在默认情况下，phpMyAdmin 访问 MySQL 数据库服务器所使用的超级用户 root 是没有密码的(即密码为空字符串)。为安全起见，应及时为 root 用户设置相应的密码。

在 phpMyAdmin 中，为 MySQL 的 root 用户设置密码的基本操作步骤如下。

(1) 单击 phpMyAdmin 主页面工具栏中的“账户”按钮，打开“用户账户概况”页面，如图 6.3 所示。

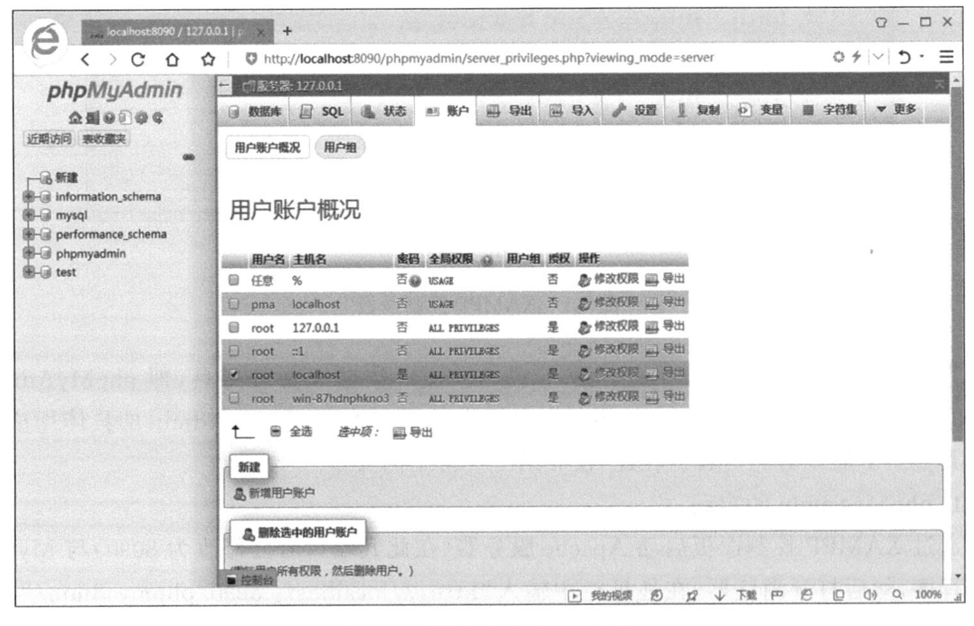

图 6.3 “用户账户概况”页面

(2) 选中主机名为 localhost 的 root 用户记录,并单击其“修改权限”链接,打开相应的“修改权限”页面,如图 6.4 所示。

图 6.4 “修改权限”页面

(3) 单击工具栏中的“修改密码”链接,打开相应的“修改密码”页面,如图 6.5 所示。

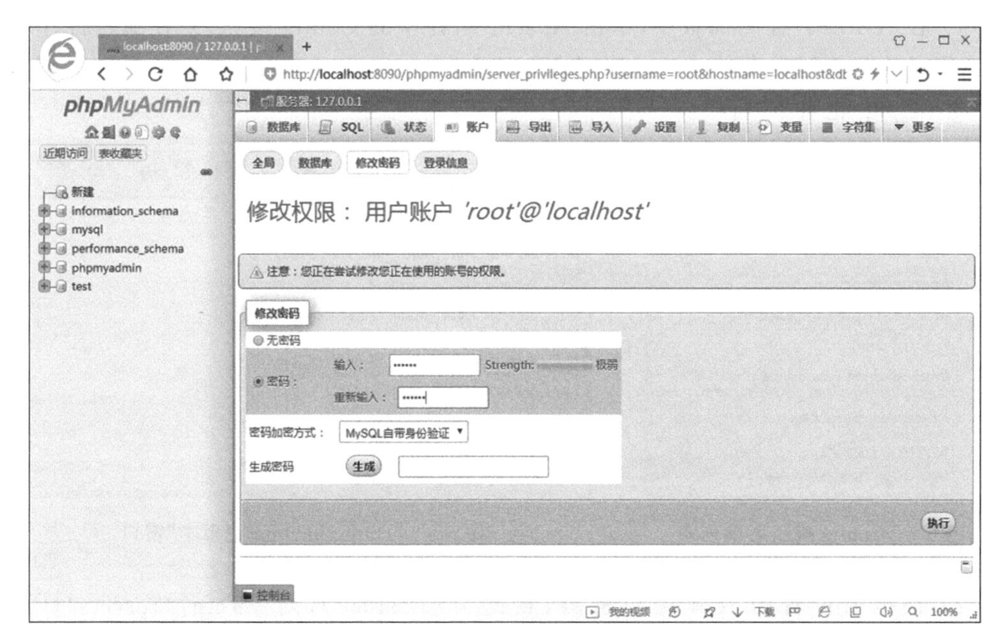

图 6.5 “修改密码”页面

(4) 选中“密码”单选按钮,并在“输入”与“重新输入”文本框中输入同样的密码(在此为“123456”),然后再单击“执行”按钮,即可完成密码的设置,如图 6.6 所示。

图 6.6 “修改权限”页面

设置好 root 用户的密码以后，为了使 phpMyAdmin 能正常访问 MySQL 数据库服务器，需适当修改其配置文件 config.inc.php，以指定 root 用户的正确密码。为此，可按以下步骤进行操作。

(1) 在 XAMPP 控制面板中，单击 Apache 组件中的 Config 按钮，并在随之打开的如图 6.7 所示的菜单列表中单击 phpMyAdmin(config.inc.php)选项，打开如图 6.8 所示的“config.inc.php-记事本”窗口。

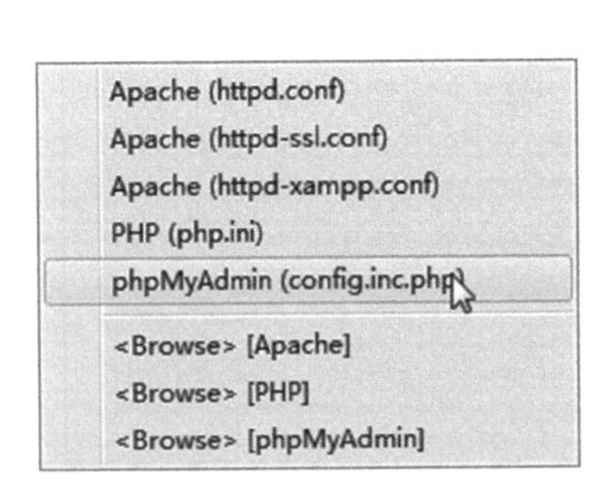

图 6.7 Config 按钮菜单列表

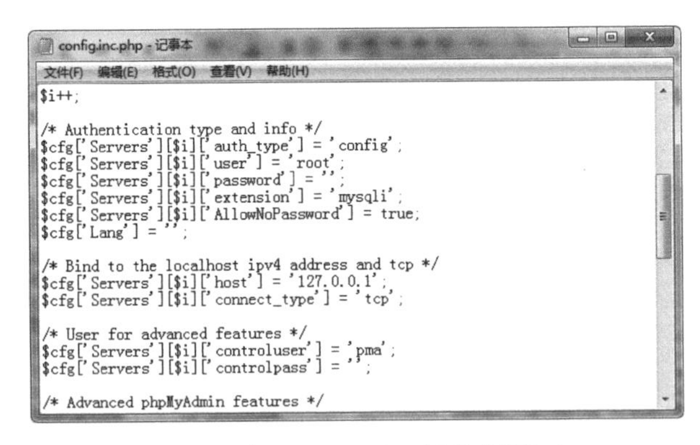

图 6.8 “config.inc.php-记事本”窗口

(2) 根据所设置的 root 用户密码(在此为“123456”)，对“$cfg['Servers'][$i]['password'] = '';”语句进行相应的修改。在此，应将其修改为

```
$cfg['Servers'][$i]['password'] = '123456';
```

(3) 保存对配置文件 config.inc.php 的修改，并关闭“config.inc.php-记事本”窗口。

3. MySQL 数据库与表的创建

在 phpMyAdmin 中，可根据需要创建 MySQL 数据库与表，并对其进行相应的管理操作。为便于说明数据库编程的有关技术，在此先创建一个学生数据库 student，并在其中创建两个表——班级表 t_class 与学生表 t_student，各表的结构如表 6.1 和表 6.2 所示。

表 6.1　班级表 t_class 的结构

字　段　名	字 段 类 型	字 段 说 明
bjdm	char(9)	班级代码(主键)
bjjc	varchar(15)	班级简称
bjqc	varchar(30)	班级全称

表 6.2　学生表 t_student 的结构

字　段　名	字 段 类 型	字 段 说 明
xh	char(11)	学号(主键)
xm	char(12)	姓名
xb	char(2)	性别
bjdm	char(9)	班级代码
csrq	date	出生日期

在 phpMyAdmin 中创建数据库的基本步骤如下。

(1) 在 phpMyAdmin 的主页面中，单击左侧的“新建”链接，打开如图 6.9 所示的“数据库”页面。

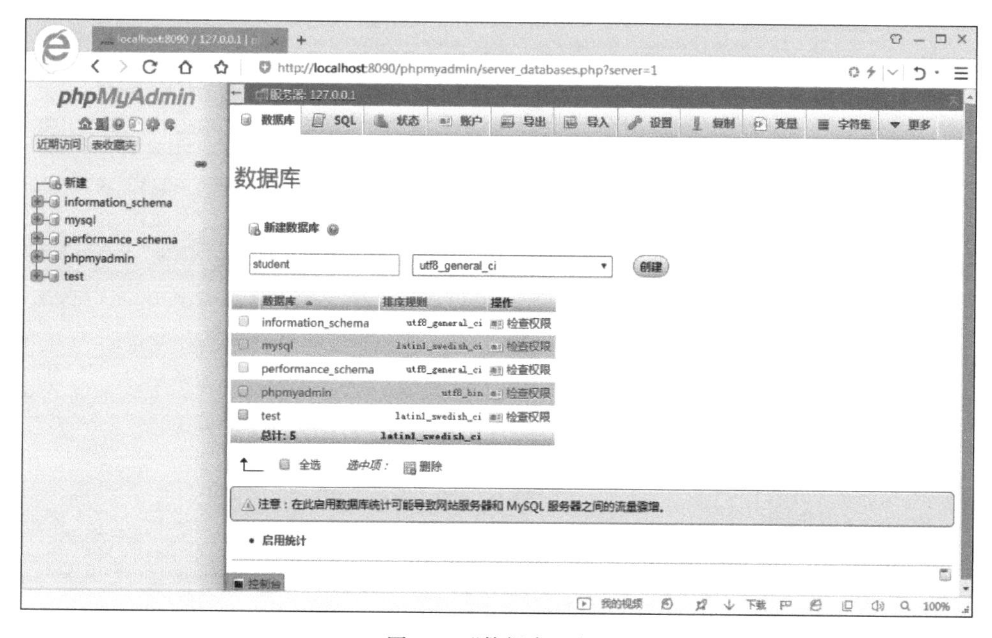

图 6.9　“数据库”页面

(2) 输入数据库的名称(在此为“student”),并选定相应的排序规则(在此为“utf8_general_ci”),然后再单击“创建”按钮,即可完成数据库的创建操作,如图 6.10 所示。

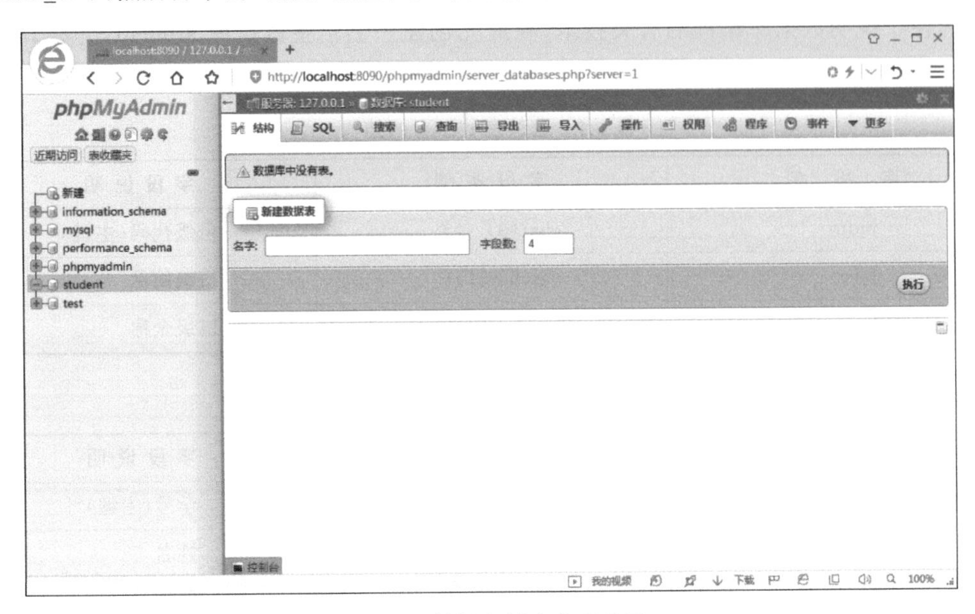

图 6.10　数据库创建成功页面

在 phpMyAdmin 中创建表的基本步骤如下(以 t_class 表为例)。

(1) 在 phpMyAdmin 主页面的左侧单击选中相应的数据库(在此为 student),然后在右侧的“新建数据表”处,输入相应的表名(在此为“t_class”),并指定表中字段的数量(在此为 3),如图 6.11 所示。

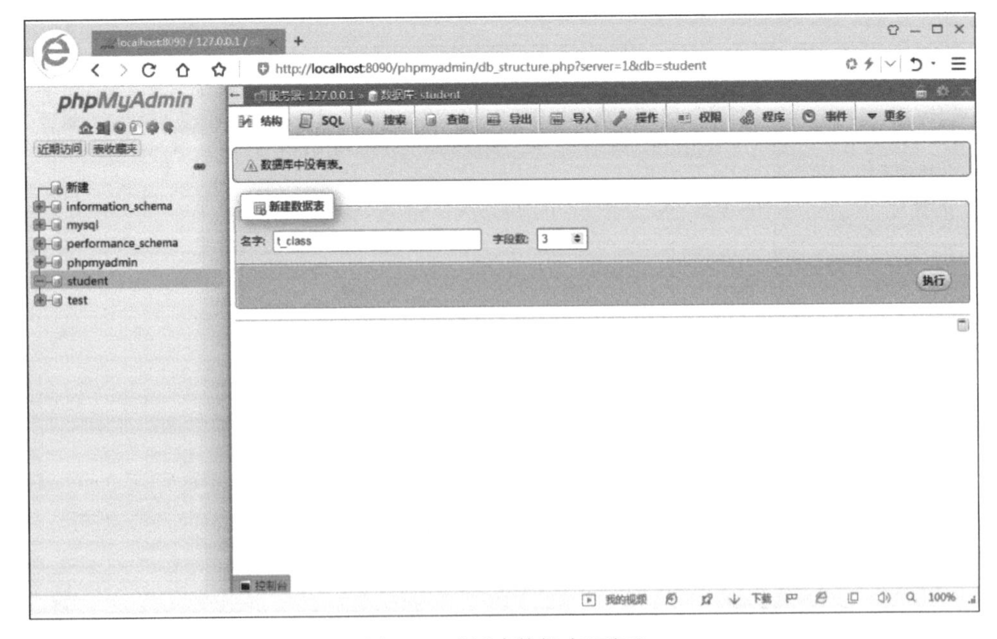

图 6.11　“新建数据表”页面

(2) 单击“执行”按钮，打开相应的表结构定义页面，在其中输入各个字段的名称，并设定其数据类型及有关属性，然后再选定相应的排序规则(在此为“utf8_general_ci”)与存储引擎(在此为“InnoDB”)，如图 6.12 所示。

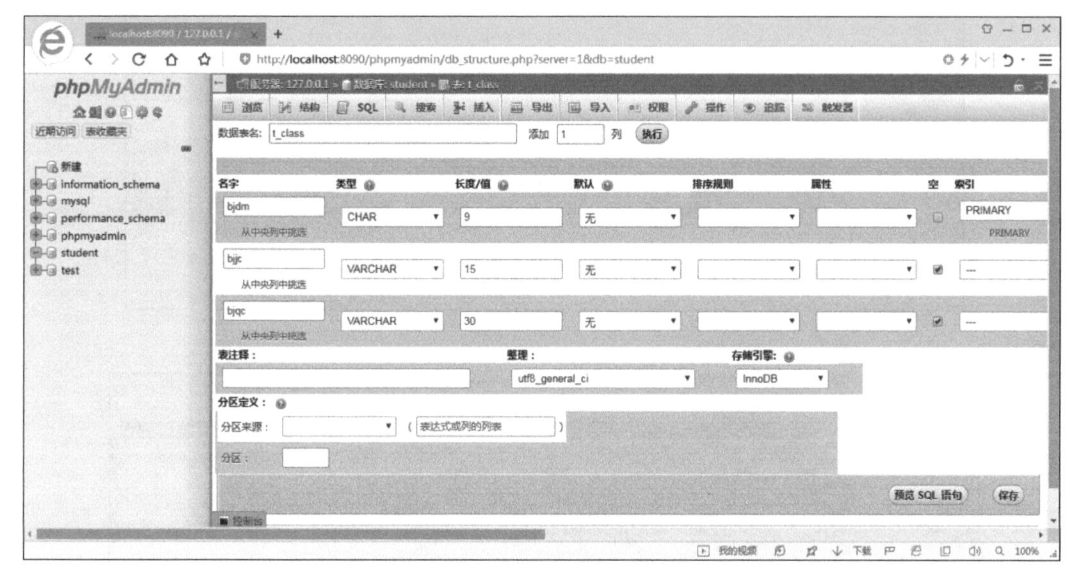

图 6.12　表结构定义页面

(3) 单击“保存”按钮，即可完成表的创建操作，如图 6.13 所示。

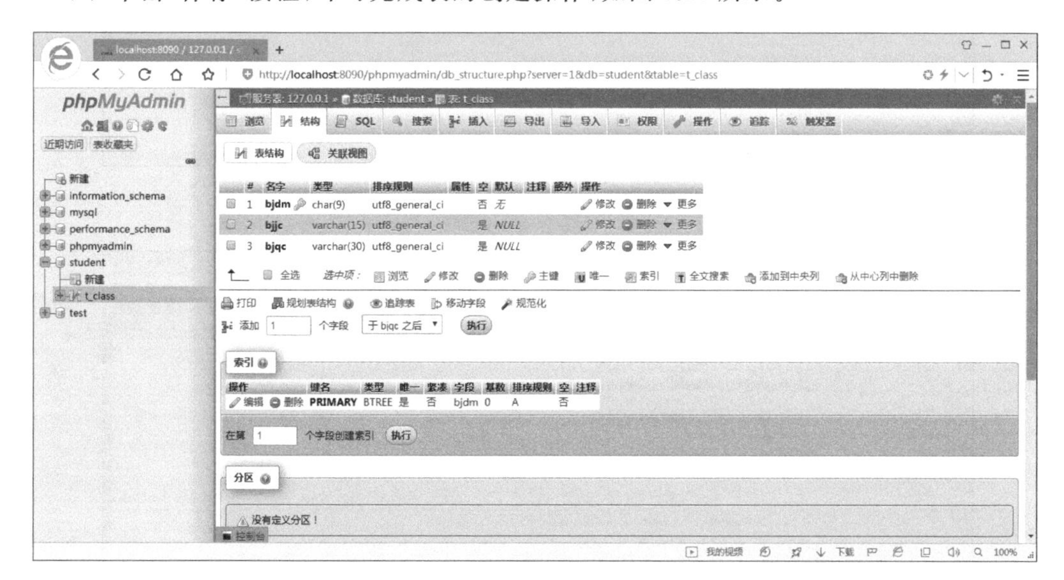

图 6.13　表创建成功页面

在 student 数据库中创建班级表 t_class 后，即可按同样的方式创建学生表 t_student，如图 6.14 所示。

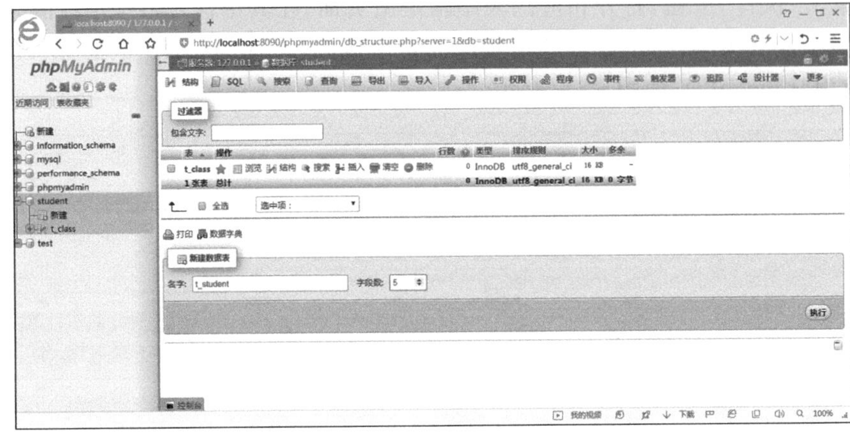

(a)

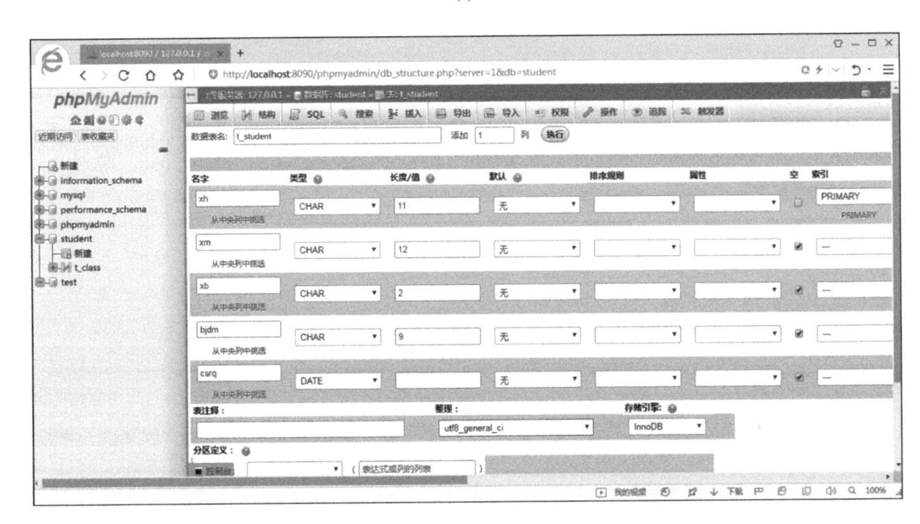

(b)

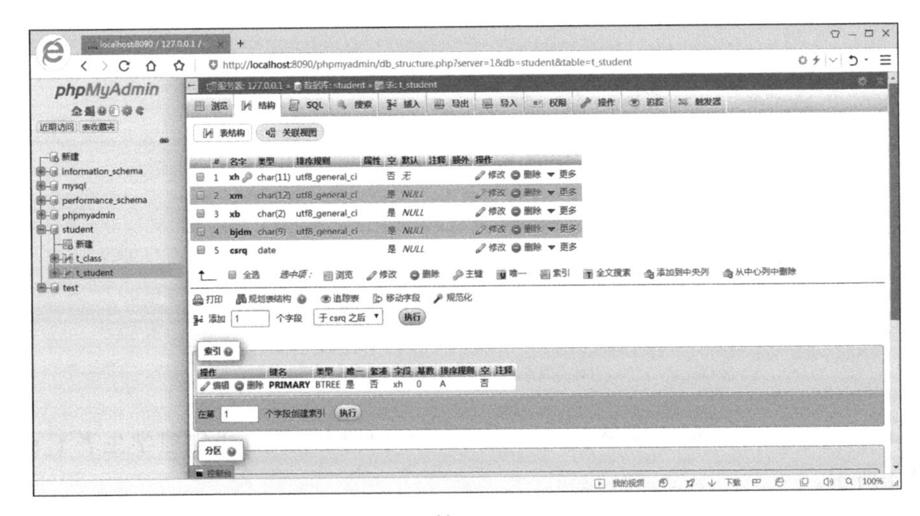

(c)

图 6.14　学生表 t_student 的创建

创建表之后，即可根据需要在表中输入相应的数据，并进行相应的维护操作。如图 6.15 所示，即为在班级表与学生表中所输入的有关数据。

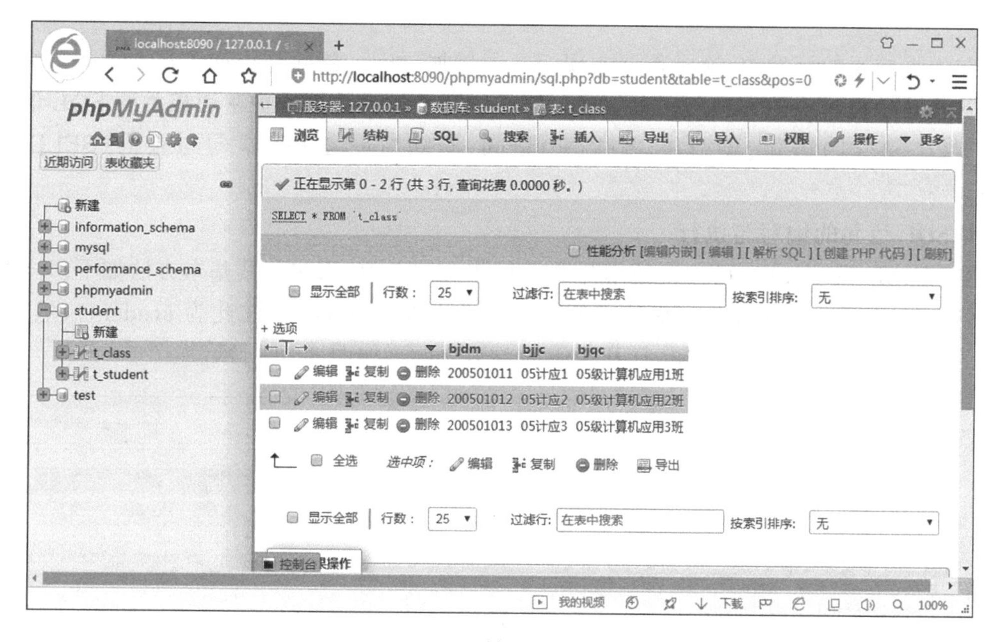

(a)

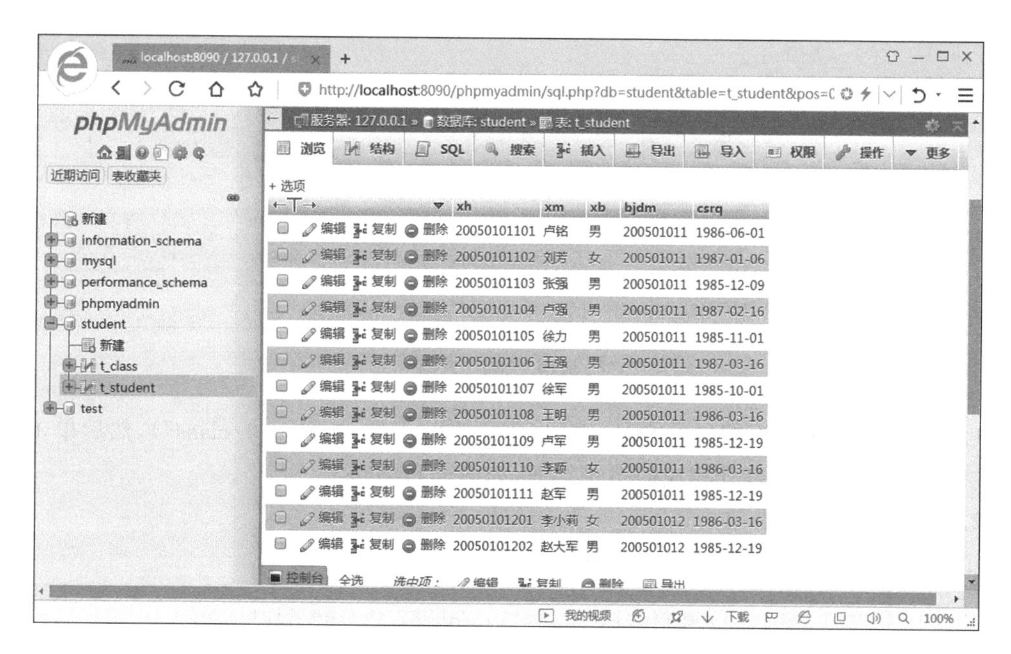

(b)

图 6.15 班级表与学生表的数据

6.1.3 常用的 SQL 语句

在各类应用的开发中，通常都要实现记录的增加、修改、删除与查询等基本功能。为此，必须熟悉并掌握相应的 SQL 语句。在此，仅介绍几个与表数据维护密切相关的 SQL 语句，即插入(INSERT)语句、更新(UPDATE)语句、删除(DELETE)语句与查询(SELECT)语句。

1. SQL 语句的编写与执行

在 phpMyAdmin 中，可方便地编写并执行相应的 SQL 语句。其基本方法如下。

(1) 在 phpMyAdmin 主页面的左侧单击选中相应的数据库(在此为 student)，然后在右侧的工具栏中单击 SQL 按钮，打开相应的 SQL 页面，如图 6.16 所示。

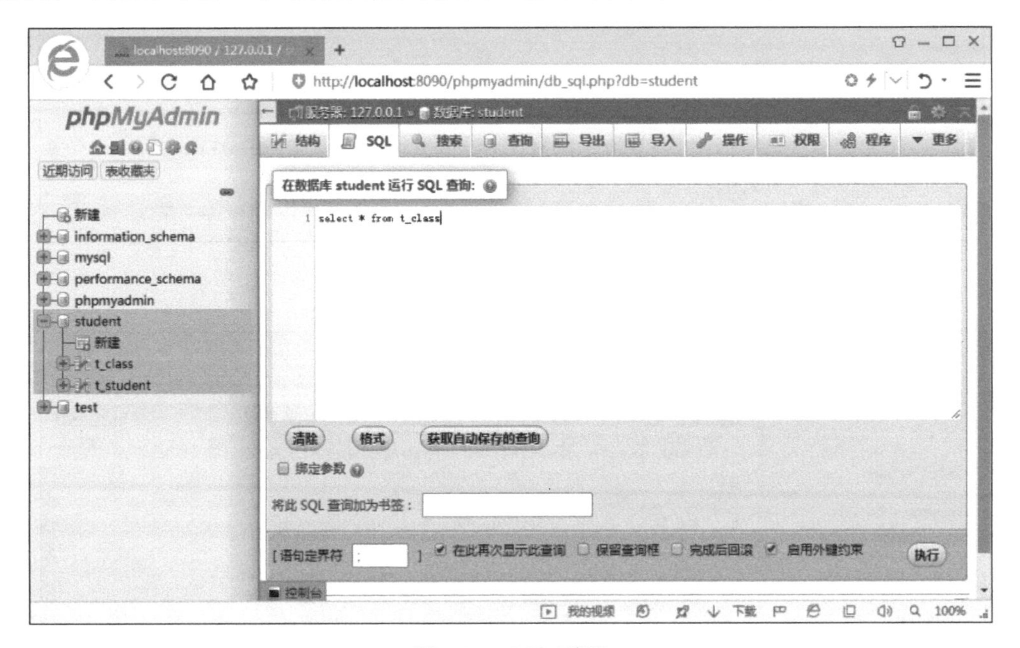

图 6.16 SQL 页面

(2) 在编辑框中输入相应的 SQL 语句(在此为“select * from t_class”)，然后单击“执行”按钮，即可执行之并打开相应的结果页面，如图 6.17 所示。

2. 插入(INSERT)语句

INSERT 语句用于向某个表中插入记录，其语法格式为

```
INSERT [INTO] table_name [(column_list)] VALUES (value_list)
```

其中，table_name 为表名，column_list 为字段名列表，value_list 为字段值列表。

例如：

```
insert into t_class(bjdm,bjjc,bjqc) values('200501021','05电商1','05级电子商务1班')
```

3. 更新(UPDATE)语句

UPDATE 语句用于对某个表中的有关记录进行修改(或更新)，其语法格式为

图 6.17 SQL 语句执行结果页面

```
UPDATE table_name SET { column_name = expression | DEFAULT | NULL } [,…n] [WHERE
search_condition]
```

其中,table_name 为表名,column_name 为字段名,expression 为字段值表达式,search_condition 为查询条件。此外,DEFAULT 表示默认值,NULL 表示空值。

例如:

```
update t_class set bjjc='05 信息 1',bjqc='05 级信息管理 1 班' where bjdm='200501021'
```

4. 删除(DELETE)语句

DELETE 语句用于删除某个表中的有关记录,其语法格式为

```
DELETE FROM table_name [WHERE search_condition]
```

其中,table_name 为表名,search_condition 为查询条件。

例如:

```
delete from t_class where bjdm='200501021'
```

5. 查询(SELECT)语句

SELECT 语句用于查询(或检索)表中的记录或数据,并返回相应的结果集。其语法格式为

```
SELECT [ALL|DISTINCT]
* | { column_name [AS column_alias] |function_name([…]) } [,…n]
FROM { table_name [[AS] table_alias] } [,…n]
[WHERE search_condition]
[GROUP BY { column_name } [,…n] [HAVING filter_condition]]
[ORDER BY {column_name [ASC|DESC] } [,…n] ]
```

其中，“*”表示所有的字段。此外，column_name 为字段名，column_alias 为字段别名，function_name 为函数名，table_name 为表名，table_alias 为表别名，search_condition 为查询条件，filter_condition 为过滤条件。此外，ALL 表示所有的记录，DISTINCT 表示剔除重复的记录，ASC 表示升序，DESC 表示降序。

例如：

```
select * from t_student
select xh,xm,xb from t_student
select distinct bjdm from t_student
select xh,xm,csrq from t_student where xm like '赵%'
select xh,xm,bjdm from t_student where csrq is NULL
select xh,xm,bjdm from t_student where csrq is NOT NULL
select count(*) from t_student where xm like '卢%'
select bjdm,count(*) from t_student group by bjdm having count(*)>=5
select xh,xm,bjjc from t_student,t_class where t_class.bjdm=t_student.bjdm
select xh,xm,bjjc from t_student,t_class where t_class.bjdm=t_student.bjdm order
by bjjc desc,xh
```

6.2 PHP 访问 MySQL 数据库的基本技术

6.2.1 基本步骤

在 PHP 程序中，为了实现对 MySQL 数据库的各种操作，可根据所安装的 MySQL 的版本选择使用 mysql 函数库或 mysqli 函数库。其实，不管使用哪个函数库，其编程的基本步骤都是一样的。

在 PHP 中，MySQL 数据库编程的基本步骤如下。

(1) 建立与 MySQL 数据库服务器的连接。

(2) 选择要对其进行操作的数据库。

(3) 设置字符集。

(4) 执行相应的数据库操作，包括记录的检索、增加、修改、删除等。

(5) 关闭与 MySQL 数据库服务器的连接。

对于上述的编程步骤，均可通过调用相应的函数加以实现。在此，主要对 mysqli 函数库中的有关函数及其使用方法进行简要介绍。需要注意的是，为使用 mysqli 函数库，应在 PHP 的配置文件 php.ini 中添加配置代码“extension=php_mysqli.dll”(即启用 mysqli 函数库扩展)，然后再重新启动 Web 服务器(如 Apache 等)。

6.2.2 建立与数据库服务器的连接

在 PHP 中，为建立与 MySQL 数据库服务器的连接，可使用 mysqli_connect()函数。

其语法格式为

```
mysqli_connect([server[,username[,password]]])
```

其中，参数：server(string 型)为 MySQL 数据库服务器的名称，其默认值为 localhost；username(string 型)为用户名，其默认值为超级用户 root；password(string 型)为密码，其默认值为空字符串。

返回值：resource 型。若执行成功，则返回一个连接标识号(link_identifier)，否则返回 FALSE。

在 PHP 程序中，通常要将 mysqli_connect()函数返回的连接标识号保存在某个变量中，以备后用。实际上，在后续有关操作所调用的函数中，一般都要指定相应的连接标识号。

【例 6.1】 数据库服务器的连接(connect.php)。

视频讲解

```
<?php
    $link=mysqli_connect("localhost","root","123456");
    if (!$link)              //若连接失败,则显示相应信息并终止程序运行
    {
        echo "连接失败!<BR>";
        echo "错误编号:".mysqli_connect_errno()."<BR>";
        echo "错误信息:".mysqli_connect_error()."<BR>";
        die();               //终止程序运行
    }
    echo "连接成功!<BR>";
?>
```

在该示例中，以超级用户 root(在此假定密码为“123456”)连接本地主机中的 MySQL 数据库服务器。若连接成功，则显示“连接成功!”的信息，如图 6.18(a)所示。若连接失败，则显示“连接失败!”的信息并终止程序的运行，如图 6.18(b)所示即为密码不正确时的运行结果。

(a)

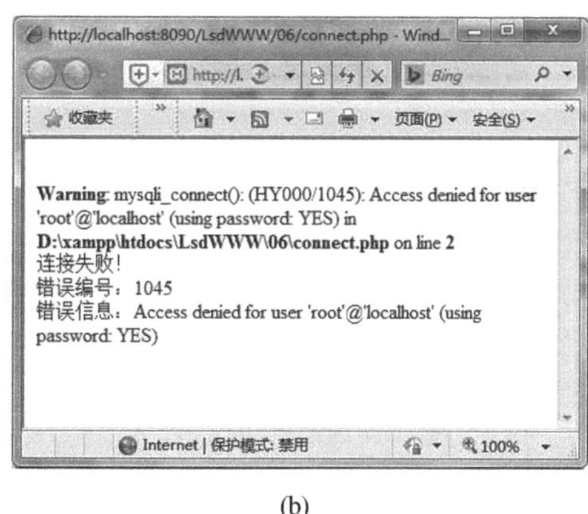

(b)

图 6.18　程序 connect.php 的运行结果

在 PHP 中，一切非 0 值均为 TRUE，而 0 值则为 FALSE。mysqli_connect()函数执行成功后所返回的连接标识号其实就是一个非 0 值，相当于 TRUE。因此，若要判断是否已

成功建立与MySQL数据库服务器的连接，只需判断mysqli_connect()函数的返回值的真假。如果连接失败，那么可进一步调用mysqli_connect_errno()与mysqli_connect_error()函数获取相应的错误编号与错误信息。

mysqli_connect_errno()与mysqli_connect_error()函数的功能分别为获取最后一次mysqli_connect()函数调用的错误编号与错误信息，若未出错则分别返回零(0)与空值(NULL)。因此，使用这两个函数也可以判断mysqli_connect()函数的执行情况(成功或失败)。

建立连接是执行其他数据库操作的前提条件，因此在执行mysqli_connect()函数后，应立即进行相应的判断，以确定连接是否已成功建立。

6.2.3 选择数据库

一个数据库服务器往往包含为数众多的数据库，因此在执行具体的数据库操作之前，应首先选中相应的数据库。在PHP中，要选中某个MySQL数据库，可使用mysqli_select_db()函数。其语法格式为

```
mysqli_select_db(link_identifier,database_name)
```

其中，参数：link_identifier(resource型)为连接标识号，用于指定相应的与MySQL数据库服务器的连接；database_name(string型)为数据库名称，用于指定需要选择的数据库。

返回值：bool型。若执行成功，返回TRUE，否则返回FALSE。

【例6.2】 数据库的选择(selectdb.php)。

视频讲解

```
<?php
    $link=mysqli_connect("localhost","root","123456");
    if (!$link)    {
        echo "数据库服务器连接失败!<BR>";
        die();
    }
    $rv=mysqli_select_db($link,"student");
    if (!$rv)
    {
        echo "数据库选择失败!<BR>";
        echo "错误编号:".mysqli_errno($link)."<BR>";
        echo "错误信息:".mysqli_error($link)."<BR>";
        die();
    }
    echo "数据库选择成功!<BR>";
?>
```

在该示例中，通过调用mysqli_select_db()函数选择学生数据库student。若选择成功，则显示“数据库选择成功!”的信息，如图6.19(a)所示。若选择失败，则显示“数据库选择失败!”的信息以及相应的错误编号与错误信息，并终止程序的运行。如图6.19(b)所示，即为因所指定的数据库(在此为“student123”)不存在而导致选择失败的运行结果。

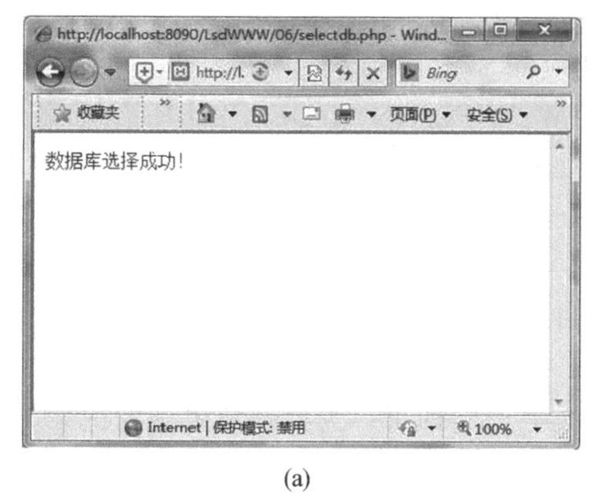

(a)

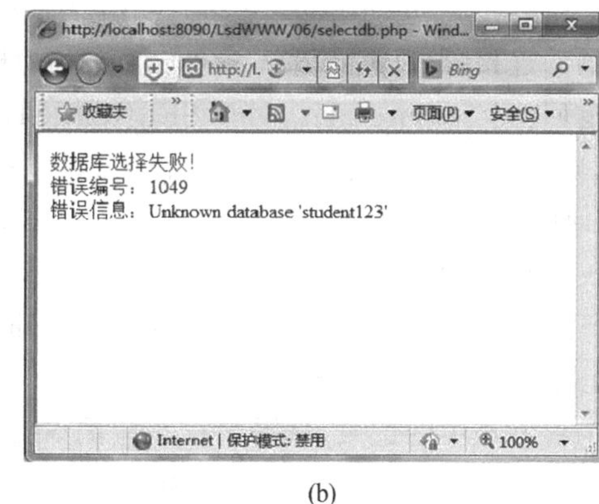

(b)

图 6.19 程序 selectdb.php 的运行结果

mysqli_errno()与 mysqli_error()函数的功能分别为获取上一个 MySQLi 函数(但不包括这两个函数)执行后的错误编号与错误信息,若未出错则分别返回零(0)与空字符串("")。因此,使用这两个函数也可以判断 mysqli_select_db()函数或其他 MySQLi 函数的执行情况(成功或失败)。

6.2.4 设置字符集

在对数据库执行具体的数据访问操作前,通常要先设置好相应的字符集(或字符编码),以便在数据库与客户端之间正确地传输与处理字符。为此,可使用 mysqli_set_charset()函数。其语法格式为

```
mysqli_set_charset(link_identifier, charset_name)
```

其中,参数: link_identifier(resource 型)为连接标识号,用于指定相应的与 MySQL 数据库服务器的连接;charset_name(string 型)为字符集名称,用于指定需要设置的字符集。

返回值: bool 型。若执行成功,则返回 TRUE,否则返回 FALSE。

例如,为将字符集设置为 utf-8,可执行以下语句:

```
mysqli_set_charset($link,'utf8');
```

在此,变量 $link 存放了此前调用 mysqli_connect()函数时返回的连接标识号。

6.2.5 执行数据库操作

选中某个数据库并设置好相应的字符集后,即可对该数据库执行各种具体的操作,如记录的检索、增加、修改与删除以及表的创建与删除等。对数据库的各种操作,都是通过提交并执行相应的 SQL 语句来实现的。在 PHP 中,使用 mysqli_query()函数提交并执行 SQL 语句。其语法格式为

```
mysqli_query(link_identifier, query_statement)
```

其中,参数: link_identifier(resource 型)为连接标识号,用于指定相应的与 MySQL 数据库服务器的连接;query_statement(string 型)为相应的 SQL 语句。

返回值: resource 型。对于 SELECT、SHOW、EXPLAIN 或 DESCRIBE 语句,若执行成功,则返回相应的结果标识符,否则返回 FALSE;对于 INSERT、DELETE、UPDATE、REPLACE、CREATE TABLE、DROP TABLE 或其他非检索语句,若执行成功,则返回 TRUE,否则返回 FALSE。

下面将通过一些具体的实例来说明如何通过编程的方式实现有关的数据库操作。

1. 记录的检索与处理

为检索表中的记录,只需执行相应的 SELECT 语句即可。为处理检索到的记录,只需利用 mysqli_query()函数在执行 SELECT 语句后所返回的结果标识符,并调用相应的处理函数即可。

mysqli_query()函数所返回的结果标识符,通常又称为结果集,代表了相应检索语句的检索结果。每个结果集都有一个记录指针,所指向的记录即为当前记录。在初始状态下,结果集的当前记录就是第一个记录。为灵活处理结果集中的有关记录,PHP 提供了一系列的处理函数,包括结果集中记录的读取、指针的定位以及记录集的释放等。

要读取结果集中的记录,可调用 mysqli_fetch_array()、mysqli_fetch_row()或 mysqli_fetch_assoc()函数。其语法格式分别为

```
mysqli_fetch_array(result[,type])
mysqli_fetch_row(result)
mysqli_fetch_assoc(result)
```

其中,参数: result(resource 型)用于指定相应的结果集(或结果标识符);type(int 型)用于指定函数返回值的形式,其有效取值为 PHP 常量 MYSQLI_ASSOC、MYSQLI_NUM 或 MYSQLI_BOTH,默认值为 MYSQLI_BOTH。

返回值: array 型。若成功(即读取到当前记录),则返回一个由结果集当前记录所生成的数组(每个字段的值保存到相应的元素中),并自动将记录指针指向下一个记录。若失败(即没有读取到记录),则返回 NULL。

在调用 mysqli_fetch_array()函数时,若以 MYSQLI_NUM 作为第二个参数,则其功能与 mysqli_fetch_row()函数的功能是一样的,所返回的数组为数值索引数组,只能以相应的索引号(从 0 开始)作为元素的下标进行访问;若以 MYSQLI_ASSOC 作为第二个参数,则其功能与 mysqli_fetch_assoc()函数的功能是一样的,所返回的数组为关联数组,只能以相应的字段名(若指定了别名,则为相应的别名)作为元素的下标进行访问;若未指定第二个参数,或以 MYSQLI_BOTH 作为第二个参数,则返回的数组为数值索引与关联数组,既能以索引号作为元素的下标进行访问,也能以字段名作为元素的下标进行访问。由此可见,mysqli_fetch_array()函数完全包含 mysqli_fetch_row()与 mysqli_fetch_assoc()函数的功能。因此,在实际编程中,mysqli_fetch_array()函数是最为常用的。

结果集被处理完毕后,为了及时释放其所占用的内存空间,可调用 mysqli_free_result()函数。其语法格式为

```
mysqli_free_result(result)
```

其中,参数: result(resource 型)用于指定相应的结果集(或结果标识符)。

返回值: 无(即没有返回值)。

实际上,在程序执行结束后,结果集所占用的内存空间会自动被释放掉。因此,在 PHP 程序中,通常无须调用 mysqli_free_result()函数。

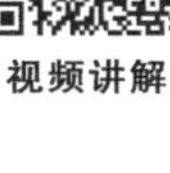
视频讲解

【例 6.3】 班级记录的精确检索。如图 6.20 所示,先在班级检索表单中输入班级的代码,再单击"确定"按钮,即可开始检索并显示相应的检索结果。

(1) 班级检索表单 class_select1_form.htm。

```
<html>
<head>
<meta http-equiv="Content-Type" content="text/html; charset=utf-8">
<title>班级检索</title>
</head>
<body>
<form action="class_select1.php" method="get">
  请输入欲检索班级的代码:
  <input name="bjdm" type="text" id="bjdm" size="9" maxlength="9">
  <input name="submit" type="submit" value="确定">
  <input name="reset" type="reset" value="取消">
</form>
</body>
</html>
```

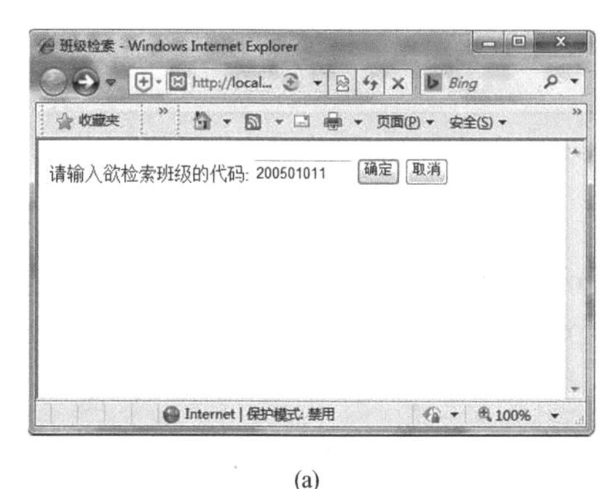

(a)

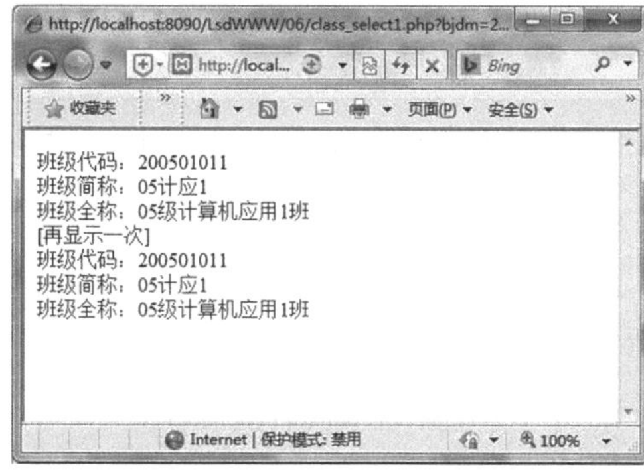

(b)

图 6.20 班级记录的检索

(2) 班级检索程序 class_select1.php。

```
<?php
  $bjdm=trim($_GET["bjdm"]);
  if ($bjdm=="")  {
      echo "班级代码不能为空!";
      die();
  }
  $link=mysqli_connect("localhost","root","123456")
```

```
    or die("数据库服务器连接失败!<BR>");
  mysqli_select_db($link,"student") or die("数据库选择失败!<BR>");
  mysqli_set_charset($link,'utf8');
  $sql="select bjdm,bjjc,bjqc from t_class where bjdm='$bjdm'";
  $result=mysqli_query($link,$sql);
  $row = mysqli_fetch_array($result);
  if (!$row)   {
      echo "无此班级代码!";
        die();
  }
  $bjdm=$row['bjdm'];
  $bjjc=$row['bjjc'];
  $bjqc=$row['bjqc'];
  echo "班级代码:".$bjdm."<BR>";
  echo "班级简称:".$bjjc."<BR>";
  echo "班级全称:".$bjqc."<BR>";
  echo "[再显示一次]<BR>";
  $bjdm=$row[0];
  $bjjc=$row[1];
  $bjqc=$row[2];
  echo "班级代码:".$bjdm."<BR>";
  echo "班级简称:".$bjjc."<BR>";
  echo "班级全称:".$bjqc."<BR>";
  mysqli_free_result($result);
?>
```

其中,设置字符集的“mysqli_set_charset($link,'utf8');”语句也可修改为以下语句:

```
mysqli_query($link,"set names 'utf8'");
```

除了 mysqli_fetch_array()、mysqli_fetch_row()与 mysqli_fetch_assoc()函数以外,要读取结果集中的记录,还可以使用 mysqli_fetch_object()函数。其语法格式为

```
mysqli_fetch_object(result)
```

其中,参数:result(resource 型)用于指定相应的结果集(或结果标识符)。

返回值:object 型。若成功(即读取到当前记录),则返回一个由结果集当前记录所生成的对象(每个字段的值保存到相应的属性中),并自动将记录指针指向下一个记录。若失败(即没有读取到记录),则返回 NULL。

在 mysqli_fetch_object()函数所返回的对象中,各属性的名称即为相应的字段名。在访问对象的属性时,应使用运算符“->”。

视频讲解

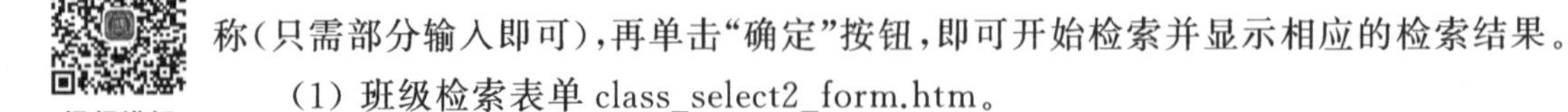

【例 6.4】 班级记录的模糊检索。如图 6.21 所示,先在班级检索表单中输入班级的名称(只需部分输入即可),再单击“确定”按钮,即可开始检索并显示相应的检索结果。

(1) 班级检索表单 class_select2_form.htm。

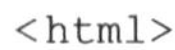

```
<html>
```

```
<head>
<meta http-equiv="Content-Type" content="text/html; charset=utf-8">
<title>班级检索</title>
</head>
<body>
<form action="class_select2.php" method="get">
  请输入欲检索班级的名称:
  <input name="bjmc" type="text" id="bjmc" size="10" maxlength="30">
  <input name="submit" type="submit" value="确定">
  <input name="reset" type="reset" value="取消">
</form>
</body>
</html>
```

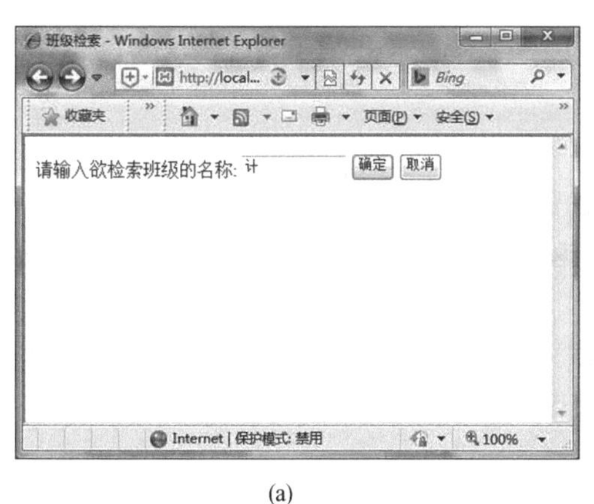

(a)

(b)

图 6.21　班级记录的检索

(2) 班级检索程序 class_select2.php。

```
<?php
  $bjmc="%".trim($_GET["bjmc"])."%";
  $link=mysqli_connect("localhost","root","123456")
     or die("数据库服务器连接失败!<BR>");
  mysqli_select_db($link,"student")
     or die("数据库选择失败!<BR>");
  mysqli_set_charset($link,'utf8');
  $sql="select bjdm,bjjc,bjqc from t_class";
  $sql.=" where bjjc like '$bjmc' or bjqc like '$bjmc'";
  $sql.=" order by bjdm";
  $result=mysqli_query($link,$sql);
  $rows=0;
  while($row=mysqli_fetch_object($result))
  {
    $rows=$rows+1;
    $bjdm=$row->bjdm;
```

```
    $bjjc=$row->bjjc;
    $bjqc=$row->bjqc;
    echo "班级代码:".$bjdm."<BR>";
    echo "班级简称:".$bjjc."<BR>";
    echo "班级全称:".$bjqc."<BR>";
  }
  if($rows==0)
    echo "没有满足指定条件的记录!";
  else
    echo "共检索到".$rows."个记录。";
  mysqli_free_result($result);
?>
```

有时候,需要获知结果集的记录数与字段数。为此,可使用 mysqli_num_rows()与 mysqli_num_fields()函数。其语法格式分别为

```
mysqli_num_rows(result)
mysqli_num_fields(result)
```

其中,参数: result(resource 型)用于指定相应的结果集(或结果标识符)。

返回值: int 型。mysqli_num_rows()函数返回结果集的记录数,mysqli_num_fields()函数返回结果集的字段数。

必要时,还可在结果集内随意移动记录的指针,也就是将记录指针直接指向某个记录。为此,需使用 mysqli_data_seek()函数。语法格式为

```
mysqli_data_seek(result,index)
```

其中,参数: result(resource 型)用于指定相应的结果集(或结果标识符);index(int 型)用于指定记录指针所要指向的记录的索引号(从 0 开始)。

返回值: bool 型。若执行成功,则返回 TRUE,否则返回 FALSE。

【例 6.5】 班级记录的检索(按序号进行检索)。如图 6.22 所示,先在班级检索表单中输入班级的序号,再单击"确定"按钮,即可开始检索并显示相应的检索结果。

(a)

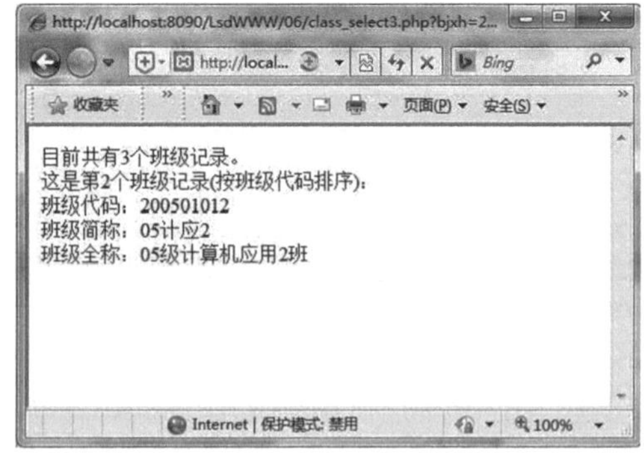

(b)

图 6.22 班级记录的检索

(1) 班级检索表单 class_select3_form.htm。

```
<html>
<head>
<meta http-equiv="Content-Type" content="text/html; charset=utf-8">
<title>班级检索</title>
</head>
<body>
<form action="class_select3.php" method="get">
  请输入欲检索班级的序号:
  <input name="bjxh" type="text" id="bjxh" size="5" maxlength="5">
  <input name="submit" type="submit" value="确定">
  <input name="reset" type="reset" value="取消">
</form>
</body>
</html>
```

(2) 班级检索程序 class_select3.php。

```
<?php
  $bjxh=trim($_GET["bjxh"]);
  $link=mysqli_connect("localhost","root","123456")
    or die("数据库服务器连接失败!<BR>");
  mysqli_select_db($link,"student") or die("数据库选择失败!<BR>");
  mysqli_set_charset($link,'utf8');
  $sql="select bjdm,bjjc,bjqc from t_class";
  $sql=$sql." order by bjdm";
  $result=mysqli_query($link,$sql);
  $rows=mysqli_num_rows($result);
  if ($rows==0)  {
    echo "目前还没有班级记录!";
      die();
  }
  echo "目前共有".$rows."个班级记录。<BR>";
  if ($bjxh<1)
    $bjxh=1;
  if ($bjxh>$rows)
    $bjxh=$rows;
  mysqli_data_seek($result,$bjxh-1);
  $row = mysqli_fetch_array($result);
  echo "这是第".$bjxh."个班级记录(按班级代码排序):<BR>";
  echo "班级代码:".$row['bjdm']."<BR>";
  echo "班级简称:".$row['bjjc']."<BR>";
  echo "班级全称:".$row['bjqc']."<BR>";
  mysqli_free_result($result);
?>
```

2. 记录的增加、修改与删除

为增加记录，只需执行相应的 INSERT 语句即可。为修改记录，只需执行相应的 UPDATE 语句即可。为删除记录，只需执行相应的 DELETE 语句即可。

视频讲解

【例 6.6】 班级记录的增加。如图 6.23 所示，先在班级增加表单中输入班级的代码、简称与全称，再单击“确定”按钮，即可将班级记录插入至班级表 t_class 中(如果所输入的班级代码没有重复)。

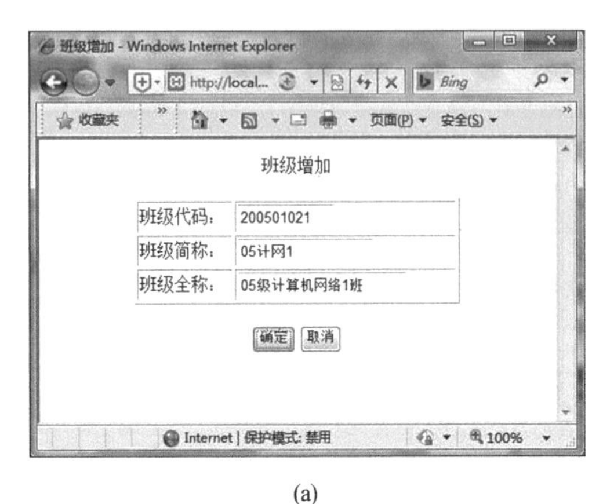

(a)

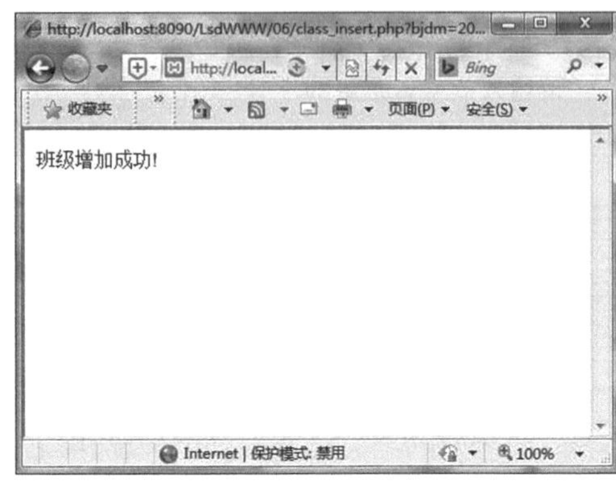

(b)

图 6.23 班级记录的增加

(1) 班级增加表单 class_insert_form.htm。

```
<html>
<head>
<meta http-equiv="Content-Type" content="text/html; charset=utf-8">
<title>班级增加</title>
</head>
<body>
<form action="class_insert.php" method="get">
  <div align="center">班级增加</div><br>
  <table width="300" border="1" align="center">
  <tr><td width="85">班级代码:</td>
    <td width="199">
<input name="bjdm" type="text" size="9" maxlength="9"></td>
  </tr>
  <tr><td>班级简称:</td>
    <td><input name="bjjc" type="text" size="15" maxlength="15"></td>
  </tr>
  <tr><td>班级全称:</td>
    <td><input name="bjqc" type="text" size="20" maxlength="30"></td>
  </tr>
  </table>
  <br>
  <div align="center">
```

```
    <input name="submit" type="submit" value="确定">
    <input name="reset" type="reset" value="取消">
  </div>
</form>
</body>
</html>
```

(2) 班级增加程序 class_insert.php。

```
<?php
  $bjdm=trim($_GET["bjdm"]);
  $bjjc=trim($_GET["bjjc"]);
  $bjqc=trim($_GET["bjqc"]);
  if ($bjdm==""||$bjjc==""||$bjqc=="")  {
     echo "班级代码及其简称与全称均不能为空!";
     die();
  }
  $link=mysqli_connect("localhost","root","123456")
    or die("数据库服务器连接失败!<BR>");
  mysqli_select_db($link,"student") or die("数据库选择失败!<BR>");
  mysqli_set_charset($link,'utf8');
  $sql="select bjdm from t_class where bjdm='$bjdm'";
  $result=mysqli_query($link,$sql);
  $row = mysqli_fetch_array($result);
  if ($row)   {
     echo "此班级代码已经存在!";
     die();
   }
  $sql="insert into t_class(bjdm,bjjc,bjqc)";
  $sql=$sql." values('$bjdm','$bjjc','$bjqc')";
  if (mysqli_query($link,$sql))
    echo "班级增加成功!";
  else
    echo "班级增加失败!";
?>
```

【例 6.7】 班级记录的修改。如图 6.24 所示,先在班级修改表单中输入班级的代码,再单击“确定”按钮进行查找,并将找到的班级记录显示在班级编辑表单中;在班级编辑表单中进行相应的编辑修改后,再单击“确定”按钮,即可完成相应的修改操作。

视频讲解

(1) 班级修改表单 class_update_form.htm。

```
<html>
<head>
<meta http-equiv="Content-Type" content="text/html; charset=utf-8">
<title>班级修改</title>
</head>
<body>
```

(a)

(b)

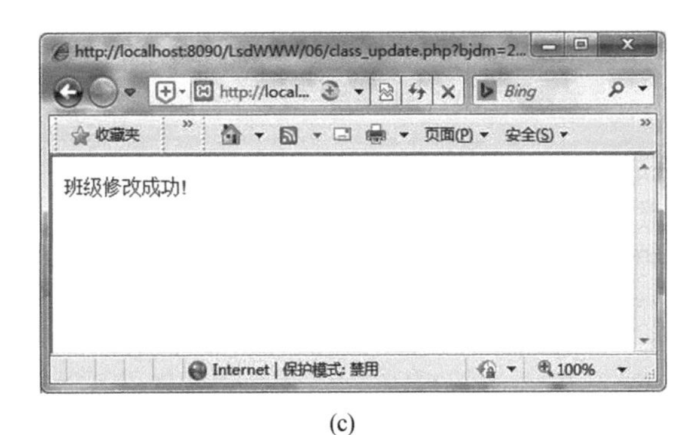

(c)

图 6.24　班级记录的修改

```
<form action="class_update_edit.php" method="get">
  请输入欲修改班级的代码:
  <input name="bjdm" type="text" size="9" maxlength="9">
  <input name="submit" type="submit" value="确定">
  <input name="reset" type="reset" value="取消">
</form>
</body>
</html>
```

(2) 班级编辑程序 class_update_edit.php。

```
<html>
<head>
<meta http-equiv="Content-Type" content="text/html; charset=utf-8">
<title>班级编辑</title>
</head>
<body>
<?php
  $bjdm=trim($_GET["bjdm"]);
  if ($bjdm=="")  {
    echo "班级代码不能为空!";
```

```
    die();
  }
  $link=mysqli_connect("localhost","root","123456")
    or die("数据库服务器连接失败!<BR>");
  mysqli_select_db($link,"student")
    or die("数据库选择失败!<BR>");
  mysqli_set_charset($link,'utf8');
  $sql="select bjdm,bjjc,bjqc from t_class where bjdm='$bjdm'";
   $result=mysqli_query($link,$sql);
  $row = mysqli_fetch_array($result);
  if (!$row)   {
     echo "无此班级代码!";
     die();
  }
  $bjdm=$row['bjdm'];
  $bjjc=$row['bjjc'];
  $bjqc=$row['bjqc'];
?>
<form action="class_update.php" method="get">
  <div align="center">班级编辑</div>   <br>
  <table width="300" border="1" align="center">
  <tr><td width="85">班级代码:</td>
    <td width="199"><input name="bjdm" type="text" value="<?php echo $bjdm; ?>"
size="9" maxlength="9"></td>
  </tr>
  <tr>   <td>班级简称:</td>
    <td><input name="bjjc" type="text" value="<?php echo $bjjc; ?>" size="15"
maxlength="15"></td>
  </tr>
  <tr>   <td>班级全称:</td>
    <td><input name="bjqc" type="text" value="<?php echo $bjqc; ?>" size="20"
maxlength="30"></td>
  </tr>
  </table>
  <input name="bjdm0" type="hidden" value="<?php echo $bjdm; ?>">
  <br>
  <div align="center">
    <input name="submit" type="submit" value="确定">
    <input name="reset" type="reset" value="取消">
  </div>
</form>
</body>
</html>
```

(3) 班级修改程序 class_update.php。

```
<?php
  $bjdm=trim($_GET["bjdm"]);
  $bjjc=trim($_GET["bjjc"]);
  $bjqc=trim($_GET["bjqc"]);
  $bjdm0=trim($_GET["bjdm0"]);
  if ($bjdm==""||$bjjc==""||$bjqc=="")  {
     echo "班级代码及其简称与全称均不能为空!";
     die();
  }
  $link=mysqli_connect("localhost","root","123456")
    or die("数据库服务器连接失败!<BR>");
  mysqli_select_db($link,"student")
    or die("数据库选择失败!<BR>");
  mysqli_set_charset($link,'utf8');
  if ($bjdm<>$bjdm0)  {
    $sql="select bjdm from t_class where bjdm='$bjdm'";
    $result=mysqli_query($link,$sql);;
    $row = mysqli_fetch_array($result);
    if ($row)  {
       echo "此班级代码已经存在!";
       die();
    }
  }
  $sql="update t_class set bjdm='$bjdm',bjjc='$bjjc' ";
  $sql=$sql.",bjqc='$bjqc' where bjdm='$bjdm0'";
  if (mysqli_query($link,$sql))
    echo "班级修改成功!";
  else
    echo "班级修改失败!";
?>
```

视频讲解

【例 6.8】 班级记录的删除。如图 6.25 所示,先在班级删除表单中输入班级的代码,再单击“确定”按钮,即可将相应的班级记录删除(如果有)。

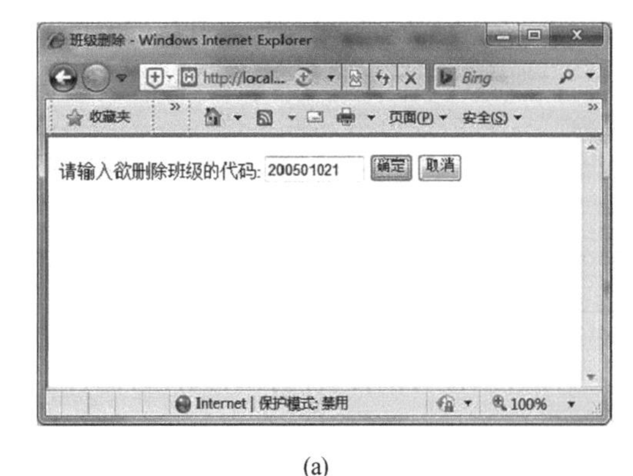

(a)

(b)

图 6.25　班级记录的删除

(1) 班级删除表单 class_delete_form.htm。

```
<html>
<head>
<meta http-equiv="Content-Type" content="text/html; charset=utf-8">
<title>班级删除</title>
</head>
<body>
<form action="class_delete.php" method="get">
  请输入欲删除班级的代码:
  <input name="bjdm" type="text" size="9" maxlength="9">
  <input name="submit" type="submit" value="确定">
  <input name="reset" type="reset" value="取消">
</form>
</body>
</html>
```

(2) 班级删除程序 class_delete.php。

```
<?php
 $bjdm=trim($_GET["bjdm"]);
  if ($bjdm=="")  {
     echo "班级代码不能为空!";
     die();
  }
  $link=mysqli_connect("localhost","root","123456")
    or die("数据库服务器连接失败!<BR>");
  mysqli_select_db($link,"student")
    or die("数据库选择失败!<BR>");
  mysqli_set_charset($link,'utf8');
  $sql="select bjdm from t_class where bjdm='$bjdm'";
  $result=mysqli_query($link,$sql);
  $row = mysqli_fetch_array($result);
  if (!$row) {
     echo "无此班级代码!";
     die();
   }
  $sql="delete from t_class where bjdm='$bjdm'";
  if (mysqli_query($link,$sql))
    echo "班级删除成功!";
  else
    echo "班级删除失败!";
?>
```

6.2.6 关闭与数据库服务器的连接

对数据库的操作执行完毕后，应及时关闭与数据库服务器的连接，以释放其所占用的系统资源。在 PHP 中,为关闭由 mysqli_connect()函数所建立的与 MySQL 数据库服务器的连接,可使用 mysqli_close()函数。其语法格式为

```
mysqli_close(link_identifier)
```

其中,参数：link_identifier(resource 型)为连接标识号,用于指定相应的与 MySQL 数据库服务器的连接。

返回值：bool 型。若执行成功,则返回 TRUE,否则返回 FALSE。

【例 6.9】 关闭与数据库服务器的连接示例(close.php)。

视频讲解

```
<?php
    $link=mysqli_connect("localhost","root","123456")
        or die("无法建立与服务器的连接!");
    echo "已成功建立与服务器的连接!<BR>";
    mysqli_select_db($link,"student")
        or die("无法选择 student 数据库!<BR>");
    echo "已成功选择 student 数据库!<BR>";
    mysqli_close($link)
        or die("无法关闭与服务器的连接!");
    echo "已成功关闭与服务器的连接!<BR>";
?>
```

该示例的运行结果如图 6.26 所示。

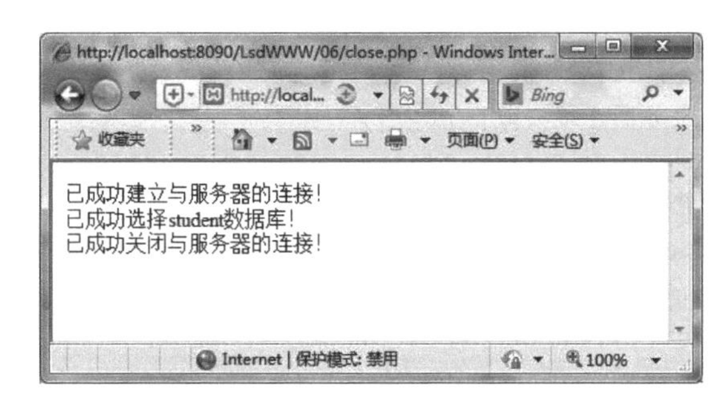

图 6.26 程序 close.php 的运行结果

由 mysqli_connect()函数所建立的与 MySQL 数据库服务器的连接是一种非持久性的连接,在程序执行后自动关闭。因此,在 PHP 程序中,通常无须调用 mysqli_close()函数。

6.3 PHP 访问 MySQL 数据库的综合实例

mysqli 函数库支持两种使用方式,即面向过程的使用方式与面向对象的使用方式。如前所述,采用面向过程的方式时,mysqli 函数库中各个函数的名称均以“mysqli_”为前缀。与此不同,若采用面向对象的方式,则 mysqli 函数库就相当于 mysqli 类与 result 类,而 mysqli 函数库中的函数就相当于 mysqli 类与 result 类的方法或属性。但作为 mysqli 类与

result 类中的方法与属性，其名称就无须以“mysqli_”作为前缀了。特别地，用于建立连接的 mysqli_connect()函数在 mysqli 类中已成为构造函数__construct()。如以下示例。

```
$link=new mysqli("localhost","root","123456");        //建立连接
if (mysqli_connect_errno())
{
    echo "服务器连接失败!<BR>";
    echo "错误编号:".mysqli_connect_errno()."<BR>";
    echo "错误信息:".mysqli_connect_error()."<BR>";
    die();
}
…
$link->close();                                       //关闭连接
```

下面通过一个典型的综合实例，简要说明 mysqli 函数库的面向对象的使用方法。

【例 6.10】 使用 PHP+MySQL 实现学生管理功能，包括学生的增加与维护(查询、修改、删除)。如图 6.27(a)所示，为“学生管理”页面，内含“学生增加”与“学生维护”链接。

(a)

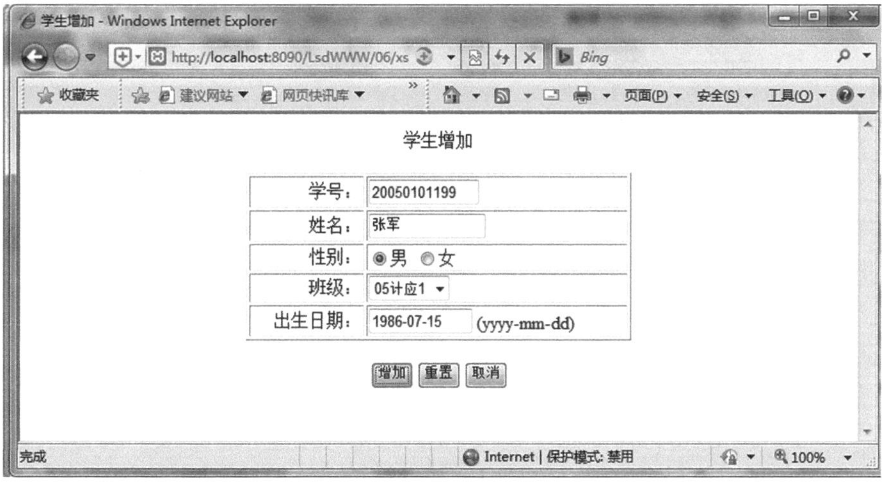

(b)

图 6.27　学生管理

学生增加 - Windows Internet Explorer
http://localhost:8090/LsdWWW/06/xs
学生增加成功!
确定
完成
Internet | 保护模式: 禁用
100%

(c)

学生查询 - Windows Internet Explorer
http://localhost:8090/LsdWWW/06/xs
班级: 05计应1
确定
取消
完成
Internet | 保护模式: 禁用
100%

(d)

学生列表 - Windows Internet Explorer
http://localhost:8090/LsdWWW/06/xs
学生列表
学号 姓名 性别 班级 出生日期 操作
20050101106 王强 男 05计应1 1987-03-16 详情 修改 删除
20050101107 徐军 男 05计应1 1985-10-01 详情 修改 删除
20050101108 王明 男 05计应1 1986-03-16 详情 修改 删除
20050101109 卢军 男 05计应1 1985-12-19 详情 修改 删除
20050101110 李颖 女 05计应1 1986-03-16 详情 修改 删除
[第2页/共3页] 首页 上一页 下一页 尾页 [共找到12个记录]
返回
完成
Internet | 保护模式: 禁用
100%

(e)

图 6.27 （续）

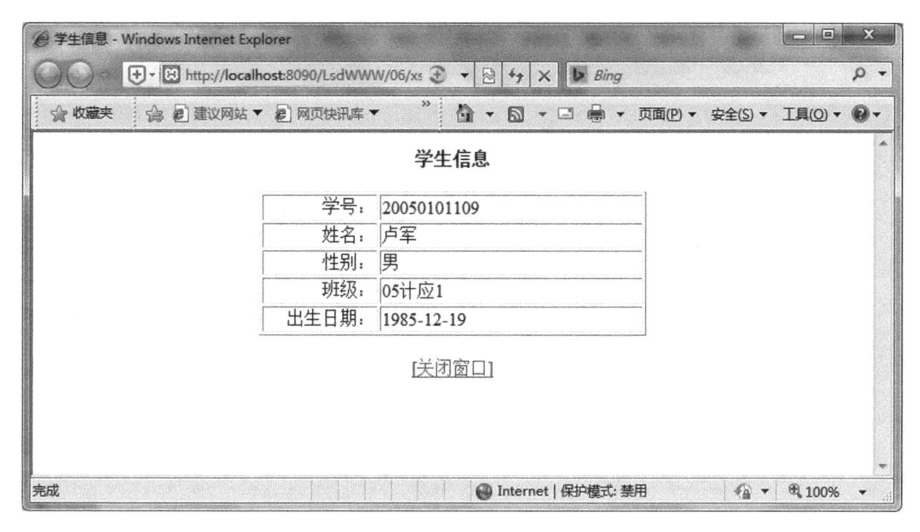
学生信息 - Windows Internet Explorer
http://localhost:8090/LsdWWW/06/xs
学生信息
学号：20050101109
姓名：卢军
性别：男
班级：05计应1
出生日期：1985-12-19
[关闭窗口]
完成
Internet | 保护模式: 禁用
100%

(f)

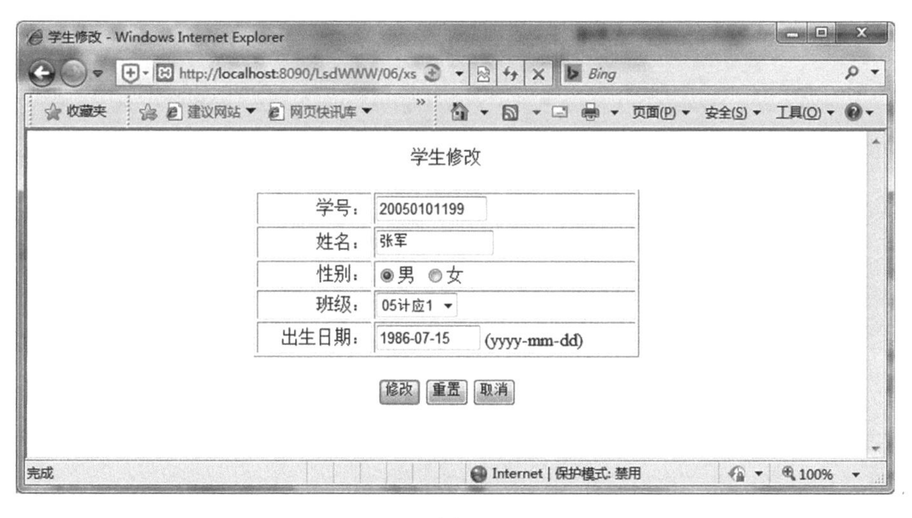
学生修改 - Windows Internet Explorer
http://localhost:8090/LsdWWW/06/xs
学生修改
学号：20050101199
姓名：张军
性别：男 女
班级：05计应1
出生日期：1986-07-15 (yyyy-mm-dd)
修改
重置
取消
完成
Internet | 保护模式: 禁用
100%

(g)

学生修改 - Windows Internet Explorer
http://localhost:8090/LsdWWW/06/xs
学生修改成功!
确定
完成
Internet | 保护模式: 禁用
100%

(h)

图 6.27 （续）

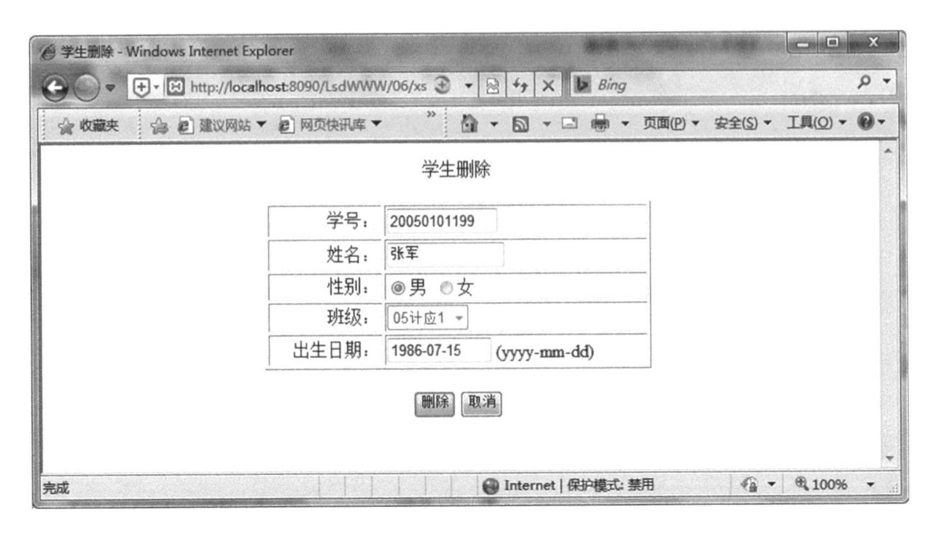

(i)

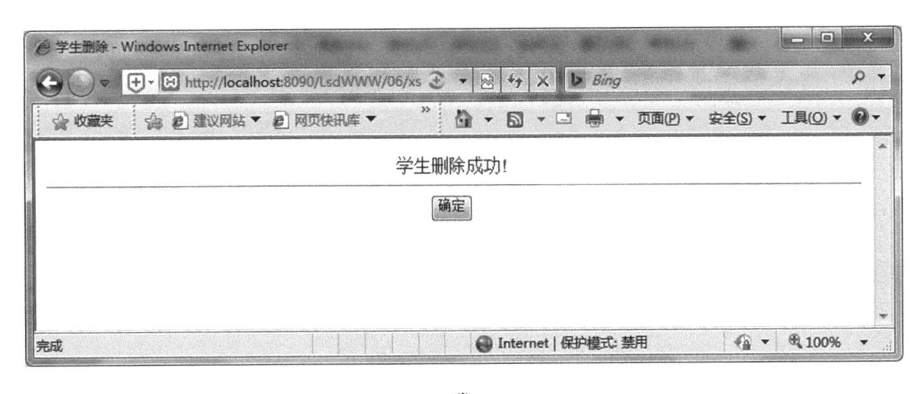

(j)

图 6.27 (续)

(1) 在“学生管理”页面中单击“学生增加”链接，即可打开如图 6.27(b)所示的“学生增加”页面，在其中输入相应的学生信息并选定有关的选项后，再单击“增加”按钮，即可完成学生的增加操作，并显示相应的学生增加结果页面，如图 6.27(c)所示。在此页面中单击“确定”按钮，即可返回到如图 6.27(a)所示的“学生管理”页面。

(2) 在“学生管理”页面中单击“学生维护”按钮，即可打开如图 6.27(d)所示的“学生查询”页面，在其中的“班级”下拉列表框中选择某个班级后，再单击“确定”按钮，即可完成学生的查询操作，并显示相应的“学生列表”页面，如图 6.27(e)所示。“学生列表”页面以分页的形式显示相应的学生查询结果。在此页面中，若单击“返回”按钮，即可返回到如图 6.27(a)所示的“学生管理”页面。

(3) 在“学生列表”页面中，若单击某个学生的“详情”链接，即可在新窗口中打开“学生信息”页面以显示相应学生的详细信息，如图 6.27(f)所示。在此页面中单击“[关闭窗口]”链接，即可自动关闭该窗口。

(4) 在“学生列表”页面中，若单击某个学生的“修改”链接，即可打开相应的如图 6.27(g)所示的“学生修改”页面，在其中进行相应的修改后，再单击“修改”按钮，即可完成学生的修改操作，并显示相应的学生修改结果页面，如图 6.27(h)所示。在此页面中单击“确定”按钮，即可返回到如图 6.27(a)所示的“学生管理”页面。

(5) 在“学生列表”页面中，若单击某个学生的“删除”链接，即可打开相应的如图 6.27(i)所示的“学生删除”页面，在其中单击“删除”按钮，即可完成学生的删除操作，并显示相应的学生删除结果页面，如图 6.27(j)所示。在此页面中单击“确定”按钮，即可返回到如图 6.27(a)所示的“学生管理”页面。

本实例的实现包含以下 PHP 页面或程序文件。

- xsgl.php(“学生管理”页面)
- xszj.php(“学生增加”表单页面)
- xszj0.php(“学生增加”结果页面)
- xscx.php(“学生查询”页面)
- xslb.php(“学生列表”页面)
- xsxq.php(“学生信息”页面)
- xsxg.php(“学生修改”表单页面)
- xsxg0.php(“学生修改”结果页面)
- xssc.php(“学生删除”表单页面)
- xssc0.php(“学生删除”结果页面)

6.4　上机实践

1. 请完成本章示例数据库与表的创建，并在表中输入相应的数据。
2. 请使用 mysqli 函数库，分别以面向过程与面向对象的使用方式，自行设计并实现班级记录的查询、增加、修改与删除功能。
3. 请使用 mysqli 函数库，分别以面向过程与面向对象的使用方式，自行设计并实现学生记录的查询、增加、修改与删除功能。

习题 6

1. 在 XAMPP 中，如何启动与关闭 MySQL 服务程序？
2. 在 phpMyAdmin 中，如何设置 MySQL 的 root 用户的密码？
3. 在 phpMyAdmin 中，如何创建 MySQL 的数据库？
4. 在 phpMyAdmin 中，如何为 MySQL 的数据库创建表？
5. 在 phpMyAdmin 中，如何在表中输入数据？如何修改、删除表中的记录？
6. 在 phpMyAdmin 中，如何编写并执行 SQL 语句？
7. 请简述插入(INSERT)语句的语法格式。
8. 请简述更新(UPDATE)语句的语法格式。

9. 请简述删除(DELETE)语句的语法格式。

10. 请简述查询(SELECT)语句的语法格式。

11. 请简述 PHP 中 MySQL 数据库编程的基本步骤。

12. 在 PHP 中,如何建立与 MySQL 数据库服务器的连接?

13. 在 PHP 中,如何关闭与 MySQL 数据库服务器的连接?

14. 在 PHP 中,如何实现 MySQL 数据库的选择?

15. 在 PHP 中,如何实现 MySQL 数据库的有关操作(如记录的查询、增加、修改与删除等)?

第7章

JavaScript程序设计

JavaScript是Web前端浏览器上解释执行的一种客户端脚本编程语言，使Web页面成为用户交互、响应事件处理的动态页面。利用JavaScript脚本程序，可以验证用户输入的内容、显示动画特效、显示动态导航菜单、显示浮动的广告窗口、异步访问Web网站后台数据库等。本章首先对JavaScript进行概述，然后介绍JavaScript语言基础知识、流程控制语句、函数、内置对象、文档对象模型、JavaScript事件处理等知识及其应用。

7.1 JavaScript概述

视频讲解

JavaScript是一种通用、跨平台、基于对象和事件驱动并具有安全性能的脚本语言，它嵌入HTML网页中，具有给网页增加用户交互、响应事件处理的功能。

7.1.1 JavaScript的起源

JavaScript语言的前身叫作LiveScript，Netscape公司在其Navigator浏览器中添加一些脚本功能时，将这种脚本语言称为LiveScript。自从Sun公司推出著名的Java语言之后，Netscape公司引进了Sun公司有关Java的程序概念，将自己原有的LiveScript重新进行设计，并改名为JavaScript。1995年，Netscape公司发布的Navigator 2.0浏览器开始支持JavaScript脚本语言，并支持运行Java Applet小程序。

JavaScript的出现，使得信息和用户之间不只是一种显示和浏览的关系，而是实现了一种实时的、动态的、可交互式的表达能力，因而JavaScript脚本语言深受广大用户的喜爱。它是众多脚本语言中较为优秀的一种，它与WWW的结合有效地实现了网络计算和网络计算机的蓝图。因此，尽快掌握JavaScript脚本语言编程方法受到了广大用户的关注。

微软公司看到JavaScript在Web开发人员中流行起来时，开始进军浏览器市场，在其Internet Explorer 3.0浏览器中添加了名为JScript的JavaScript实现。

微软公司进入浏览器市场后，出现了两个不同的 JavaScript 版本实现，即 IE 浏览器的 JScript 和 Navigator 浏览器的 JavaScript，两者没有一个统一的标准和特性。因此，JavaScript 标准化问题被提上了议事日程。1996 年 11 月，JavaScript 的创造者 Netscape 公司将 JavaScript 1.1 提交给欧洲计算机制造商协会(ECMA)，希望这种语言能够成为国际标准。1997 年，ECMA 发布 262 号标准文件(ECMA-262)的第一版，定义了名为 ECMAScript 1.0 的新脚本语言的标准。该标准被国际标准化组织(ISO)采纳通过。自此以后，各浏览器开发商将 ECMAScript 作为各自 JavaScript 实现的统一标准。

2015 年 6 月 17 日，发布 ECMAScript 6.0，即 ECMAScript 2015。此后，新版本按照 ECMAScript+年份的形式发布。ECMAScript 6.0 是 JavaScript 语言的下一代标准，其目标是使得 JavaScript 语言可以用来编写复杂的大型应用程序，成为企业级开发语言。

7.1.2 JavaScript 的主要特点

JavaScript 脚本语言的主要特点如下。

1. 解释型语言

JavaScript 语言是一种解释型的脚本语言，用它编写的源程序不需要经过编译，可直接在浏览器中运行时被解释执行。

2. 基于对象的语言

JavaScript 是一种基于对象的语言，虽然不是一种完全面向对象的语言，但提供了面向对象编程的重要特性，也就是说，它既能使用预先定义的对象，也能使用自己创建的对象。

3. 事件驱动的语言

当用户在网页中进行某种操作时，就产生了一个“事件”。事件几乎可以是任何事情，单击一个按钮、拖动鼠标等均可视为事件。JavaScript 是事件驱动的语言，当事件发生时，可以对事件做出响应。具体如何响应某个事件取决于相应的事件处理程序。

4. 跨平台

JavaScript 依赖于浏览器本身，与操作环境无关，只要能运行浏览器的计算机，并支持 JavaScript 的浏览器就可以正确执行。不论使用 Macintosh 还是 Windows，或者 Linux 版本的浏览器，JavaScript 都可以正常运行。

5. 安全性

JavaScript 是一种安全的语言，被设计为通过浏览器实现信息浏览或动态交互，它不允许访问本地的硬盘，不能将数据存入到服务器，不允许对网络文档进行修改和删除，从而有效地保证数据的安全。

视频讲解

7.2 在 HTML 文档中使用 JavaScript 程序

在 HTML 网页文档中使用 JavaScript 有三种方法：第一种方法是在网页中直接嵌入 JavaScript 程序，第二种方法是在网页中链接外部 JavaScript 文件，第三种方法是作为 HTML 元素的属性值来使用。

7.2.1 在网页中直接嵌入 JavaScript 程序

在 HTML 网页文档中使用<script>…</script>标签将 JavaScript 程序嵌入网页中。一个网页文档可以有多个<script>标签，每个<script>标签含有一个 JavaScript 程序。<script>标签的常用属性如表 7.1 所示。

表 7.1 <script>标签的常用属性

属　　性	说　　明
src	设置 JavaScript 外部脚本文件的路径
type	设置所使用的脚本语言，如 type="text/javascript"
defer	表示 HTML 文档加载完后才执行 JavaScript 脚本程序

【例 7.1】 在网页文件中直接嵌入 JavaScript 程序，在页面输出“快乐学习 JavaScript”(eg7_1.html)。

网页文件 eg7_1.html 的内容如下。

```
<html lang="en">
<head><title>一个简单的 JavaScript 示例</title></head>
<body>
<script type="text/javascript">
    document.write("快乐学习 JavaScript");
    document.close();
</script>
</body>
</html>
```

在该网页文件中，document 是 JavaScript 的文档对象，document.write()方法用来在页面中输出字符串“快乐学习 JavaScript”。

说明：<script>标签可以写在<head>标签内，也可以写在<body>标签内。

7.2.2 在网页中链接外部 JavaScript 文件

在网页文档中插入外部 JavaScript 脚本程序的方法是将 JavaScript 脚本程序写入一个扩展名为.js 的文件，然后在网页文档中使用<script>标签引用该 js 文件，其引用方法为

```
<script src="js 文件"></script>
```

【例 7.2】 引用外部 JavaScript 脚本文件的示例。

首先创建一个 script1.js 文件。

```
window.onload=writeMessage;
function writeMessage(){
    document.getElementById("id1").innerHTML="欢迎学习 JavaScript";
}
```

然后创建网页文件 eg7-2.html。

```
<html lang="en">
<head>
    <meta charset="UTF-8">
    <title>调用外部 JavaScript 脚本的示例</title>
    <script src="script1.js"></script>
</head>
<body>
    <h1 id="id1"></h1>
</body>
</html>
```

本例网页文件中的代码<script src="script1.js"></script>，表示引用外部 JavaScript 脚本文件 script1.js。在 script1.js 脚本文件中，onload 是窗口加载事件，window.onload=writeMessage 语句指定了 onload 事件的事件处理程序是 writeMessage 函数。

书写 JavaScript 脚本程序时，应遵循以下语法规则。

(1) JavaScript 区分大小写字母，在输入 JavaScript 的关键字、函数名、变量名时，必须注意字母的大小写是不同的。

(2) 一行可以书写一条语句或多条语句，语句之间用分号分开。如果一行只有一个语句，那么语句末尾可以不写分号。建议在语句末尾加上分号，养成良好的编程习惯。

(3) 在 JavaScript 程序中可以适当添加注释。注释有以下两种格式。

① // 单行注释文本

② /* 多行注释的第一行文字
…
*/

7.2.3 将 JavaScript 作为 HTML 元素的属性值来使用

1. 通过"javascript:"调用 JavaScript 函数

在 HTML 的元素属性中，可以将属性值设置为"javascript: 函数()"形式的值来调用相应的 JavaScript 函数。例如，以下代码实现了单击超链接时调用 alert()函数，显示一个警告对话框。

```
<a href="javascript:alert('你单击了超链接!')">单击我</a>
```

2. 与事件结合，调用 JavaScript 函数

HTML 的很多元素支持事件，例如单击按钮、文本框中按下键等。对网页文件的元素，设置其事件处理程序为一个 JavaScript 函数，则在事件发生时，就调用执行相应的 JavaScript 函数。例如，以下代码实现了单击按钮时，显示一个警告对话框，内容为"你单击了确定按钮"。

```
<button onclick="alert('你单击了确定按钮')">确定</button>
```

7.3 JavaScript 语言基础

JavaScript 语言同其他编程语言一样，有它自身的数据类型、运算符、表达式等基本的语言特征。

7.3.1 数据类型

视频讲解

JavaScript 能够处理多种类型的数据。这些数据类型又可以分为两类：基本数据类型和复合数据类型。基本数据类型是构造程序的最简单的元素；复合数据类型具有复杂的结构。

1. 基本数据类型

JavaScript 有五种基本数据类型，如表 7.2 所示。

表 7.2 基本数据类型

类　型	描　　述	示　　例
数值	可以是整数和浮点数	100,1.718,3.21e+10
字符串	用单引号或双引号括起来的一系列字符	"study","123.4",'abc'
布尔值	true 或者 false	true
空值	null。引用一个没有定义的变量，则返回空值	null
Infinity	Infinity 是一个特殊的数值，表示无穷大。如果一个数值超出了 JavaScript 所表示的最大值范围，则输出 Infinity	document.write(12355/1e-308);

说明：字符串中可以包含一些特殊字符，这些特殊字符以转义字符表示，它们以反斜线开头。常用的转义字符有：\b 表示退格，\n 表示换行，\r 表示回车符，\\表示反斜线。

2. 复合数据类型

除了基本数据类型之外，JavaScript 还提供了一组更复杂的数据类型，称为复合数据类型，包括对象、数组等。这里对数组进行简单介绍，而对象将在后面介绍。

1) 数组概念

数组是 JavaScript 的一种复合数据类型，用来保存一组数据。JavaScript 数组中的数组元素可以是数值型、字符串型、布尔型等任何数据类型，也可以是一个数组、对象。同一个 JavaScript 数组的不同元素可以是不同的数据类型。

2) 定义数组

与其他变量一样，使用数组前必须先声明数组，也就是创建数组对象。声明数组的语法有以下三种形式。

```
var array1 = new Array();
var array2 = new Array(n);
```

```
var array3 = new Array(e1, e2, …, en);
```

第一种形式声明了一个空数组,它的元素个数为0;第二种形式声明了一个有n个元素的数组,但每一个元素的值尚未定义;第三种形式声明了一个有n个元素的数组,它的各个元素的值依次为e1,e2,…,en。下面是使用这三种语法创建数组的示例。

```
var array1 = new Array();          //创建了一个名为 array1 的空数组
var array2 = new Array(100);       //创建了一个名为 array2 可以存放 100 个元素的数组
var array3 = new Array("red","blue","green",1,2,3);
//创建了一个名为 array3、有 6 个元素的数组,各元素的值依次是"red","blue","green", 1, 2, 3
```

在声明数组时,无论是否指定了数组元素的个数,都可以根据需要调整元素的个数。JavaScript实现按需分配内存,动态扩展数组。

【例7.3】 创建和使用数组的示例(eg7_3.htm)。

```
<html lang="en">
<head>
    <meta charset="UTF-8">
    <title>JavaScript 数组应用</title>
</head>
<body>
<SCRIPT type="text/javascript">
  var week = new Array(7);                     //创建数组,共有 7 个元素,下标为 0~6
  week[1]="Monday";                            //将数组的 1 号单元赋值为"Monday"
  document.write("today is "+week[1]);         //输出数组的 1 号单元的值
</SCRIPT>
</body>
</html>
```

程序说明如下。

(1) var week=new Array(7) 语句创建了一个名为week的数组变量,并且定义了数组的大小为7,即创建了可以连续存放7个值的空单元。

(2) week[1]="Monday"语句是给数组中的第1号单元赋值为Monday。存储分配情况如图7.1所示。

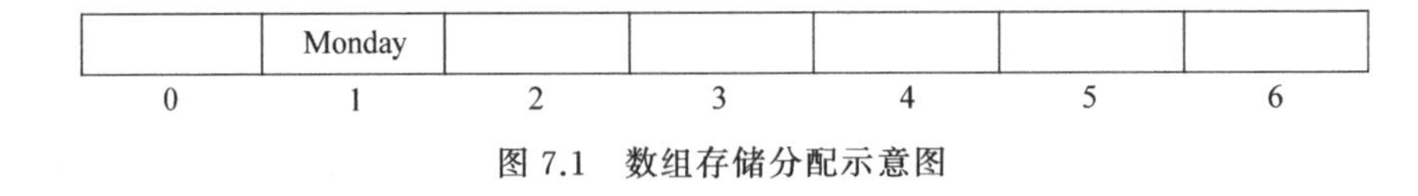

图7.1 数组存储分配示意图

(3) document.write()用于输出字符串表达式的值。

视频讲解

7.3.2 变量

变量是用来存取数据、信息的容器。在JavaScript中变量用来存放脚本中的值,这样在需要用这个值的地方就可以用变量来代表。对于变量必须明确变量的命名、变量的类型、变量的声明及变量的作用域。

1. 变量命名

对变量命名时，必须遵循以下规则。

(1) 必须以字母或下画线开头，其他字符可以是字母、数字或下画线。

(2) 不能包含空格、加号、减号等符号。

(3) 变量名是区分大小写字母的。例如，computer 和 Computer 是两个不同的变量名。

(4) 不能使用 JavaScript 的关键字作为变量名。例如 var、int、double、true 都是关键字，不能作为变量名。

2. 变量声明

JavaScript 中，变量声明不是必需的，但在使用变量之前先声明变量是一种好的习惯。可以使用 var 语句声明变量。变量声明的语法为

```
var <变量名列表>;
```

其中，var 是 JavaScript 的关键字，变量名列表是用户自定义的标识符，多个变量之间用逗号分开。

例如，以下 3 个语句声明了一些变量。

```
var men = true;                //men 变量存储的值为布尔值 true
var a,b,c;                     //定义 3 个变量,没有给出具体的数据类型,也没有赋初值
var myName="张三";             //定义了变量 myName,同时赋值为“张三”
```

3. 变量类型的动态变化

在声明变量时不需要指定变量的类型，JavaScript 解释器会根据变量的当前值以及变量的使用方法确定变量的数据类型，并完成变量类型的转换。

4. 变量的作用域

变量的作用域由声明变量的位置决定，决定哪些脚本语句可访问该变量。在函数外部声明的变量称为全局变量，其值能被所在 HTML 文件中的任何脚本语句访问和修改。在函数内部声明的变量称为局部变量。局部变量只能被函数内部的语句访问，只对该函数是可见的，而在函数外部则是不可见的。只有当函数被执行时，变量被分配临时空间，函数执行结束后，变量所占有的空间被释放。

7.3.3 运算符和表达式

视频讲解

1. 运算符

运算符是完成操作的一系列符号，在 JavaScript 中包括以下运算符。

(1) 算术运算符。JavaScript 的算术运算符分为单目运算符和双目运算符。

单目运算符有：－(取反)、＋＋(自加 1)、－－(自减 1)。

双目运算符有：＋(加)、－(减)、*(乘)、/(除)、%(取模)。

例如：

```
x=10;
x++;                           //x 的值是 11
```

```
y=++x-5;                    //结果是:y的值为7,x的值为12
y=5+x--;                    //结果是:y的值为17,x的值为11
y=x%10;                     //结果是:x的值为11,y的值为1
```

(2) 关系运算符。关系运算符的基本操作过程是,首先对它的操作数进行比较,然后返回一个 true 或 false 值。关系运算符如下。

<(小于)、>(大于)、<=(小于或等于)、>=(大于或等于)、==(等于)、!=(不等于)

例如:设 x=25,y=10,则

```
x<y                         //结果是 false
x>=y                        //结果是 true
x-15==y                     //结果是 true
```

(3) 逻辑运算符。逻辑运算符包括 &&(与)、||(或)、!(非),其基本运算规则如表 7.3 所示。

表 7.3 逻辑运算规则表

<table>
<tr><th>A</th><th>B</th><th>A && B</th><th>A || B</th><th>! A</th></tr>
<tr><td>true</td><td>true</td><td>true</td><td>true</td><td>false</td></tr>
<tr><td>true</td><td>false</td><td>false</td><td>true</td><td>false</td></tr>
<tr><td>false</td><td>true</td><td>false</td><td>true</td><td>true</td></tr>
<tr><td>false</td><td>false</td><td>false</td><td>false</td><td>true</td></tr>
</table>

(4) 位操作运算符。位操作运算符是面向二进制数位的运算,当进行位运算时,首先要转换为二进制数,然后再按二进制数位运算规则进行运算。位操作运算符如表 7.4 所示。

表 7.4 位操作运算符

<table>
<tr><th>位运算符</th><th>描 述</th><th>示 例</th><th>示例结果</th></tr>
<tr><td>|</td><td>按位或运算</td><td>18|21</td><td>23</td></tr>
<tr><td>&</td><td>按位与运算</td><td>25&33</td><td>1</td></tr>
<tr><td>~</td><td>按位非运算</td><td>~11</td><td>-12</td></tr>
<tr><td>^</td><td>按位异或运算</td><td>18^21</td><td>7</td></tr>
<tr><td><<</td><td>位左移运算。在位左移运算时,符号位始终保持不变。如果右侧空出位置,则自动填充为 0;超出 32 位的值,则自动丢弃。左移的结果是:每左移一位,第一个操作数乘以 2 一次,移动的次数由第二个操作数确定</td><td>35<<2</td><td>140</td></tr>
<tr><td>>></td><td>有符号位右移运算。执行有符号右移位运算,它把 32 位数字中的所有有效位整体右移,再使用符号位的值填充左侧的空位。移动过程中超出的值将被丢弃。右移的结果是:每右移一位,第一个操作数被 2 除一次,移动的次数由第二个操作数确定</td><td>-35>>2</td><td>-9</td></tr>
<tr><td>>>></td><td>无符号位右移运算。它把无符号的 32 位整数的所有数位整体右移。对于无符号数或正数右移运算,无符号右移与有符号右移运算的结果是相同的</td><td>35>>>2</td><td>8</td></tr>
</table>

(5) 字符串连接运算符：+。此运算符的功能是将两个字符串连接起来。下面是该运算符的两个式子。

```
"This is a"+"book."                    //结果是:"This is a book."
"这里共有"+28+"本书。"                  //结果是:"这里共有 28 本书。"
```

在第 2 个式子中，运算对象包含字符串和数值两种类型的数据。由于连接运算会将数值数据类型自动转换为字符串类型，因此可以得到上述结果。

(6) 条件运算符：条件运算是一种较为特殊的运算，其语法格式为

```
条件?值 1:值 2
```

若条件为 true，则结果为值 1，否则结果为值 2。

【例 7.4】 设小于 18 岁为未成年人，大于或等于 18 岁为成年人。张三的年龄(age)是 20 岁，即 age=20。请用条件运算符判断张三是成年人还是未成年人。

```
age=20;
result=age<18?"未成年人":"成年人";          //结果是:result="成年人"
```

2. 表达式

在定义完变量后，就可以对它们进行赋值、计算等一系列操作，这些操作通常被称为表达式。表达式是变量、常量及运算符组合起来的运算式子，结果生成一个新的值。表达式可以分为算术表达式、字符串表达式、赋值表达式以及逻辑表达式等。例如，1+2*3 是一个算术表达式；"23"+"56"是一个字符串表达式；a=3 是一个赋值表达式，表示给变量 a 赋值 3。

7.4 JavaScript 流程控制语句

正常情况下，JavaScript 脚本程序执行的顺序是按照程序中语句的顺序执行的。但是，在很多情况下，需要把程序的执行次序转移到另一个位置，这需要条件控制语句实现这一功能。计算机能够快速地重复执行某一些指令，使用循环控制语句来描述和实现这一功能。JavaScript 提供了一组条件控制语句和循环控制语句来实现程序的流程控制。

7.4.1 条件分支语句

视频讲解

1. if 语句

最简单的条件分支语句是假如某一条件为真，那么程序转向一个特定的程序分支。其语法格式为

```
if (条件){
   语句
}
```

说明：括号内含有一个运算结果为布尔值的表达式，这就是程序运行到此处要检测的条件。假如条件的值为 true，就执行花括号内的语句组，然后继续执行花括号下方的语句。假如条件的值为 false，则跳过花括号内的语句，程序继续执行括号下方的语句。

例如，根据两个变量的值，比较它们的大小，输出相关内容。代码如下。

```
var a=150;
var b=120;
if (a>b) {
   alert("a>b");
}
```

2. if…else 语句

在 if 结构中，当条件为 false 时不进行任何特殊处理。但是假如处理必须二选一，就需要使用 if…else 语句。其语法格式为

```
if (条件){
   语句 1
} else {
   语句 2
}
```

说明：如果条件的值为 true，则执行语句 1；否则执行 else 子句的语句 2。

【例 7.5】 如果某年是闰年，则闰年的 2 月有 29 天，否则为 28 天。判断 2020 年 2 月的天数(eg7_5.html)。

```
var year=2020;
var month=0;
if((year %4==0 && year %100!=0) || year%400==0){
    month=29;
}else{
    month=28;
}
document.write("2020 年 2 月的天数:"+month+"天");//结果:2020 年 2 月的天数:29 天
```

3. switch 语句

switch 语句本质上也是一种条件语句，它根据一个变量的不同取值，执行不同的分支语句。其语法格式为

```
switch (表达式) {
case 常量 1: 语句组 1
             break;
case 常量 2: 语句组 2
             break;
   ...
case 常量 n: 语句组 n
             break;
```

```
[default: 语句组 n+1]
}
```

说明：

(1) 当表达式的值与其中的一个 case 指定的常数相等时，则执行相应的语句组。

(2) 当遇到 break 语句时，程序跳出 switch 语句，转去执行 switch 语句后面的语句。

(3) 如果执行了语句组 k 后，没有遇到 break 语句，那么程序会继续执行语句组 k+1。

(4) 当语句中所有的常数都不等于表达式的值时，则执行 default 中的语句组。

(5) default 部分可以省略。

【例 7.6】 设某个选举有 4 名候选人，分别用数字 1,2,3,4 表示。假定某人的投票是选择 2。请用 JavaScript 的分支语句判定投票者选择了哪位候选人(eg7_6.html)。

```
var vote=2;
switch (vote) {
   case 1:
       document.write("投票人选择了 1 号候选人。");
       break;
   case 2:
       document.write("投票人选择了 2 号候选人。");
       break;
   case 3:
       document.write("投票人选择了 3 号候选人。");
       break;
   case 4:
      document.write("投票人选择了 4 号候选人。");
}
```

此例中用 vote 表示任意候选人，它的可能值是 1,2,3,4。vote=1 表示投票选 1，以此类推。

7.4.2 循环语句

视频讲解

循环语句用来解决重复执行一组语句的问题。循环语句提供了几种不同的语法格式，用户可以根据使用场合和习惯来决定使用哪种形式。通常它们有一个共同点，就是通过修改一个变量的值，在进入下一轮循环时判断满足或不满足循环条件来控制循环的次数。

1. for 语句

for 循环语句用于循环次数已知的情况，for 语句的语法格式为

```
for (初始化表达式;条件表达式;迭代表达式){
  循环体语句
}
```

说明：

(1) 初始化表达式：表示循环的初始化，用于给循环变量赋予初值。

(2) 条件表达式：为循环条件，用于判断循环变量的值是否满足循环条件。若条件满

足,则运行循环体的语句,否则跳出循环语句。

(3) 迭代表达式:主要定义循环变量在每次循环时按什么方式变化。

(4) 三个表达式之间必须使用分号分隔。

【例 7.7】 利用 for 循环语句计算 1+2+3+…+100(eg7_7.html)。

```
var i,result;
result=0;
for(i=1;i<=100;i++){
    result=result+i;
}
document.write("1+2+…+100="+result);    //结果:1+2+…+100=5050
```

用 result 变量存储计算的结果,i 表示加数,且加数有一定的规律,故可采用 for 循环语句实现。

2. while 语句

while 循环语句用一个条件来控制是否重复执行循环体。其语法格式为

```
while(条件){
   循环体语句
}
```

说明: 在 while 语句中,条件可以是一个逻辑型表达式。该语句的作用是:当条件的值为 true 时,运行循环体语句;否则结束 while 循环语句的执行。

【例 7.8】 利用 while 循环语句计算 1+2+3+…+100(eg7_8.html)。

```
var i, result;
result=0;
i=1;
while(i<=100){
   result=result+i;
   i++;
}
```

3. do…while 循环语句

do…while 循环语句也是用一个条件来控制循环是否要重复执行。但与 while 语句不同,它先执行一次循环体的语句,然后再判断条件是否为 true,以决定是否继续执行循环体。其语法格式为

```
do {
    循环体语句
} while(条件)
```

说明:

(1) 由于条件的检测放在语句的最后,因此,循环体的语句至少被执行一次。

(2) 当条件的结果是 true 时,执行循环体的语句。

【例 7.9】 利用 do…while 语句计算 1×2×3×…×10 的值(eg7_9.html)。

```
var i,result;
result=1;                                //用 result 存放乘积的结果
i=1;
do{
   result=result * i;
   i++;
} while(i<=10)
document.write("1 * 2 * … * 10="+result);
```

7.4.3 跳转语句

视频讲解

利用循环语句编程时,有些情况下需要在循环体中使用跳转语句来控制循环的执行过程。有下列两个跳转语句。

1. continue 语句

continue 语句用于跳过本次循环,并开始下一次循环。其语法格式为

```
continue;
```

2. break 语句

break 语句用于跳出循环,提前结束循环语句的执行。其语法格式为

```
break;
```

通常,在循环体中将 if 语句和 continue 语句、break 语句配合使用,在满足一定条件时,执行 continue 语句或 break 语句。

【例 7.10】 计算 1~1000 内所有 3 的倍数的积,直到这个积超过 4500 为止(eg7_10.html)。

```
var n=1,s=1;
for(n=1;n<=1000;n++){
    if(n%3==0)
        s=s * n;
    else
        continue;
    if(s>4500)
        break;
}
document.write("n="+n+",s="+s);          //输出:n=15,s=29160
```

7.5 JavaScript 函数

视频讲解

函数为程序设计人员提供了许多方便。通常在设计复杂程序时,总是根据所要完成的功能,将程序划分为几个相对独立的部分,每部分编写为一个函数。从而使程序各部分充分

独立,并完成单一的任务,使整个程序结构清晰,达到易读、易懂、易维护的目标。此外,JavaScript中,使用函数与特定的事件关联起来,作为事件的处理程序。当发生事件时,与该事件相关联的函数就被执行。

7.5.1 定义自定义函数

在JavaScript中,使用function关键字定义自定义函数,其语法格式为

```
function 函数名([参数1,参数2,…]){
语句组
[return 表达式]
}
```

说明如下。

(1) 函数名的命名规则与变量名的命名规则相同。

(2) 函数可以没有参数,但仍然需要在函数名之后指定圆括号。

(3) 函数不一定需要返回计算结果。如果需要返回结果,则需要使用return语句并在其后指定返回的结果。如果不用返回结果,无须使用return语句。

(4) 在函数中,当执行到return语句或遇到右花括号(})时,函数便结束执行。

7.5.2 调用自定义函数

定义了自定义函数后,可以在需要执行函数的地方调用自定义函数,调用自定义函数的语法为

```
函数名([实参1,实参2,…])
```

如果在定义自定义函数时,列出了参数,则在调用自定义函数时,按照参数的顺序,依次列出对应的实参的值,实参可以是常量、表达式。

【例7.11】 编写一个网页文件,使用JavaScript定义一个函数用于计算两个整数的和(eg7_11.html)。

```
<html lang="en">
<head>
    <meta charset="UTF-8">
    <title>函数示例</title>
    <script>
        function sumXY(x,y){                    //定义函数
            var result;
            result=x+y;
            return result;
        }
    </script>
</head>
```

```
<body>
<script>
    var r;
    r=sumXY(250,150);                    //调用函数
    document.write("250+150=",r);        //输出:250+150=400
</script>
</body>
</html>
```

上述代码中,在<script>…</script>元素之间定义了求和函数 sumXY(x,y),用来求参数 x 与 y 的和,并返回结果。通过语句 r=sumXY(250,150)调用函数 sumXY(x,y),并把返回的值赋给变量 r。最后通过语句 document.write("250+150=",r)输出结果。

7.6 JavaScript 内置对象

JavaScript 的内置对象是预先定义的对象,供用户直接使用,包括 String、Math 和 Date、Array 等内置对象。JavaScript 的内置对象主要是为程序处理提供便利,这些对象基本上不提供对事件的响应。

7.6.1 String 对象

视频讲解

String 对象主要提供字符串的各种属性和处理字符串的各种方法,从而简化对字符串所做的各种处理。

声明一个字符串对象最常用的方法就是直接赋值。例如:

```
var str1="我是一个学生";
```

另外,还可以采用 new 运算符创建一个字符串对象。例如:

```
var str2=new String("我是一个学生");
```

1. String 对象的属性

String 对象的主要属性是 length,它返回字符串所包含的字符个数。每个汉字作为一个字符计算。其语法格式为

```
对象名.length
```

其中,对象名是 String 对象名。例如,以下代码输出 str1、str2 两个对象的字符串长度。

```
var str1="This is a JavaScript";
var str2="我喜欢网页设计";
document.write(str1.length+"<br>");      //输出:20
document.write(str2.length+"<br>");      //输出:7
```

2. String 对象的方法

String 对象提供了大量的方法以方便处理字符串的各种操作。这些方法主要用于有关

字符串在 Web 页面中的显示、字体大小、字体颜色、字符的搜索以及字符的大小写转换。String 对象方法的调用格式是“对象名.方法名”。其主要方法如表 7.5 所示。

表 7.5 String 对象的主要方法

方　法	功　能
charAt(n)	返回字符串的第 n 个字符。n≥0
charCodeAt(n)	返回字符串位于第 n 个字符的 ASCII 码
indexOf(子字符串)	返回字符串中第一次出现子字符串的位置。如果没有找到子字符串，则返回－1。所有的位置都是从零开始
substring(m[,n])	返回字符串中第 m 个字符到第 n 个字符之间的子字符串。如果没有指定 n 值或指定的 n 值超过字符串长度，则子字符串从第 m 个字符一直取到原字符串尾
substr(m[,n])	返回字符串中第 m 个字符开始的 n 个字符组成的子字符串。如果没有指定 n 值或 n 值超过字符串长度，则子字符串从第 m 个字符取到原字符串尾
toLowerCase()	将字符串的所有大写字母转换成小写字母，返回小写的字符串
toUpperCase()	将字符串的所有小写字母转换成大写字母，返回大写的字符串
bold()	把 HTML 的<B>标记放置在字符串对象的文本两端，以粗体字形式输出文本
italics()	把 HTML 的<I>标记放置在字符串对象的文本两端，以斜体形式输出文本
sub()	将字符串以下标字符形式输出
sup()	将字符串以上标字符形式输出

【例 7.12】 编写一个网页文件，用斜体字输出字符串：勾股定理。然后在下一行中输出公式：$a^2+b^2=c^2$。所有字体大小采用 5 号字(eg7_12.html)。

```
<html lang="en">
<head>
    <meta charset="UTF-8">
    <title>String 对象的示例</title>
</head>
<body>
<script>
    var mstr=new String("勾股定理");
    document.write(mstr.italics(),"<br>");
    document.write("a"+"2".sup()+"+b"+"2".sup()+"=c"+"2".sup());
</script>
</body>
</html>
```

视频讲解

7.6.2 Math 对象

Math 对象提供了大量的数学常量和数学函数，使用 Math 对象时，不需要使用 new 关键字生成对象实例，只要直接使用 Math 作为对象名即可。

1. Math 对象的属性

Math 对象的属性如表 7.6 所示。

表 7.6 Math 对象的属性

属　　性	描　　述
E	返回常数 e(2.718 281 828)
LN2	返回 2 的自然对数(ln2)
LN10	返回 10 的自然对数(ln10)
LOG2E	返回以 2 为底的 e 的对数($\log_2 e$)
LOG10E	返回以 10 为底的 e 的对数($\log_{10} e$)
PI	返回圆周率 π(3.141 592 653 5)
SQRT1_2	返回 1/2 的平方根
SQRT2	返回 2 的平方根

2. Math 对象的方法

Math 对象的常用方法及说明如表 7.7 所示。

表 7.7 Math 对象的方法及说明

方　　法	说　　明
abs(x)	返回 x 的绝对值
acos(x)	返回 x 的反余弦值,用弧度表示
asin(x)	返回 x 的反正弦值
atan(x)	返回 x 的反正切值
atan2(x, y)	返回从 x 轴到点(x,y)的角度,用弧度表示,其值为 −π～π
ceil(x)	返回大于或等于 x 的最小整数
cos(x)	返回 x 的余弦
exp(x)	返回 e 的 x 次幂(e^x)
floor(x)	返回小于或等于 x 的最大整数
log(x)	返回 x 的自然对数(lnx)
max(a,b)	返回 a,b 中较大的数
min(a,b)	返回 a,b 中较小的数
pow(n,m)	返回 n 的 m 次幂(n^m)
random()	返回(0,1)内的随机数
round(x)	返回 x 四舍五入后的值
sin(x)	返回 x 的正弦
sqrt(x)	返回 x 的平方根
tan(x)	返回 x 的正切

【例 7.13】 编写一个网页文件,实现一个抽奖程序:页面中连续快速随机显示 1000~3000 的 4 位数号码,当按下任意一个键时停止,并显示抽中的数值(eg7_13.html)。

```
<html lang="en">
<head>
    <meta charset="UTF-8">
    <title>抽奖程序</title>
    <script>
        var r;
        function showNextNum(){
            var m_num=Math.floor(Math.random() * (3000-1000))+1000;
            num.innerHTML=m_num;
        }
        function showCapture(){
            clearTimeout(r);
        }
    </script>
</head>
<body onKeypress="showCapture()">
    <H1 ID=num  align=center>0000</H1>
    <script>
        r=setInterval("showNextNum()",100);
    </script>
</body>
</html>
```

在代码中,使用定时执行函数 setInterval(),系统定时执行 showNextNum 函数。每次执行 showNextNum 函数时,随机产生一个 1000~3000 的整数,并通过 ID 为 num 的 H1 元素显示出来。为了能够在按下任意键时停止,程序中为 body 元素设置了 Keypress 事件的处理代码。利用 clearTimeout()函数停止定时执行任务,从而实现抽奖的目的。

视频讲解

7.6.3 Date 对象

Date 对象可以提供日期、时间方面的详细信息。尽管该对象称为日期对象,但是它包含时间信息。

1. 声明 Date 对象

在使用 Date 对象前,首先要声明一个 Date 对象,其声明格式有以下两种。

1) `var 变量名 = new Date()`

例如,var d = new Date(),它将 d 声明为日期对象,并以当前时间作为其初始值。

2) `var 变量名 = new Date(日期参数)`

这种方法使用日期参数指定的日期、时间来声明一个日期对象。例如:

```
var d = new Date(2020, 10, 1)                //2020 年 10 月 1 日
```

```
var now = new Date("Jan 20,2020 09:58:47")
```

2. Date 对象的方法

由于日期对象只是用于提供和设置日期和时间方面的信息，因此它只有方法而没有属性。表 7.8 是 Date 对象常用的获得/设置日期和时间的方法。以下有很多"g/set[UTC]XXX"形式的方法，它表示既有 getXXX 方法，又有 setXXX 方法。get 是获得某个数值，而 set 是设定某个数值。

表 7.8　Date 对象常用的获得/设置日期和时间的方法

方　　法	说　　明
g/setFullYear()	返回/设置年份，用四位数表示。如果使用"x.setFullYear(2021)"，则年份被设定为 2021 年
g/setYear()	返回/设置年份，用两位数表示。设定的时候浏览器自动加上"19"开头，故使用 x.setYear(00)把年份设定为 1900 年
g/setMonth()	返回/设置月份
g/setDate()	返回/设置一个月的某一天(1～31)
g/setDay()	返回/设置星期几，0 表示星期日
g/setHours()	返回/设置小时数，24 小时制
g/setMinutes()	返回/设置分钟数
g/setSeconds()	返回/设置秒钟数
g/setMilliseconds()	返回/设置毫秒数
g/setTime()	返回/设置时间，该时间就是日期对象的内部处理方法：从 1970 年 1 月 1 日零时开始计算到日期对象所指的日期的毫秒数。如果要使某日期对象所指的时间推迟 1 小时，就用"x.setTime(x.getTime()＋60 * 60 * 1000);"
getTimezoneOffset()	返回本地时间与格林威治时间相差的分钟数。在格林威治东方的市区，该值为负，例如：中国时区(GMT＋0800)返回－480
toString()	把 Date 对象转换为字符串。这个字符串的格式类似于"Fri Jul 21 15:43:46 UTC＋0800 2020"
toLocaleString()	根据本地时间格式，把 Date 对象转换为字符串。它用本地时间表示格式，如："2020-07-21 15:43:46"
parse()	返回从 1970 年 1 月 1 日零时到指定日期的毫秒数。用法：Date.parse(＜日期对象＞)

【例 7.14】　编写一个网页文件，在网页中显示一个数字式电子钟(eg7_14.html)。

```
<html lang="en">
<head>
    <meta charset="UTF-8">
    <title>数字式电子时钟</title>
    <script>
        function setTime() {
            var now = new Date()
            timer.innerHTML = now.getHours() + ":" + now.getMinutes() + ":"
```

```
                +now.getSeconds()
            }
        </script>
    </head>
    <body>
    <H1 ID=timer align=center>00:00:00</H1>
    <script>
        setInterval("setTime()", 1000)
    </script>
    </body>
    </html>
```

在代码中,H1元素的ID属性值为timer。这样,就可以在程序中修改H1元素中显示的内容。此外,利用setInterval()函数设置每秒钟执行1次setTime()函数,更新1次时间。更新的时间通过每次产生的Date对象获取。

7.7 浏览器对象模型

浏览器对象模型(Browse Object Model,BOM)是浏览器为实现JavaScript能够访问和操作浏览器而提供的一系列对象,包括window、screen、cookie、location、history、navigator等对象,它们用来访问浏览器的功能。本节介绍window、location对象。

视频讲解

7.7.1 window对象

window对象是BOM的核心,它代表浏览器的一个窗口实例。在多重框架环境下,每个框架都是一个窗口。所有的动作都是在窗口内发生的,窗口是对象层次中最外部的元素,它的物理界限包含文档。

window对象提供了许多属性和方法,利用这些属性、方法,再配合相应的时间处理就可以实现浏览器窗口的许多功能,开发出既美观,交互性又好的页面。

1. window对象的常用属性

window对象的常用属性如表7.9所示。

表7.9 window对象的常用属性

属性	描述
closed	表示窗口是否已被关闭
document	表示窗口中显示的当前文档
defaultStatus	表示窗口状态栏显示的默认信息
history	表示最近访问过的URL列表
location	表示窗口中显示的当前URL

续表

属　　性	描　　述
name	设置或返回窗口的名称
status	表示窗口状态栏显示的信息
self	表示当前窗口的引用
top	返回最顶层的父窗口

2. window 对象的常用方法

window 对象的常用方法及说明如表 7.10 所示。

表 7.10　window 对象的常用方法及说明

方　　法	说　　明
alert()	它是一个弹出对话框，用以提示用户某些注意事项
confirm()	它是一个确认消息框，有"确认"和"取消"两个按钮，单击"确认"按钮，返回 true；单击"取消"按钮，返回 false
prompt()	它是一个输入对话框，用来输入文本
open()	打开一个新的浏览器窗口，原窗口不变。新打开的窗口可以定义大小、有无工具栏、有无状态栏、有无地址栏、可否改变尺寸、有无滚动条
close()	关闭当前浏览器窗口
blur()	从窗口中移走焦点。在很多系统中，该操作把窗口送往后台
focus()	使窗口获得焦点。在很多系统中，该操作把窗口送往前台
moveTo()	把窗口的左上角移动到一个指定的坐标
setTimeout()	在指定的毫秒数后调用函数或计算表达式
setInterval()	按照指定的周期(以毫秒计)来调用函数或计算表达式

下面通过一些例子来介绍 window 方法的应用。

1) alert()方法

在使用 alert()方法时，不需要写 window(窗口)对象名，直接使用就行了。其主要用途是显示一个带有提示或警告字符串内容的信息框，一旦用户单击"确定"按钮后，方可继续执行其他脚本程序。

【例 7.15】 编写一个网页文件，当用户使用浏览器打开该网页文件时自动显示一个消息框，内容为"这是一个 JavaScript 测试程序"(eg7_15.html)。

```
<html lang="en">
<head>
    <meta charset="UTF-8">
    <title>alert()函数示例</title>
</head>
<body>
<script>
```

```
    alert("这是一个 JavaScript 测试程序");
</Script>
<h2>Hello</h2>
</body>
</html>
```

2) confirm()方法

confirm()方法与 alert()类似,但是它提供"确定"和"取消"两种选择,让用户做出响应。它的主要用途是显示一个带有"确定"和"取消"两种按钮的消息框,当用户单击"确定"按钮时,该方法返回 true,否则返回 false。只有用户单击"确定"或"取消"按钮后,才能继续执行其他的脚本程序。

【例 7.16】 编写一个网页文件,当用户打开该网页时,允许选择蓝色或黑色的标题(eg7_16.html)。

```
<html lang="en">
<head>
    <meta charset="UTF-8">
    <title>confirm()方法示例</title>
</head>
<body>
<script>
    var echo=confirm("要显示蓝色标题吗?");
    if(echo==true)
        document.write("<font color=blue><h1>这是一个测试程序</h1></font>");
    else
        document.write("<h1>这是一个测试程序</h1>");
</script>
</body>
</html>
```

在浏览器中打开该网页文件时,首先显示一个消息框。如果单击"确定"按钮,则显示一个蓝色的标题文本;单击"取消"按钮,则显示一个黑色的标题文本。

3) open()方法

open()方法用于打开一个新的浏览器窗口,其语法格式为

```
window.open(url,窗口名称,窗口属性)
```

参数说明如下。

(1) url 参数是一个字符串,用于指定在新窗口中打开的文件。如果指定一个空串,则打开一个空白窗口。例如,要打开一个新窗口用于显示新浪网站的主页,则可以使用下面的语句。

```
window.open("www.sina.com.cn");
```

(2) 窗口名称参数用于指定新窗口的名称。

(3) 窗口属性参数用于指定新窗口的特征。窗口属性如表 7.11 所示。同时设置多个

属性时,用逗号分隔每个属性。

表 7.11 窗口属性参数可用的属性和可能的取值

属　性	取　值	说　明
menubar	yes/no	是否出现菜单栏
scrollbar	yes/no	是否出现滚动条
status	yes/no	是否出现状态栏
toolbar	yes/no	是否出现工具栏
resizable	yes/no	是否可以改变窗口大小
width	像素值	设置窗口的宽度
height	像素值	设置窗口的高度

【例 7.17】 编写一个网页文件,当打开该网页时,自动打开一个宽度为 500,高度为 100,不含菜单栏和工具栏的新窗口,并在其中水平滚动显示文字"优惠促销活动正在进行中"(eg7_17.html)。

```
<html lang="en">
<head>
    <meta charset="UTF-8">
    <title>open()方法示例</title>
</head>
<body>
<h1>这是一个购物网站,欢迎您的光临</h1>
<script>
    var msg="  ……优惠促销活动正在进行中……   ";
    var pos=0;
    //滚动字符
    function scrollMsg(){
        adwin_obj.document.getElementById("id1").innerText=msg.substr(pos,msg.
length)+msg.substr(0,pos);
        pos++;
        if(pos>msg.length) pos=0;
    }
    setInterval("scrollMsg()",300);
    //打开一个新的窗口
    var adwin_obj=window.open("","adwin","status=no,menubar=no,width=500,
height=100");
    if(adwin_obj!=null) {
        adwin_obj.document.write("<H1 id='id1'></h1>");
    }
</script>
</body>
</html>
```

上述代码中,scrollMsg()函数用来设置新窗口中 id 属性为 id1 的元素内容,setInterval()函数实现每隔 300ms 执行一次 scrollMsg()函数,open()函数打开一个新窗口。

视频讲解

7.7.2 location 对象

location 对象包含当前 URL 的信息,是 window 对象的一部分,window.location 属性值是一个 location 对象。该对象的主要功能是提供与 window 对象相关的 URL 的完整信息。location 对象是一个静态的对象,它提供了与当前打开的 URL 一起工作的属性和方法。

1. location 对象的属性

location 对象的属性如表 7.12 所示。

表 7.12 location 对象的属性

属性	功能说明	属性	功能说明
hash	返回 URL 的锚点名称	pathname	URL 的路径部分
host	返回 URL 的主机名和端口	port	服务器所用的端口号
hostname	返回 URL 的主机名	protocol	URL 协议(含冒号)
href	返回完整的 URL	search	返回 URL 的查询部分

2. location 对象的方法

location 对象的方法如表 7.13 所示。

表 7.13 location 对象的方法

方法	说明
reload()	重新载入当前窗口中的文档
replace(URL)	用 URL 指定的文档替换当前窗口的文档

【例 7.18】 编写一个网页文件,在浏览器打开该网页文件时,自动转向显示另外一个指定的网页(eg7_18.html)。

```
<html lang="en">
<head>
    <meta charset="UTF-8">
    <title>location 对象示例</title>
</head>
<body>
<script>
    location.href="http://www.tup.com.cn";
</script>
</body>
</html>
```

在浏览器中打开网页文件后，浏览器中的内容被自动转向清华大学出版社网站的主页。这种技巧常常用于这样的场合：一个已被广大用户熟知的网页文件位置发生了变化，应用这种方法使用户在无通知的情况下，仍然能够访问到新位置的网页。

7.8 文档对象模型

文档对象模型（Document Object Model，DOM）是W3C（万维网联盟）针对HTML和XML文档定义的一个应用程序编程接口，DOM定义了访问和操作HTML文档的标准方法，可以查询元素、插入元素、删除元素、修改元素内容等。

7.8.1 DOM概述

DOM把HTML文档表示为一个层次型的节点树，HTML的每个元素、属性、文本作为节点树的一个节点。以下面的HTML文档为例。

```
<html>
  <head>
      <title>HTML示例</title>
  </head>
  <body>
    <h1>标题 1</h1>
    <a href="www.tup.com.cn">清华大学出版社</a>
  </body>
</html>
```

这个HTML文档表示为一个层次结构的DOM，如图7.2所示。Document节点是每个HTML文档的根节点，它只有一个子节点，即<html>元素。每个HTML文档只能有一个Document节点。HTML文档的各个元素、属性、文本按照其层次关系，表示为DOM中的一个节点。

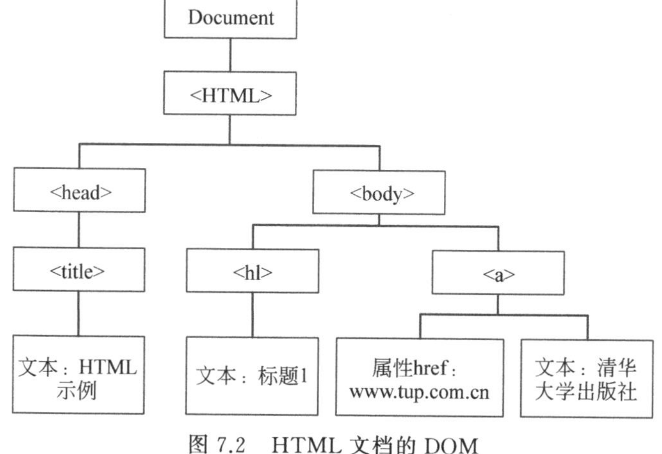

图7.2 HTML文档的DOM

视频讲解

7.8.2 document 对象

document 对象代表浏览器窗口的文档,它是最主要的对象之一。每个载入窗口的 HTML 文档称为一个 document 对象。document 对象是 window 对象的一个属性,因此可以将其作为全局对象来访问。document 对象提供了对浏览器窗口中文档属性的管理和文档内容的读写等功能。

1. document 对象的常用属性

document 对象的常用属性如表 7.14 所示。

表 7.14　document 对象的常用属性

属　　性	描　　述
bgColor	页面背景颜色
fgColor	页面前景颜色,即文本颜色
lastModified	返回文档被最后修改的日期和时间
forms	文档中所有的表单(form)元素组成的数组
links	文档中所有带 href 属性的<a>元素组成的数组
title	当前页面的标题
body	返回文档的<body>元素
URL	返回文档完整的 URL

2. document 对象的常用方法

document 对象的常用方法及说明如表 7.15 所示。

表 7.15　document 对象的常用方法及说明

方　　法	说　　明
write()	动态向页面写入内容
getElementById()	返回指定 id 的对象
getElementsByName()	返回指定 Name 的对象
createElement()	创建元素节点

【例 7.19】 编写一个网页文件,输出该网页文件的基本信息(eg7_19.html)。

```
<html lang="en">
<head>
    <meta charset="UTF-8">
    <title>document 对象示例</title>
</head>
 <body bgcolor="#dcdcdc">
<script>
```

```
    document.write("文件地址:"+document.location+"<br>");
    document.write("文件最后修改的日期和时间:"+document.lastModified+"<br>");
    document.write("文件标题:"+document.title+"<br>");
    document.write("背景颜色:"+document.bgColor+"<br>");
</script>
</body>
</html>
```

7.8.3 form 对象

form 对象封装了<form>元素定义的表单相关信息，主要用于收集用户的数据信息。表单在一个 HTML 文档中是很特殊的一组内容，在<form >…</form >元素中所有的内容都是 form 对象的一部分。

form 对象有 type、name、action、method、encoding、target 等属性，它们与 HTML 的<form>元素的属性相对应。此外，form 对象还有两个与表单内的元素有关的属性，一个是 elements，它是一个数组，数组中的每一个元素都是由<input>定义的一个对象；另一个是 length，它是 elements 数组的元素的个数。

form 对象只有 submit()和 reset()两个方法。submit()的功能是将表单数据提交给服务器中指定的处理程序。reset()的功能是清空表单中的内容，让用户重新输入信息。

【例 7.20】 设计一个网页文件，输出表单内各个元素的值(eg7_20.html)。

```
<html lang="en">
<head>
    <meta charset="UTF-8">
    <title>document 和 form 对象应用</title>
</head>
<body>
<form id="form1" >
    姓名: <input type="text" name="fname" value="张三"><br>
    籍贯: <input type="text" name="place" value="南宁"><br>
    学历: <input type="text" name="education" value="研究生"><br>
</form>
<p>返回表单中每个元素的值:</p>
<script>
    var x=document.getElementById("form1");
    for (var i=0;i<x.length;i++){
        document.write(x.elements[i].value+"<br>");
    }
</script>
</body>
</html>
```

上述代码中，document.getElementById("form1")方法返回 id 属性为 form1 的元素，

即<form>元素，x.elements 存放的是表单中所有<input>元素组成的对象数组，然后用 for 循环语句遍历表单的每个元素，输出每个元素的值。

视频讲解

7.8.4 引用 HTML 元素对象

网页文件是由 HTML 元素组成的。这些元素中的大部分都可以作为对象来处理。为了对 HTML 元素对象进行操作，需要有一种引用元素对象的方法。为此，要为那些需要进行动态处理的元素设置它的 ID 属性。一旦设置了 ID 属性，就可以在 JavaScript 中通过这个 ID 的属性值来对该元素对象进行操作。

由于网页中的元素可以作为对象在程序中进行处理，这就为制作一个生动活泼、多姿多彩、功能强大的网页提供了无限的想象空间。

【例 7.21】 编写一个网页文件，使其中的大标题会自动地以红、绿、蓝、黄的顺序反复改变颜色(eg7_21.html)。

```
<html lang="en">
<head>
    <meta charset="UTF-8">
    <title>HTML 元素对象的引用</title>
    <script>
        var n=0;
        function changeFontColor(){
            n=n%4;
            switch(n){
                case 0:
                    main_title.style.color="red";
                    break;
                case 1:
                    main_title.style.color="green";
                    break;
                case 2:
                    main_title.style.color="blue";
                    break;
                case 3:
                    main_title.style.color="yellow";
            }
            n++;
        }
        //定时执行函数,每秒钟调用 changeFontColor()函数一次,改变大标题的颜色
        setInterval("changeFontColor()",1000);
    </script>
</HEAD>
<BODY>
    <h1 ID="main_title" style="color: blue">Hello</h1>
</BODY>
</html>
```

7.9 JavaScript 事件处理

事件是浏览器响应用户交互操作的一种机制，JavaScript 的事件处理机制可以改变浏览器响应用户操作的方式，这样就可以开发出具有交互性，并易于使用的网页。事件定义了用户访问页面时产生的操作，例如鼠标单击超链接或者单击按钮时，就产生一个单击(click)事件，可以触发执行与这个事件相关联的 JavaScript 程序，这个 JavaScript 程序称为事件处理程序。使用事件处理程序可以对窗口操作、鼠标移动、单击、表单处理、用户按键等操作做出响应。

7.9.1 HTML 的常用事件

视频讲解

JavaScript 的常用事件如表 7.16 所示。

表 7.16 JavaScript 的常用事件

事件名	触发事件的条件	事件名	触发事件的条件
onblur	元素失去焦点	onmousedown	在元素处按下鼠标按键
onchange	元素的内容发生变化	onmousemove	鼠标在元素表面移动
onclick	单击元素	onmouseover	鼠标在元素表面
ondblclick	双击元素	onmouseout	鼠标移出元素
onfocus	元素获得焦点	onmouseup	鼠标键被释放
onkeypress	发生键盘按键	onmove	窗口被移动
onkeydown	键盘的按键被按下	onresize	窗口被放大或缩小
onkeyup	键盘的按键被释放	onsubmit	提交表单内容
onload	浏览器窗口载入文档内容	onselect	文本框或文本区域中的文本被选定
onunload	关闭浏览器中的文档		

在表 7.16 中提到的元素获得焦点，是指该元素可以接收键盘输入。例如，对于文本框，只有当其获得焦点时，用户才可以在其中输入内容。

7.9.2 事件处理编程

视频讲解

浏览器在程序运行的大部分时间都等待交互事件的发生，并在事件发生时，自动调用事件处理程序，完成事件处理过程。为了对网页文件的元素进行操作时，能够使用事件处理程序来处理该操作，需要为网页的元素指定事件名和事件处理程序。通常是在网页元素的开始标签内指定事件名，并指定要执行的程序代码或者函数，其格式如下。

```
事件名="事件处理程序"
```

例如，以下代码显示一个“确定”按钮，单击该按钮时，弹出一个警告对话框，内容是“单击了确定按钮”。

```
<button onclick="alert('单击了确定按钮')">确定</button>
```

【例 7.22】 编写一个网页文件，实现计算功能：输入整数 n 的值，然后计算 1+2+…+n 的结果，并输出结果(eg7_22.html)。

```
<html lang="en">
<head>
    <meta charset="UTF-8">
    <title>click 事件处理</title>
    <script>
        function myFunc(){
            var n=parseInt(document.getElementById("txtn").value);
            var s=0;
            for(var i=1;i<=n;i++)
                s=s+i;
            document.getElementById("result").innerHTML="1+2+...+"+n+"="+s;
        }
    </script>
</head>
<body>
    <p>输入 n 值,计算 1+2+...+n 的结果。</p>
    输入整数 n:<input type="text" id="txtn">
    <button onclick="myFunc()">计算</button>
    <p id="result"></p>
</body>
</html>
```

视频讲解

7.9.3 表单事件处理

表单事件处理主要用来验证表单的各个输入数据的有效性。可以利用表单提交事件(onsubmit)和表单重置事件(onreset)来处理用户在表单上所做的操作。

表单提交事件(onsubmit)是用户单击“提交”按钮来提交表单数据时，触发执行 onsubmit 事件处理程序。在该事件的事件处理程序中，验证表单内各个输入数据的有效性。如果表单数据无效，通过返回 false 值，阻止表单数据的提交。

表单重置事件(onreset)是用户单击“取消”按钮时，触发执行 onreset 事件处理程序，将表单的各个元素的值设置为初始值。

【例 7.23】 编写一个用户注册的网页文件，要求用户名、密码两个文本框的内容不能为空，E-mail 文本框的内容符合 E-mail 地址格式，性别单选按钮组必须选择“男”“女”两个选项之一。在提交表单时验证表单内的各个输入项的内容是否符合要求(eg7_23.html)。

```
<html lang="en">
<head>
    <meta charset="UTF-8">
    <title>注册新用户</title>
    <script>
        function checkform() {
            if(form1.username.value=="") {
                form1.username.select();
                return false;
            }
            if(form1.passwd.value=="") {
                form1.passwd.select();
                return false;
            }
            if(form1.gender.value=="") {
                form1.gender[0].focus();
                return false;
            }
            if(form1.email.value.indexOf("@")<=0) {
                form1.email.select();
                return false;
            }
            alert("表单数据有效");
            return true;
        }
    </script>
</head>
<body>
<h2>注册新用户</h2>
<form name="form1" action="" onsubmit="return checkform()">
    用户名:<input type="text" name="username" ><br>
    密码:<input type="password" name="passwd" ><br>
    性别:<input type="radio" name="gender" value="男">男
         <input type="radio" name="gender" value="女" >女<br>
    E-mail:<input type="text" name="email"><br>
    <button type="submit" name="submin-btn" >提交</button>
</form>
</body>
</html>
```

上述 JavaScript 代码中，checkform()函数用来验证表单内各个元素的值的有效性，如果不符合要求，返回 false。<form>元素的开始标签内定义了 onsubmit 事件，指定其事件处理程序为 checkform()函数。

7.10 上机实践

1. 编写一个网页文件,利用JavaScript的循环语句和switch语句输出9行文字：欢迎光临我们学校的网站。要求每3行分别使用红、绿、蓝3种颜色显示(即1、2、3红、绿、蓝;4、5、6红、绿、蓝;7、8、9红、绿、蓝)。

2. 编写一个网页文件,使用JavaScript编写一个showTitle()函数,该函数可以用指定的字体将指定的内容以4号字、居中对齐输出。然后调用3次该函数,分别以黑体、隶书和楷体输出标题：计算机与信息管理系。

3. 编写一个网页文件。要求：在其中使用H1元素显示标题：这是一个有感觉的标题。在浏览器中单击该标题时会显示一个消息框,其中显示文字“你击中我啦!”。

4. 编写一个网页文件。要求：在打开一个网页时弹出一个没有菜单栏、工具栏和状态栏,宽度和高度分别为400px和300px的广告窗口;其中的广告词为“欢迎您的光临!”。

5. 编写一个网页文件。要求：在其中使用H1元素显示标题“没有老鼠的感觉真好”。在浏览器中把鼠标指向该标题时,其中的文字变为“老鼠来啦,赶紧跑呀!”,当鼠标移开标题后文字恢复原样。

6. 编写一个网页文件,使用一个表单让用户填写购货订单。填写的信息包括姓名、电话、商品名称、单价、数量和金额。当提交表单时,要求：

① 商品名称和单价只能让用户选择。

② 数量为0时不予提交。

③ 金额在提交时自动计算,并与所填的“金额”比较。

④ 如②、③有错误时,则返回已填的购货单,并提示错误位置和原因。如果没有错误,则返回已成功提交的页面。

习题 7

1. 在JavaScript中定义变量时要使用(　　)关键字。

A. var　　B. dim　　C. def　　D. function

2. 根据JavaScript中定义变量的规则,下面描述中正确的是(　　)。

A. 变量dog和Dog是相同的　　B. 变量PEOPLE和people是相同的

C. 变量apple和Apple是相同的　　D. 变量apple和apple是相同的

3. 表达式“55&18”的运算结果是(　　)。

A. 55　　B. 18　　C. 73　　D. 65

4. 在JavaScript中定义一个函数,第一个需要使用的关键字是(　　)。

A. function　　B. Function

C. FUNCTION　　D. func

5. 在下面描述的各种功能中,其中最适合使用自定义函数来实现的是(　　)。

A. 在网页中一次性输出 0～100 的所有奇数

B. 在网页中的多个位置需要显示不同字体、颜色和大小的标题

C. 在网页的开头位置显示一次当天的日期

D. 在网页中重复输出 0～100 的所有偶数

6. Mousemove 事件发生的条件是(　　)。

A. 鼠标在对象表面　　B. 鼠标在对象表面上移动

C. 鼠标离开了对象表面　　D. 鼠标键释放

7. 在引用对象属性时,下面的语法格式中正确的是(　　)。

A. 对象名->属性　　B. 对象名_属性　　C. 对象名.属性　　D. 对象名(属性)

8. 为了使一个 HTML 元素作为一个对象响应发生的事件,需要在元素中以(　　)描述的语法格式编写相关的代码。

A. onEvent 事件名="事件处理代码"　　B. onEvent 事件名=事件处理代码

C. on.事件名="事件处理代码"　　D. 事件名="事件处理代码"

9. 为了对网页中的元素对象进行操作,需要设置标记的(　　)属性。

A. ID　　B. SRC　　C. VALUE　　D. DEFAULT

10. 在 JavaScript 中要建立一个内置对象时,一般使用(　　)关键字。

A. create　　B. new　　C. build　　D. open

11. 为了使字符串对象输出一个全小写字母输出的结果,可以使用字符串对象的(　　)方法。

A. toLowercase　　B. toLowerCase　　C. ToLowerCase　　D. ToLowercase

12. 在 JavaScript 中,一个字符串对象的长度是指该字符串包含(　　)的个数。

A. 字符　　B. 字节　　C. 字长　　D. 字符或字节

13. 下面日期对象的描述中,正确的是(　　)。

A. 日期对象只提供对日期信息的管理操作

B. 日期对象只提供对时间信息的管理操作

C. 日期对象提供对日期信息和时间信息的管理操作

D. 日期对象提供对日期信息的管理操作,时间对象提供对时间信息的管理操作

14. 为了在浏览器窗口的状态栏中设置指定的字符串内容,需要设置 window 对象的(　　)属性。

A. status　　B. statusText　　C. statusBar　　D. statusValue

15. 在一个网页文件中如果需要打开一个新的窗口显示内容,则可以使用 window 对象的(　　)方法。

A. new　　B. open　　C. alert　　D. prompt

16. 利用下面的(　　)语句可以使网页自动转向指定的 URL。

A. location.hash=http://www.163.com

B. location.URL="www.163.com"

C. location.href="http://www.163.com"

D. location.href="www.163.com"

17. 为了在表单提交前检查表单数据的有效性，以便决定是否提交表单数据到服务器，可以通过编写响应(　　)事件的代码来实现。

A. click　　B. mouseDown　　C. mouseUp　　D. submit

18. 为了方便数据处理，表单中同一组的单选按钮其名称通常是(　　)。

A. 不同的　　B. 无关紧要　　C. 相同的

19. 下面(　　)不是 JavaScript 的数据类型。

A. String　　B. Date　　C. Boolean

D. Object　　E. Integers

第8章 jQuery 和 jQuery EasyUI 框架

jQuery 是一个轻量级的 JavaScript 框架，也是目前 Web 前端开发的热门技术之一，其实际应用已相当广泛。jQuery EasyUI 是一个广为使用的基于 jQuery 核心开发的 UI 插件库，包含各种类型的为数众多的 UI 插件，可为页面的设计提供全面的强有力的支持。本章首先介绍 jQuery 及其选择器的基本用法，然后介绍 jQuery 在元素操作与事件处理方面的应用技术，最后再结合实例介绍 jQuery EasyUI 的基本用法及其在访问 MySQL 数据库方面的编程技术。

8.1 jQuery 入门

8.1.1 jQuery 概述

jQuery 是一个快速、小巧、简洁且功能丰富的 JavaScript 库（即 JavaScript 代码库或 JavaScript 框架），诞生于 2006 年 1 月，其创始人与技术领袖为 John Resig。jQuery 通过对 JavaScript 常用功能代码的封装，提供了一种极为简便的 JavaScript 设计模式，可有效简化 HTML 文档的元素操作、事件处理、动画设计与 AJAX 交互，只需编写少量的代码，即可实现所需要的页面效果或相关功能，从而加快 Web 应用的开发。其实，jQuery 的设计宗旨就是“Write Less, Do More”，即“写更少的代码，做更多的事情”。基于 jQuery 所提供的 API，可使 Web 前端的开发变得更加轻松。

2005 年 8 月，John Resig 提议改进 Prototype 的 Behaviour 库，并在其 blog 上发表了自己的想法与 3 个示例代码（即 jQuery 语法的最初雏形），随即便引起了业界的广泛关注。于是，John Resig 开始认真思考如何“编写语法更为简洁的 JavaScript 程序库”。2006 年 1 月 14 日，John Resig 正式宣布以 jQuery 为名发布自己的程序库。同年 8 月，jQuery 的第一个稳定版本 1.0 版正式面世，并提供了对 CSS 选择器（或 CSS 选择符）、事件处理与 AJAX 交互的支持。此后，随着 jQuery 的快速发展，先后发布了多个版本。与此同时，jQuery 的功能与性能也得到不断增强，深受广大 Web 应用开发人员的青睐，并获得诸多业界厂商或公司的大力支持。时至今日(2020 年 5 月 10 日)，最新的 jQuery 版本为 3.5.1 版。

8.1.2 jQuery 的下载

jQuery 的应用是基于 jQuery 库的，而 jQuery 的库文件(包括其最新版本及此前的有关版本)可从其官方网站(http://jquery.com)或其他相关网站下载。如图 8.1 所示，为 jQuery 官方网站的首页。在其中单击导航栏中的 Download 链接或右侧的 Download jQuery 按钮，即可打开如图 8.2 所示的 jQuery 下载页面。在此页面中，可直接下载最新版本的 jQuery。若要下载此前的有关版本，可单击该页面底部的 jQuery CDN 链接，打开如图 8.3 所示的 jQuery CDN-Latest Stable Versions 页面，并从中选择下载。

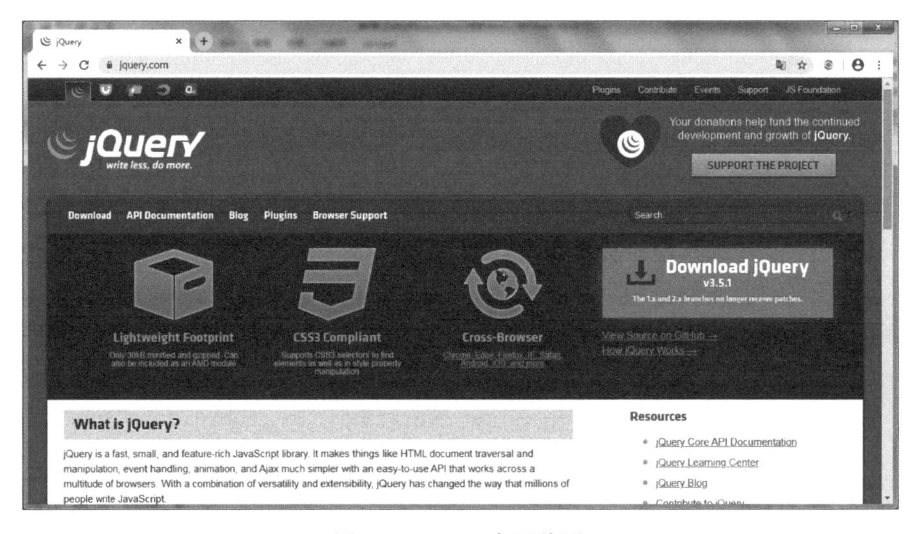

图 8.1　jQuery 官网首页

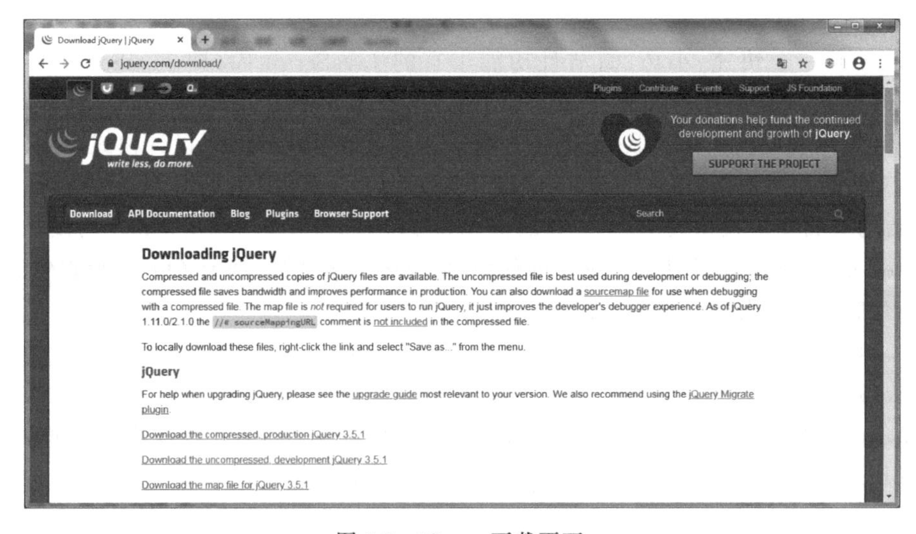

图 8.2　jQuery 下载页面

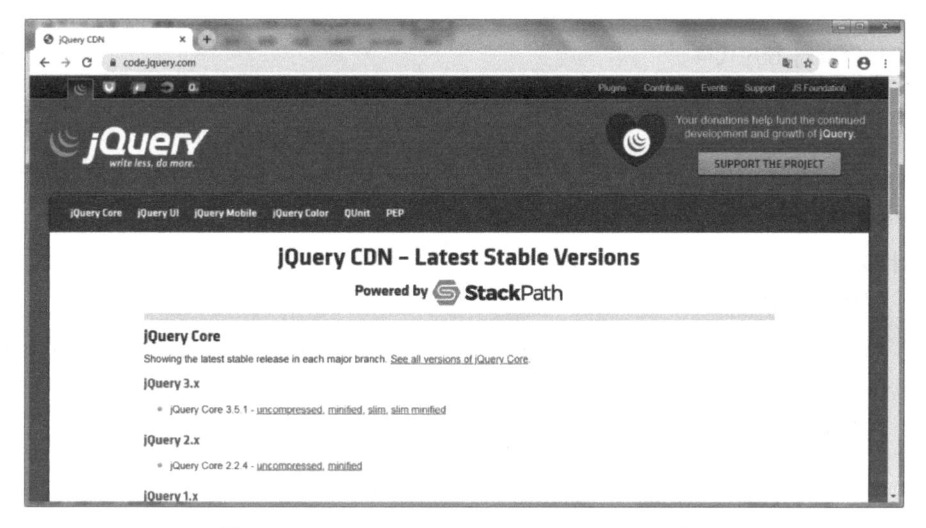

图 8.3　jQuery CDN-Latest Stable Versions 页面

对于某个版本的 jQuery 库文件来说，又有发布版(production)与开发版(development)之分。其中，发布版是经过压缩的(compressed 或 minified)，相对小些；而开发版是未经压缩的(uncompressed)，内含注释，相对大些。在此，选择下载 jQuery 1.x 的最高版本 1.12.4 版，其发布版的文件名为 jquery-1.12.4.min.js，大小为 95KB；而开发版的文件名为 jquery-1.12.4.js，大小为 287KB。通常，在应用开发阶段使用开发版的 jQuery 库文件，在实际运行阶段则使用发布版的 jQuery 库文件。

8.1.3　jQuery 的使用

jQuery 无须安装，只需将其库文件直接添加到站点即可。为方便起见，在此将 jQuery 库文件放置在站点目录下的 jQuery 子目录中，并将实际使用的库文件重命名为 jquery.js。

对于某个页面来说，如果要使用 jQuery 进行程序设计，就必须先引用相应的 jQuery 库。为此，只需在该页面的头部(即 HTML 文档的<head>标记内)使用<script>标记指定 jQuery 库文件的路径即可。其基本格式为

```
<script language="javascript" src="jQuery库文件的相对路径或绝对路径"></script>
```

或者

```
<script type="text/javascript" src="jQuery库文件的相对路径或绝对路径" ></script>
```

例如，对于存放在站点目录下的页面来说，若要引用存放在 jQuery 子目录中的 jQuery 库文件 jquery.js，则可使用以下<script>标记之一。

```
<script language="javascript" src="jQuery/jquery.js"></script>
<script type="text/javascript" src="jQuery/jquery.js" ></script>
```

在页面中引用 jQuery 库文件后，即可在其后编写 jQuery 程序。jQuery 程序的所有代码均要置于<script>标记之中，其基本格式为

```
<script type="text/javascript">
    //jQuery 程序代码
    ...
</script>
```

视频讲解

【例 8.1】 设计一个简单的 jQuery 程序,其功能为在打开页面时自动显示一个“Hello, World!”对话框。

设计步骤:

(1) 创建一个站点目录“08”。

(2) 在站点目录中创建一个子目录 jQuery,然后将 jQuery 库文件置于其中,并重命名为 jquery.js。

(3) 在站点目录中创建一个 HTML 页面 HelloWorld.html,并编写其代码。

```
<html>
<head>
<meta http-equiv="Content-Type" content="text/html; charset=utf-8">
<title>HelloWorld</title>
<script type="text/javascript" src="jQuery/jquery.js"></script>
<script type="text/javascript">
$(document).ready(function(){
  alert("Hello,World!");
});
</script>
</head>
<body>
Hello,World!
</body>
</html>
```

HelloWorld.html 页面的运行结果如图 8.4 所示。在该页面中,$(document) 用于获取整个 HTML 文档对象。通过调用 $(document)的 ready()方法,可为其绑定相应的 ready 事件处理函数。这样,当文档对象就绪时,将触发其 ready 事件,从而自动执行相应的

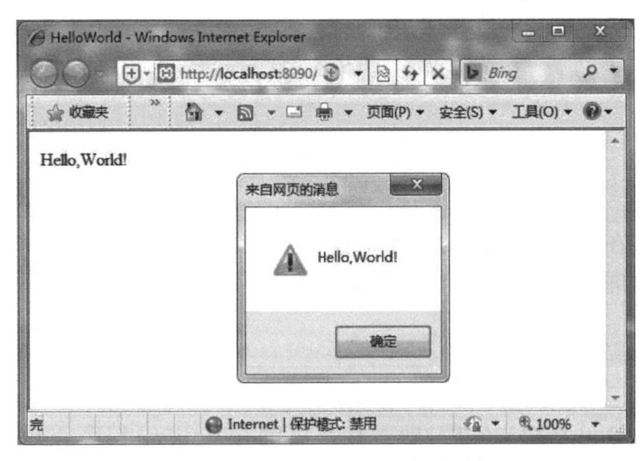

图 8.4 HelloWorld 页面与对话框

事件处理函数。在此，ready 事件的处理函数较为简单，只有一条语句“alert("Hello，World!");”，其功能就是显示一个“Hello，World!”对话框。

8.2 jQuery 选择器

选择器是 jQuery 应用的基础，主要用于获取页面中的有关元素，以便进一步对选中的元素执行某些操作。其实，jQuery 选择器类似于 CSS 的选择器，不但简洁易用，而且功能强大。

jQuery 选择器的基本格式为

```
$(selector)
```

其中，“$()”为 jQuery 的工厂函数，而参数 selector 则为相应的选择符(通常为字符串形式)。例如：$("#username")、$("div")、$(".myClass")等。

jQuery 选择器的结果是其匹配的所有元素所构成的一个包装集，内含与匹配元素相对应的 jQuery 对象。基于选择器，可进一步根据需要调用有关方法对其所选中的元素进行相应的操作。其基本格式为

```
$(selector).methodName([parameterList]);
```

其中，methodName 为方法名，parameterList 则为相应的参数列表(必要时指定)。例如：

```
$("div").show();                //显示页面中的<div>元素
```

jQuery 选择器类型众多，根据其所完成的功能不同，可分为四大类，即基本选择器、层次选择器、表单选择器与过滤选择器。

8.2.1 基本选择器

基本选择器在实际中的应用十分广泛，也是其他类型选择器的基础。在 jQuery 中，基本选择器包括 ID 选择器、标记选择器、类名选择器、并集选择器与全局选择器等。

1. ID 选择器

ID 选择器根据 HTML DOM 元素的 id 属性值来匹配元素，其语法格式为

```
$("#idValue")
```

其中，idValue 为元素的 id 属性值。例如，要获取 id 属性值为“username”的元素，可使用以下 ID 选择器：

```
$("#username")
```

通常，在设计页面时，应确保其中每个元素的 id 属性值都是唯一的。这样，使用 ID 选择器，只需指定正确的 id 属性值，即可获取与其相对应的唯一的一个元素。

2. 标记选择器

标记选择器根据 HTML DOM 元素的标记名来匹配元素，其语法格式为

```
$("tagName")
```

其中,tagName 为元素的标记名。例如,要获取页面中所有的<div>元素,可使用以下标记选择器:

```
$("div")
```

通常,在一个页面中,同一个标记可能会出现多次。因此,使用标记选择器所获取的元素往往会有多个。此时,为获取其中的某个元素,可调用 eq()方法。该方法的语法格式为

```
eq(index)
```

其中,index 为相应元素的索引值(索引值从 0 开始计数)。

与选择器一样,eq()方法返回的结果也是包装集,只是其中只包含一个元素(jQuery 对象)而已。

3. 类名选择器

类名选择器根据 HTML DOM 元素所使用的 CSS 样式类的名称来匹配元素,其语法格式为

```
$(".className")
```

其中,className 为 CSS 样式类名。例如,要获取页面中所有使用 CSS 样式类名为 myClass 的元素,可使用以下类名选择器:

```
$(".myClass")
```

通常,在一个页面中,同一个 CSS 样式类名可能会被使用多次,而且不同类型的元素也可以使用相同的 CSS 样式类。因此,使用类名选择器所获取的元素往往也会有多个。

4. 并集选择器

并集选择器根据多个以逗号","连接的选择符来匹配元素,最终所获取的元素就是这些选择符分别匹配的元素。因此,并集选择器的结果其实就是多个选择器结果的并集。

并集选择器的语法格式为

```
$("selector1,selector2,…,selectorN")
```

其中,selector1,selector2,…,selectorN 为 ID 选择器、标记选择器或类名选择器的选择符。可见,将若干个 ID 选择符、标记选择符或类名选择符用逗号","连接在一起,即可构成一个并集选择器的选择符(简称并集选择符)。

5. 全局选择器

全局选择器通常又称为通配符选择器,使用通配符"*"作为选择符,可匹配页面上所有的 DOM 元素。其语法格式为

```
$("*")
```

视频讲解

【例 8.2】 如图 8.5(a)所示,为"ID 选择器示例"页面 basic_Id.html,内含"确定"与"取消"两个按钮。单击"确定"按钮时,将打开如图 8.5(b)所示的对话框;而单击"取消"按钮时,则打开如图 8.5(c)所示的对话框。

主要步骤:

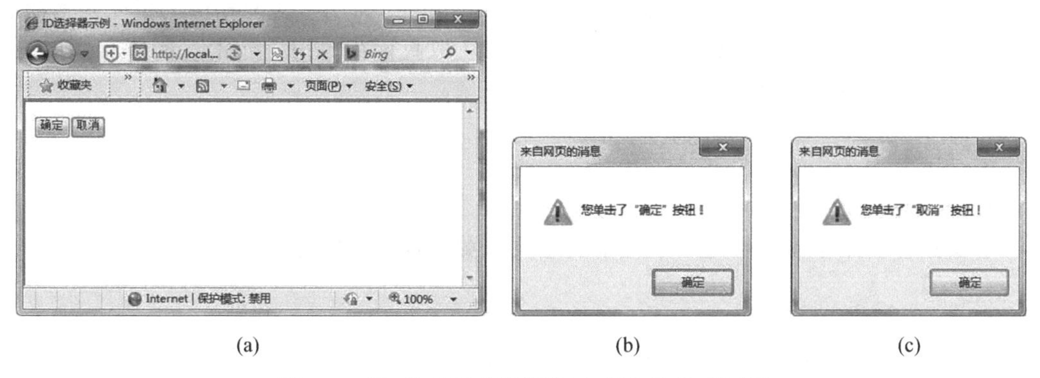

图 8.5 “ID 选择器示例”页面与操作结果对话框

(1) 在站点目录中新建一个 HTML 页面 basic_Id.html。

(2) 编写页面 basic_Id.html 的代码。主要代码如下。

```
<head>
<title>ID 选择器示例</title>
<script type="text/javascript" src="./jQuery/jquery.js"></script>
<script type="text/javascript">
$(document).ready(function(){
  $("#Yes").click(function(){
    alert("您单击了“确定”按钮!");
  });
  $("#No").click(function(){
    alert("您单击了“取消”按钮!");
  });
});
</script>
</head>
<body>
<button id="Yes">确定</button>
<button id="No">取消</button>
</body>
```

在本实例中,$("#Yes")与$("#No")均为 ID 选择器,用于分别获取 id 值为“Yes”与“No”的元素,即“确定”按钮元素与“取消”按钮元素。

8.2.2 层次选择器

层次选择器,就是根据页面内有关元素之间层次关系或位置关系来匹配元素的选择器。在 jQuery 中,层次选择器包括后代选择器、子女选择器、近邻选择器与同胞选择器。

1. 后代选择器

后代选择器用于匹配指定祖先元素的有关后代元素,其语法格式为

```
$("ancestor descendant")
```

其中，ancestor为用于匹配祖先元素的选择符，descendant为用于匹配相应的祖先元素的后代元素的选择符，二者之间以空格隔开。例如，要获取页面中<ul>元素下的所有<li>元素，可使用以下后代选择器：

```
$("ul li")
```

2. 子女选择器

子女选择器用于匹配指定双亲元素的有关子女元素，其语法格式为

```
$("parent>child")
```

其中，parent为用于匹配双亲元素的选择符，child为用于匹配相应的双亲元素的子女元素的选择符，二者之间以“>”隔开。例如，要获取页面表单中的所有直接<input>子元素，可使用以下子女选择器：

```
$("form>input");
```

3. 近邻选择器

近邻选择器用于匹配在指定元素后的同级(或同辈)的相邻的那个元素，其语法格式为

```
$("prev+next")
```

其中，prev为用于匹配指定元素的选择符，next为用于匹配在相应的指定元素后的同级的相邻的元素的选择符，二者之间以“+”隔开。例如，要获取页面中紧跟在<div>元素后的那个<img>元素，可使用以下近邻选择器：

```
$("div+img")
```

4. 同胞选择器

同胞选择器用于匹配在指定元素后的有关同胞元素(即与指定元素同辈的元素)，其语法格式为

```
$("prev~siblings")
```

其中，prev为用于匹配指定元素的选择符，siblings为用于匹配在相应的指定元素后的同胞元素的选择符，二者之间以“～”隔开。例如，要获取页面中在<div>元素后的同辈的<img>元素，可使用以下同胞选择器：

```
$("div~img")
```

视频讲解

【例8.3】 如图8.6(a)所示，为“后代选择器示例”页面level_Descendant.html。单击“确定”按钮，可为页面中DIV1元素内的所有P元素添加红色背景，如图8.6(b)所示。

主要步骤：

(1) 在站点目录中新建一个HTML页面level_Descendant.html。

(2) 编写页面level_Descendant.html的代码。主要代码如下。

```
<head>
<meta http-equiv="Content-Type" content="text/html; charset=utf-8">
<title>后代选择器示例</title>
```

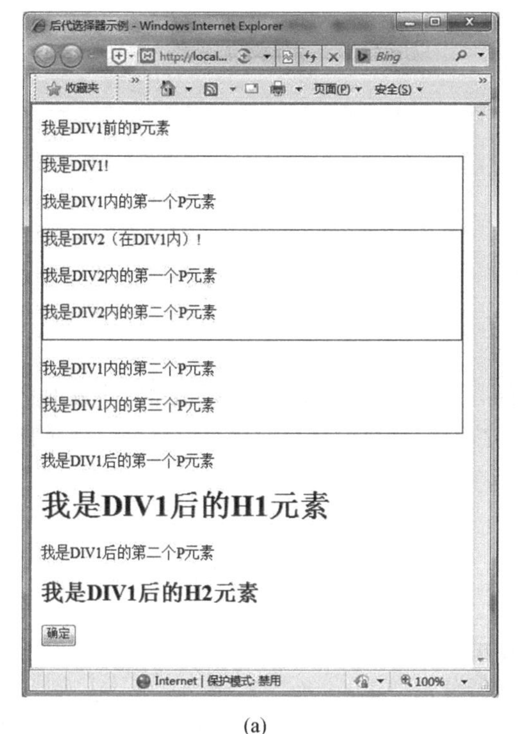

(a)

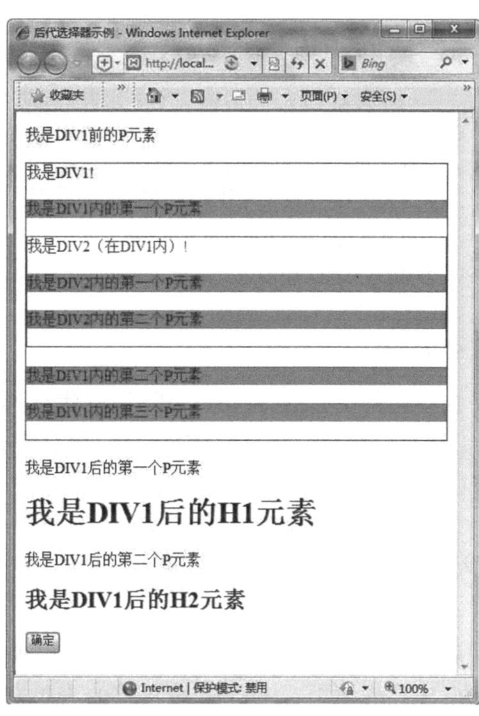

(b)

图 8.6 “后代选择器示例”页面

```
<style type="text/css">
div{
    border:1px solid blue;
}
</style>
<script type="text/javascript" src="./jQuery/jquery.js"></script>
<script type="text/javascript">
$ (document).ready(function(){
  $ ("#OK").click(function(){
    $ ("#div1 p").css("background-color","red");
  });
});
</script>
</head>
<body>
<p>我是 DIV1 前的 P 元素</p>
<div id="div1">
    我是 DIV1!
    <p>我是 DIV1 内的第一个 P 元素</p>
    <div id="div2">
      我是 DIV2(在 DIV1 内)!
      <p>我是 DIV2 内的第一个 P 元素</p>
      <p>我是 DIV2 内的第二个 P 元素</p>
```

```
        </div>
        <p>我是 DIV1 内的第二个 P 元素</p>
        <p>我是 DIV1 内的第三个 P 元素</p>
    </div>
    <p>我是 DIV1 后的第一个 P 元素</p>
    <h1>我是 DIV1 后的 H1 元素</h1>
    <p>我是 DIV1 后的第二个 P 元素</p>
    <h2>我是 DIV1 后的 H2 元素</h2>
    <button id="OK">确定</button>
    </body>
```

在本实例中，$("#div1 p")为后代选择器，用于匹配 id 为“div1”的元素（即页面中的 DIV1 元素）的所有后代<p>元素，包括 DIV2 元素内的<p>元素（因为 DIV2 元素为 DIV1 元素的子元素）。

8.2.3 表单选择器

表单选择器用于匹配经常在表单内出现的元素。不过，表单选择器所匹配的元素不一定都出现在表单中。jQuery 所提供的表单选择器分别如下。

- $(":button")：匹配所有的按钮，包括<button>元素与 type="button"的<input>元素。
- $(":checkbox")：匹配所有的复选框，等价于$("input[type=checkbox]")。
- $(":file")：匹配所有的文件域，等价于$("input[type=file]")。
- $(":hidden")：匹配所有的不可见元素，包括 type="hidden"的<input>元素。
- $(":image")：匹配所有的图像域，等价于$("input[type=image]")。
- $(":input")：匹配所有的输入元素，包括<input>、<select>、<textarea>与<button>元素。
- $(":password")：匹配所有的密码域，等价于$("input[type=password]")。
- $(":radio")：匹配所有的单选按钮，等价于$("input[type=radio]")。
- $(":reset")：匹配所有的重置按钮，包括 type="reset"的<input>元素与<button>元素。
- $(":submit")：匹配所有的提交按钮，包括 type="submit"的<input>元素与<button>元素。
- $(":text")：匹配所有的单行文本框，等价于$("input[type=text]")。

视频讲解

【例 8.4】 如图 8.7(a)所示，为“表单选择器示例”页面 form.html。单击“单选按钮”“复选框”“文本框”“密码域”“提交按钮”或“重置按钮”按钮，可为相应的元素添加红色背景；单击“普通按钮”按钮，可为相应的按钮元素添加蓝色背景；单击“表单元素”按钮，可为所有的表单元素添加绿色背景。如图 8.7(b)所示，即为单击“表单元素”按钮后的页面效果。

主要步骤：

(1) 在站点目录中新建一个 HTML 页面 form.html。

(2) 编写页面 form.html 的代码。主要代码如下。

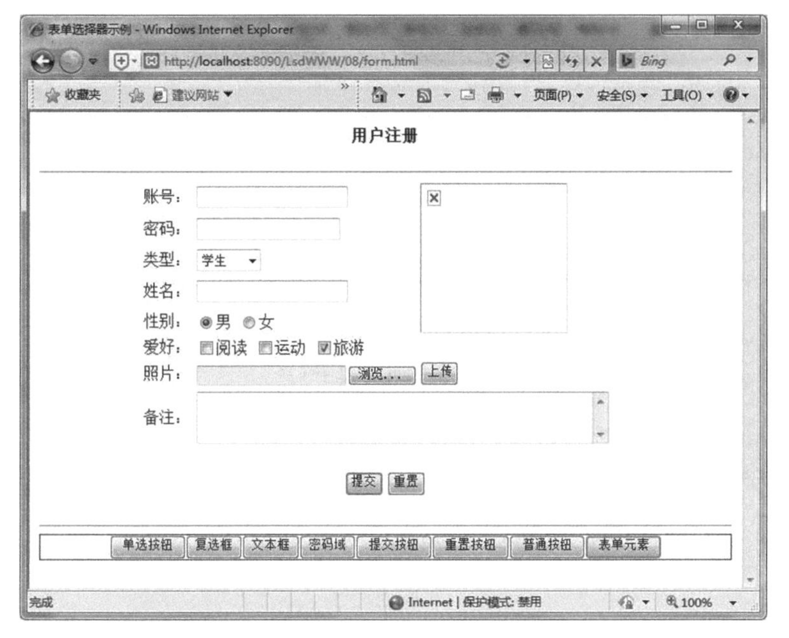

(a)

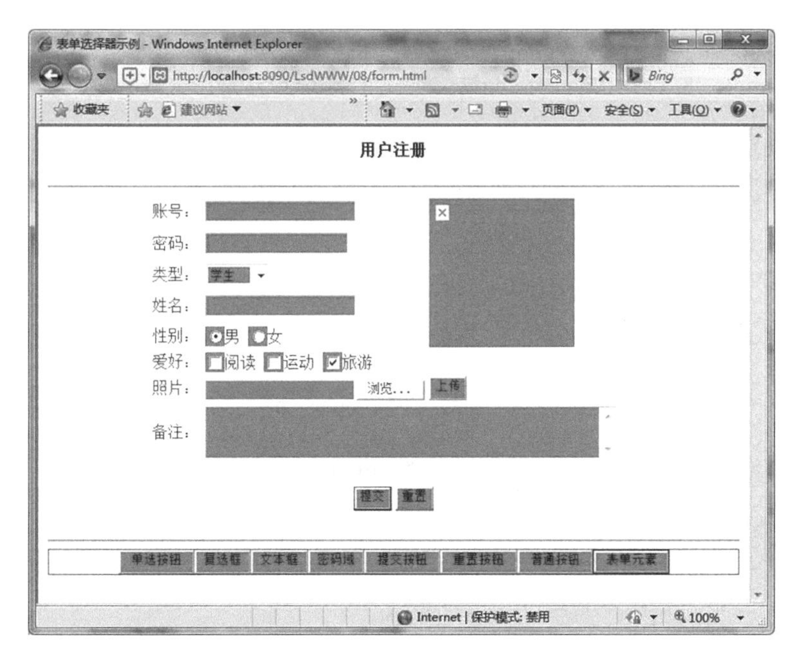

(b)

图 8.7 “表单选择器示例”页面

```
<head>
<title>表单选择器示例</title>
<style type="text/css">
div{
    border:1px solid blue;
}
```

```
</style>
<script type="text/javascript" src="./jQuery/jquery.js"></script>
<script type="text/javascript">
$(document).ready(function(){
  $("#btnRadio").click(function(){
    $(":radio").css("background-color","red");
  });
  $("#btnCheckbox").click(function(){
    $(":checkbox").css("background-color","red");
  });
  $("#btnText").click(function(){
    $(":text").css("background-color","red");
  });
  $("#btnPassword").click(function(){
    $(":password").css("background-color","red");
  });
  $("#btnSubmit").click(function(){
    $(":submit").css("background-color","red");
  });
  $("#btnReset").click(function(){
    $(":reset").css("background-color","red");
  });
  $("#btnButton").click(function(){
    $(":button").css("background-color","blue");
  });
  $("#btnInput").click(function(){
    $(":input").css("background-color","green");
  });
});
</script>
</head>
<body>
<form>
<p align="center"><strong>用户注册</strong></p>
<hr>
<table width="500" border="0" align="center">
  <tr>
    <td>账号:</td>
    <td><input type="text" name="account" id="account"></td>
    <td colspan="2" rowspan="5"><input type="image" src="" width="150" height=
"150" disabled></td>
  </tr>
  <tr>
    <td>密码:</td>
    <td><input type="password" name="password" id="password"></td>
  </tr>
  <tr>
    <td>类型:</td>
    <td><select name="type" id="type">
      <option value="管理员">管理员</option>
      <option value="教师">教师</option>
```

```
        <option value="学生" selected>学生</option>
      </select></td>
    </tr>
    <tr>
      <td>姓名:</td>
      <td><input type="text" name="name" id="name"></td>
    </tr>
    <tr>
      <td>性别:</td>
      <td><input name="sex" type="radio" id="sex" value="男" checked>男
        <input type="radio" name="sex" id="sex" value="女">女</td>
    </tr>
    <tr>
      <td>爱好:</td>
      <td><input type="checkbox" name="hobby" value="阅读">阅读
        <input type="checkbox" name="hobby" value="运动">运动
        <input name="hobby" type="checkbox" value="旅游" checked>旅游</td>
    </tr>
    <tr>
      <td>照片:</td>
      <td colspan="3"><input name="photo" type="file">
        <input type="button" name="upload" id="upload" value="上传"></td>
    </tr>
    <tr>
      <td>备注:</td>
      <td colspan="3"><textarea name="remarks" id="remarks" cols="50" rows="3">
</textarea></td>
    </tr>
    <tr align="center">
      <td colspan="4"> </td>
    </tr>
    <tr align="center">
      <td colspan="4"><input name="submit" type="submit" value="提交">
      <input name="reset" type="reset" value="重置"></td>
    </tr>
  </table>
  </form>
  <hr>
  <div align="center">
  <button id="btnRadio">单选按钮</button>
  <button id="btnCheckbox">复选框</button>
  <button id="btnText">文本框</button>
  <button id="btnPassword">密码域</button>
  <button id="btnSubmit">提交按钮</button>
  <button id="btnReset">重置按钮</button>
  <button id="btnButton">普通按钮</button>
  <button id="btnInput">表单元素</button>
  </div>
  </body>
```

8.2.4 过滤选择器

使用 jQuery 的基本选择器、层次选择器或表单选择器，即可从页面中获取到一组相应的元素。在此基础上，为进一步筛选出符合指定条件的元素，可考虑配合使用过滤选择器。过滤选择器通常又简称为过滤器，可根据需要将元素的索引值、内容、属性、子元素位置、表单域属性以及可见性等作为筛选条件。在 jQuery 中，过滤选择器可细分为简单过滤器、内容过滤器、子元素过滤器、可见性过滤器、属性过滤器与表单域属性过滤器。其中，属性过滤器需使用方括号“[]”括起来，而其他类型的过滤器则以冒号“:”开头。

1. 简单过滤器

简单过滤器用于实现简单的筛选操作，如获取一组元素中的第一个元素、最后一个元素等。jQuery 所提供的简单过滤器如下。

- :first：获取第一个元素。例如，$("p:first") 可获取第一个<p>元素。
- :last：获取最后一个元素。例如，$("p:last") 可获取最后一个<p>元素。
- :even：获取索引值为偶数的元素（索引值从 0 开始计数）。例如，$("tr:even")可获取索引值为偶数的行（即<tr>元素）。
- :odd：获取索引值为奇数的元素。例如，$("tr:odd")可获取索引值为奇数的行。
- :eq(index)：获取索引值为指定值 index 的元素。例如，$("tr:eq(0)")可获取索引值为 0 的行。
- :gt(index)：获取索引值大于指定值 index 的元素。例如，$("tr:gt(0)")可获取索引值大于 0 的行。
- :lt(index)：获取索引值小于指定值 index 的元素。例如，$("tr:lt(2)")可获取索引值小于 2 的行。
- :animated：获取正在执行动画效果的元素（即处于动画状态中的元素）。例如，$("div:animated")可获取正在执行动画效果的<div>元素。
- :header：获取标题元素（包括<h1>、<h2>、<h3>、……、<h6>元素）。例如，$("*:header")可获取所有的标题元素。
- :not(selector|filter)：去除所有与指定选择器 selector 或过滤器 filter 匹配的元素。例如，$("p:not(:first)") 可获取除第一个元素<p>以外的所有<p>元素。

2. 内容过滤器

内容过滤器较为灵活，可根据元素包含的文本内容以及是否含有匹配的元素执行筛选操作。jQuery 所提供的内容过滤器共有 4 种，分别如下。

- :contains(text)：获取包含指定文本 text 的元素。例如，$("td:contains('卢')")可获取包含“卢”字的单元格（即<td>元素）。
- :has(selector)：获取包含指定选择器 selector 所匹配的元素的元素。例如，$("td:has(img)")可获取包含< img >标记的单元格。
- :empty：获取不包含子元素或者文本内容（空格除外）的空元素。例如，$("td:empty")可获取空的单元格，即不包含子元素或者文本内容的单元格。
- :parent：获取包含子元素或者文本内容的元素。例如，$("td:parent") 可获取不为空的单元格,也就是包括子元素或者文本内容的单元格。

3. 属性过滤器

属性过滤器以元素的属性作为过滤条件来进行元素的筛选。jQuery 所提供的属性过滤器主要如下。

- [attribute]:获取包含 attribute 属性的元素。例如,$("input[name]")可获取包含 name 属性的<input>元素。
- [attribute=value]:获取 attribute 属性值为 value 的元素。例如,$("input[name='test']")可获取 name 属性值为 test 的<input>元素。
- [attribute!=value]:获取 attribute 属性值不等于 value 的元素。例如,$("input[name!='test']")可获取 name 属性值不等于 test 的<input>元素。
- [attribute*=value]:获取 attribute 属性值包含 value 的元素。例如,$("input[name*='test']")可获取 name 属性值包含 test 的<input>元素。
- [attribute^=value]:获取 attribute 属性值以 value 开始的元素。例如,$("input[name^='test']")可获取 name 属性值以 test 开始的<input>元素。
- [attribute$=value]:获取 attribute 属性值以 value 结束的元素。例如,$("input[name$='test']")可获取 name 属性值以 test 结束的<input>元素。
- [filter1][filter2]…[filterN]:复合属性过滤器(需同时满足多个条件时使用)。例如,$("input[id][name='test']")可获取包含 id 属性且 name 属性值为 test 的<input>元素。

4. 子元素过滤器

子元素过滤器用于筛选元素的子元素。jQuery 所提供的子元素过滤器主要如下。

- :first-child:获取第一个子元素。例如,对于$("ul li:first-child"),若<ul>元素的第一个子元素为<li>元素,则获取之。
- :last-child:获取最后一个子元素。例如,对于$("ul li:last-child"),若<ul>元素的最后一个子元素为<li>元素,则获取之。
- :only-child:获取唯一的子元素。例如,对于$("ul li:only-child"),若<ul>元素只有唯一的一个子元素,且该子元素为<li>元素,则获取之。
- :nth-child(n):获取第 n 个子元素(从 1 开始计数)。例如,对于$("ul li:nth-child(6)"),若<ul>元素的第 6 个子元素为<li>元素,则获取之。
- :nth-child(odd):获取所有奇数号的子元素(从 1 开始计数)。例如,$("ul li:nth-child(odd)")可获取<ul>元素的奇数号且为<li>元素的子元素。
- :nth-child(even):获取所有偶数号的子元素(从 1 开始计数)。例如,$("ul li:nth-child(even)")可获取<ul>元素的偶数号且为<li>元素的子元素。
- :nth-child(Xn+Y):获取所有序号符合指定公式 Xn+Y 的子元素(从 1 开始计数)。例如,$("ul li:nth-child(5n+1)")可获取<ul>元素序号为 5n+1(即 1,6,11…)且为<li>元素的子元素。

5. 可见性过滤器

可见性过滤器较为简单,就是根据元素的可见状态进行筛选。元素的可见状态有两种,即显示状态与隐藏状态。其中,前者是可见的,后者是不可见的。相应地,jQuery 所提供的可见性过滤器也分为两种，分别如下。

- :visible：获取所有的可见元素。例如，$("input：visible")可获取所有可见的<input>元素。
- :hidden：获取所有的不可见元素，包括具有 CSS 样式属性值 display：none(或 visibility：hidden)的元素以及 type 属性值为 hidden 的<input>元素。例如，$("input：hidden")可获取所有不可见的或隐藏的<input>元素。

6. 表单域属性过滤器

表单域属性过滤器又称为表单元素属性过滤器，可根据表单元素的状态属性(如选中状态、可用状态等)进行筛选。jQuery 所提供的表单域属性过滤器分为 4 种，分别如下。

- :checked：获取所有被选中的元素。例如，$("input：checked")可获取所有被选中的<input>元素。
- :disabled：获取所有不可用的(即无效的)元素。例如，$("input：disabled")可获取所有不可用的<input>元素。
- :enabled：获取所有可用的(即有效的)元素。例如，$("input：enabled")可获取所有可用的<input>元素。
- :selected：获取所有被选中的选项元素(即<option>元素)。例如，$("select option：selected")可获取所有被选中的<option>元素。

视频讲解

【例 8.5】 如图 8.8(a)所示，为"简单过滤器示例"页面 filter_simple.html。单击"确定"按钮，可为页面中的标题元素添加红色背景，并为第一个、最后一个以及索引值为 2 的 p 元素添加灰色背景，如图 8.8(b)所示。

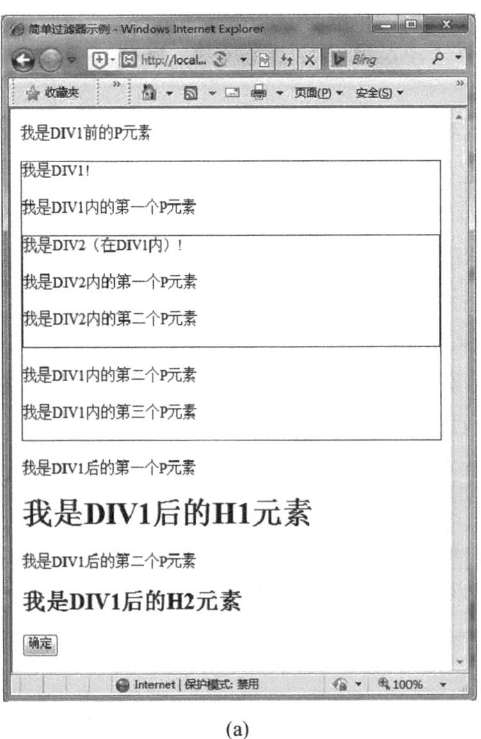

(a)

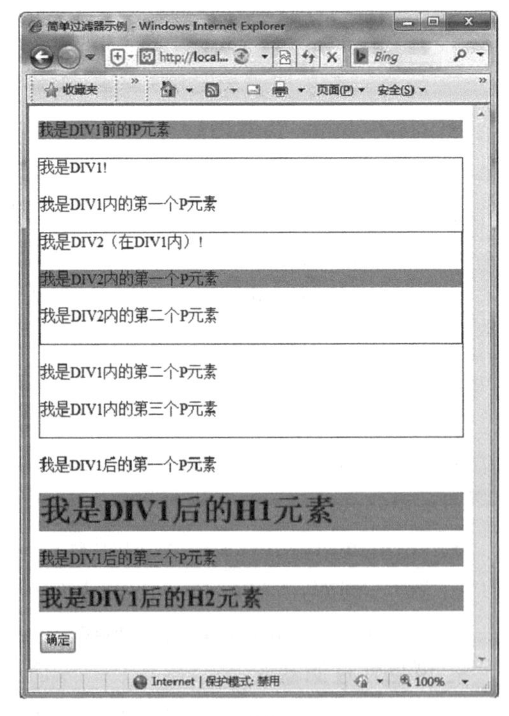

(b)

图 8.8 "简单过滤器示例"页面

主要步骤：

(1) 在站点目录中新建一个 HTML 页面 filter_simple.html。

(2) 编写页面 filter_simple.html 的代码。主要代码如下。

```
<head>
<title>简单过滤器示例</title>
<style type="text/css">
div{
    border:1px solid blue;
}
</style>
<script type="text/javascript" src="./jQuery/jquery.js"></script>
<script type="text/javascript">
$(document).ready(function(){
  $("#OK").click(function(){
     $("*:header").css("background-color","red");
     $("p:first").css("background-color","grey");
     $("p:last").css("background-color","grey");
     $("p:eq(2)").css("background-color","grey");
  });
});
</script>
</head>
<body>
<p>我是 DIV1 前的 P 元素</p>
<div id="div1">
    我是 DIV1!
    <p>我是 DIV1 内的第一个 P 元素</p>
    <div id="div2">
      我是 DIV2(在 DIV1 内)!
      <p>我是 DIV2 内的第一个 P 元素</p>
      <p>我是 DIV2 内的第二个 P 元素</p>
    </div>
    <p>我是 DIV1 内的第二个 P 元素</p>
    <p>我是 DIV1 内的第三个 P 元素</p>
</div>
<p>我是 DIV1 后的第一个 P 元素</p>
<h1>我是 DIV1 后的 H1 元素</h1>
<p>我是 DIV1 后的第二个 P 元素</p>
<h2>我是 DIV1 后的 H2 元素</h2>
<button id="OK">确定</button>
</body>
```

8.3 jQuery 元素操作

一个 HTML 文档或页面其实是由一系列的各种元素构成的。作为 HTML 文档的编程接口，HTML DOM 定义了访问与操作 HTML 文档的标准方法，并将 HTML 文档表示为带有一系列元素节点(即 DOM 对象)的树结构。

jQuery 对于页面元素操作的支持是十分全面、高效的。借助于 jQuery，可极大地简化页面元素的各种操作，从而有效地提高应用的开发效率。在此，仅对与 Web 应用开发密切相关的一些元素操作进行简要介绍。

8.3.1 元素值的获取与设置

在实际应用中，通常要获取或设置有关元素的值。所谓元素的值，在此指的是元素的当前值，而不是其 value 属性所设置的初始值。

为获取元素的值，可使用 val()方法。该方法的功能为获取第一个匹配元素的当前值，其返回值可能是一个字符串，也可能是一个字符串数组。例如，$("#sport").val()可获取 id 为 sport 的元素的值。若该 sport 元素为一个允许多选的<select>元素，且当前同时选中了多个选项，则获取到的值就是一个字符串数组。

为设置元素的值，可根据需要使用以下方法。

- val(value)：将所有匹配元素的值设置为 value(value 为字符串)。例如，$("input:text").val("请输入…")可将所有文本框的值设置为“请输入…”。
- val(arrValue)：将所有匹配的 select 元素的值设置为 arrValue(arrValue 为字符串数组)。例如，$("select[name='web']").val(["ASP.NET", "JSP", "PHP"])可将 name 属性值为 web 的列表框的值设置为 ASP.NET、JSP 与 PHP。

视频讲解

【例 8.6】 如图 8.9(a)所示，为“元素值获取示例”页面 value_Get.html。单击“获取姓名”按钮时，将打开如图 8.9(b)所示的对话框以显示当前所输入的姓名；单击“获取性别”按钮时，将打开如图 8.9(c)所示的对话框以显示当前所选定的性别；单击“获取颜色”按钮时，将打开如图 8.9(d)所示的对话框以显示当前所选择的颜色。

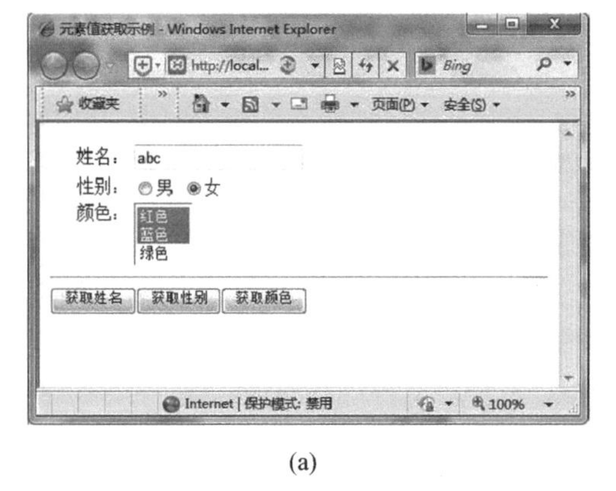

(a)

(b)

(c)

(d)

图 8.9 “元素值获取示例”页面与操作结果对话框

主要步骤：

（1）在站点目录中新建一个 HTML 页面 value_Get.html。

（2）编写页面 value_Get.html 的代码。主要代码如下。

```
<head>
<title>元素值获取示例</title>
<script type="text/javascript" src="./jQuery/jquery.js"></script>
<script type="text/javascript">
$(document).ready(function(){
  $("#btnGetName").click(function(){
    alert($("#name").val());
  });
  $("#btnGetSex").click(function(){
    alert($(":radio:checked").val());
  });
  $("#btnGetColor").click(function(){
    alert($("#color").val());
  });
});
</script>
</head>
<body>
<div>
<table width="300" border="0">
  <tr>
    <td align="right">姓名:</td>
    <td><input type="text" name="name" id="name"></td>
  </tr>
  <tr>
    <td align="right">性别:</td>
    <td><input name="sex" type="radio" value="男">男
<input name="sex" type="radio" value="女" checked>女</td>
  </tr>
  <tr>
    <td align="right" valign="top">颜色:</td>
    <td><select name="color" size="3" multiple="multiple" id="color">
  <option value="red" selected>红色</option>
  <option value="blue">蓝色</option>
  <option value="green" selected="selected">绿色</option>
</select>
</td>
  </tr>
</table>
</div>
<hr>
```

```
<button id="btnGetName">获取姓名</button>
<button id="btnGetSex">获取性别</button>
<button id="btnGetColor">获取颜色</button>
</body>
```

8.3.2 元素内容的获取与设置

所谓元素的内容,是指元素起始标记与结束标记之间的内容。元素的内容可分为两种类型,即文本内容与 HTML 内容。其中,文本内容不包括元素的子标记,而 HTML 内容则包括元素的子标记。例如:

```
<div>
<span>Hello,Word!</span>
</div>
```

在此,<div>元素的文本内容为"Hello,Word!",是不包括子标记<span>的;与此不同,<div>元素的 HTML 内容为"<span>Hello,Word! </span>",是包括子标记<span>的。

为获取元素的内容,可使用以下两个方法。

- text():获取全部匹配元素的文本内容。
- html():获取第一个匹配元素的 HTML 内容。

为设置元素的内容,可使用以下两个方法。

- text(value):将全部匹配元素的文本内容设置为指定的内容 value。
- html(value):将全部匹配元素的 HTML 内容设置为指定的内容 value。

需要注意的是,在使用 text()设置文本内容时,即使内容中包含 HTML 代码,也将被认为是普通文本,并不能作为 HTML 代码被浏览器解析,而使用 html()设置的 HTML 内容中所包含的 HTML 代码是可以被浏览器解析的。

视频讲解

【例 8.7】 如图 8.10(a)所示,为"元素内容获取示例"页面 content_Get.html,内含两个<div>元素。单击"获取文本内容"按钮时,将打开如图 8.10(b)所示的对话框以显示两个<div>元素的文本内容;而单击"获取 HTML 内容"按钮时,则打开如图 8.10(c)所示的对话框以显示第一个<div>元素的 HTML 内容。

主要步骤:

(1) 在站点目录中新建一个 HTML 页面 content_Get.html。

(2) 编写页面 content_Get.html 的代码。主要代码如下。

```
<head>
<title>元素内容获取示例</title>
<style type="text/css">
div{
    border:1px solid blue;
}
</style>
```

(a)

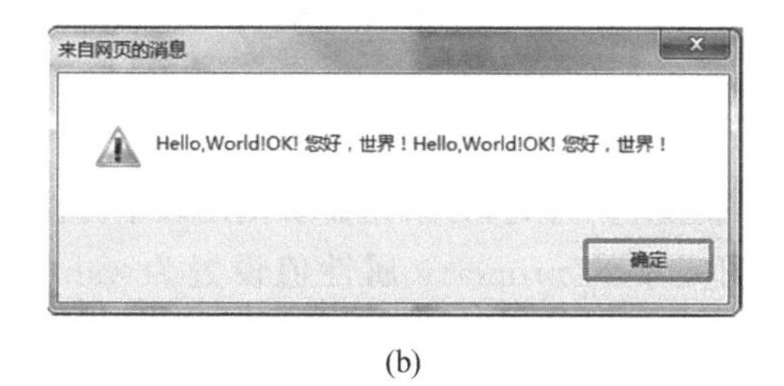

(b)

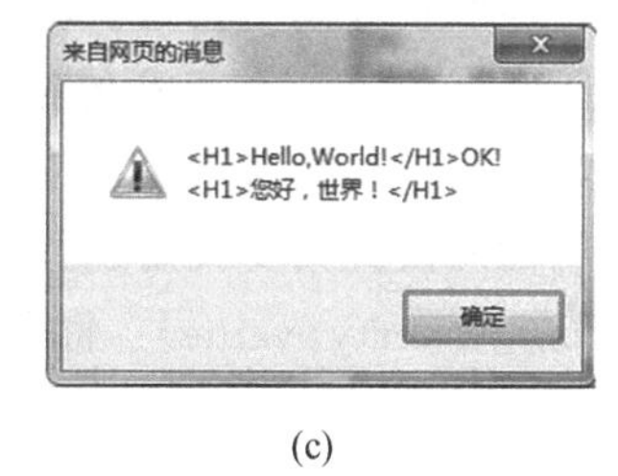

(c)

图 8.10 “元素内容获取示例”页面与操作结果对话框

```
<script type="text/javascript" src="./jQuery/jquery.js"></script>
<script type="text/javascript">
$(document).ready(function(){
  $("#btnTextGet").click(function(){
    alert($("div").text());
  });
  $("#btnHTMLGet").click(function(){
    alert($("div").html());
  });
});
</script>
</head>
<body>
div1:<br>
<div>
<H1>Hello,World!</H1>
OK!
```

```
<H1>您好,世界!</H1>
</div>
div2:<br>
<div>
<H2>Hello,World!</H2>
OK!
<H2>您好,世界!</H2>
</div>
<hr>
<button id="btnTextGet">获取文本内容</button>
<button id="btnHTMLGet">获取 HTML 内容</button>
</body>
```

8.3.3 元素属性的获取与设置

每个元素均可具有相应的属性。在 jQuery 中,可根据需要实施对元素属性的操作,包括元素属性的获取与设置等。

元素属性的获取其实就是获取元素的属性值。为此,可使用 attr(property)方法,其功能为获取所匹配的第一个元素的指定属性 property 的值(无值时返回 undefined)。例如,$("img").attr('src')可获取页面中第一个<img>元素的 src 属性值。

元素属性的设置其实就是设置元素的属性值。为此,可根据需要使用以下方法。

- attr(property,value):将所有匹配元素的 property 属性值设置为 value。例如,$("img").attr("title","图片")可将<img>元素的 title(标题)属性值设置为"图片"。
- attr({property1: value1, property2: value2, …}):以集合的形式为所有匹配元素的多个属性设置相应的值。在属性集合{property1: value1, property2: value2, …}中,property1、property2 等为属性名,value1、value2 等为属性值。其中,属性名可用双引号或单引号括起来,也可以不用。例如,$("img").attr({"title": "图片", "width": "200", "height": "200"})可同时将<img>元素的 title、width 与 height 属性值设置为"图片"、200 与 200。

视频讲解

【例 8.8】 如图 8.11(a)所示,为"元素属性设置示例"页面 attribute_Set.html。单击"更换图像"按钮时,可更换图像元素所显示的图像,如图 8.11(b)所示;单击"改变大小"按钮时,可改变图像元素所显示的图像的大小,如图 8.11(c)所示。

主要步骤:

(1) 在站点目录中创建一个子目录 images,然后将图像文件 ok.jpg 与 right.jpg 置于其中。

(2) 在站点目录中新建一个 HTML 页面 attribute_Set.html。

(3) 编写页面 attribute_Set.html 的代码。主要代码如下。

```
<head>
<title>元素属性设置示例</title>
```

(a)

(b)

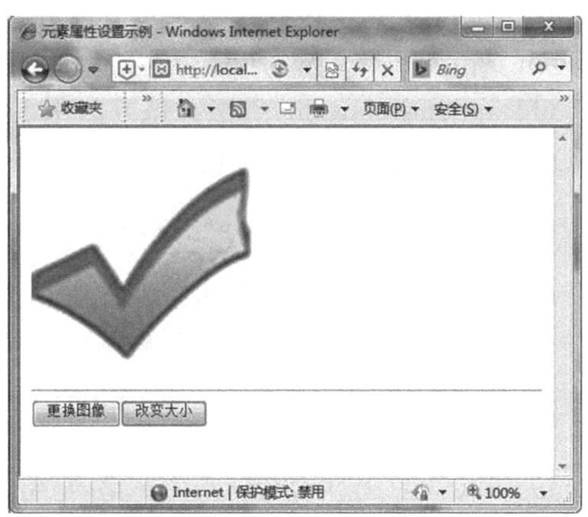

(c)

图 8.11 “元素属性设置示例”页面

```
<script type="text/javascript" src="./jQuery/jquery.js"></script>
<script type="text/javascript">
$(document).ready(function(){
  $("#btnSetSRC").click(function(){
    $("#myImg").attr("src","images/right.jpg");
  });
  $("#btnSetSize").click(function(){
    $("#myImg").attr({"width":"200","height":"200"});
  });
});
</script>
</head>
<body>
<div>
```

```
<img src="images/ok.jpg" alt="图像" name="myImg" width="150" height="150" id=
"myImg">
</div>
<hr>
<button id="btnSetSRC">更换图像</button>
<button id="btnSetSize">改变大小</button>
</body>
```

8.3.4 元素的插入

创建好元素节点后，即可将其插入 HTML 文档中。在 jQuery 中，节点既可以在元素内部插入，也可以在元素外部插入。

1. 在元素内部插入节点

在元素内部插入节点其实就是在元素中插入子元素或内容。为此，可根据需要使用 append()、prepend()、appendTo()与 prependTo()方法。

(1) append(content)方法。该方法用于在元素内部添加指定的内容 content。例如，为在<div>元素内部添加一个内容为 ABC 的<p>元素，可使用以下代码。

```
$("div").append("<p>ABC</p>");
```

(2) prepend(content)方法。该方法用于在元素内部前置指定的内容 content。例如，为在<div>元素内部前置一个内容为 ABC 的<p>元素，可使用以下代码。

```
$("div").prepend("<p>ABC</p>");
```

(3) appendTo(selector)方法。该方法用于将元素添加到由选择符为 selector 的选择器所匹配的元素中。例如，为将一个内容为 ABC 的<p>元素添加到<div>元素的内部，可使用以下代码。

```
$("<p>ABC</p>").appendTo("div");
```

(4) prependTo(selector)方法。该方法用于将元素前置到由选择符为 selector 的选择器所匹配的元素中。例如，为将一个内容为 ABC 的<p>元素前置到<div>元素的内部，可使用以下代码。

```
$("<p>ABC</p>").prependTo("div");
```

2. 在元素外部插入节点

在元素外部插入节点其实就是在元素之前或之后插入元素或内容。为此，可根据需要使用 after()、before()、insertAfter()与 insertBefore ()方法。

(1) after(content)方法。该方法用于在元素之后插入指定的内容 content。例如，为在<div>元素的后面插入一个内容为 ABC 的<p>元素，可使用以下代码。

```
$("div").after("<p>ABC</p>");
```

(2) before(content)方法。该方法用于在元素之前插入指定的内容 content。例如，为在<div>元素的前面插入一个内容为 ABC 的<p>元素，可使用以下代码。

```
$("div").before("<p>ABC</p>");
```

(3) insertAfter(selector)方法。该方法用于将元素插入由选择符为 selector 的选择器所匹配的元素的后面。例如，为将一个内容为 ABC 的<p>元素插入<div>元素的后面，可使用以下代码。

```
$("<p>ABC</p>").insertAfter("div");
```

(4) insertBefore(selector)方法。该方法用于将元素插入由选择符为 selector 的选择器所匹配的元素的前面。例如，为将一个内容为 ABC 的<p>元素插入<div>元素的前面，可使用以下代码。

```
$("<p>ABC</p>").insertBefore("div");
```

【例 8.9】 如图 8.12(a)所示，为"节点插入(内部)示例"页面 node_InsertInside.html，内含一个显示"Hi!"的<div>元素。单击"插入节点"按钮时，可在该<div>元素内部的最前面插入一个内容为"您好，世界!"的<p>节点，同时在最后添加一个内容为"Hello，World!"的<p>节点，如图 8.12(b)所示。

视频讲解

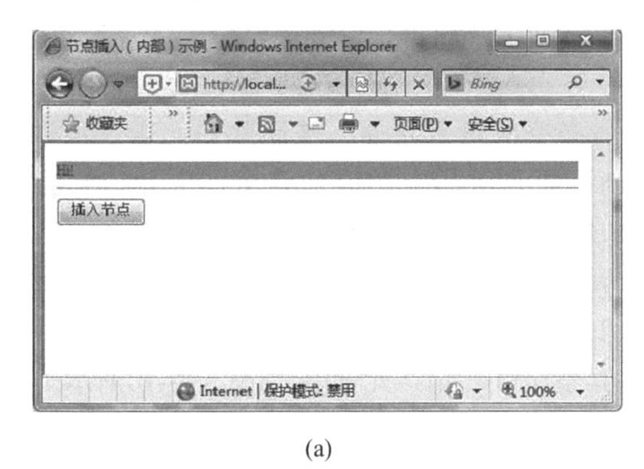

(a)

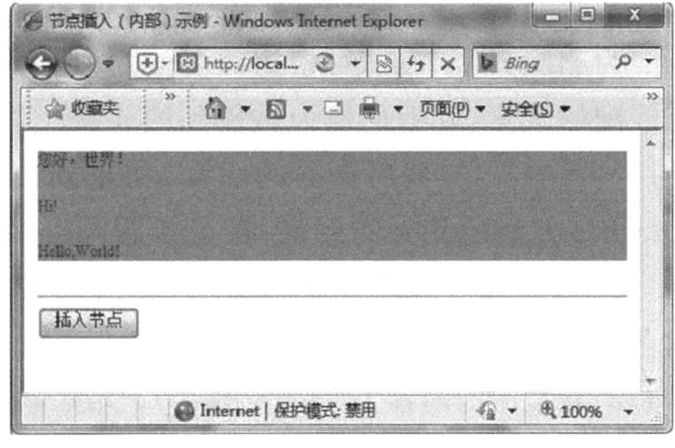

(b)

图 8.12 "节点插入(内部)示例"页面

主要步骤：

(1) 在站点目录中新建一个 HTML 页面 node_InsertInside.html。

(2) 编写页面 node_InsertInside.html 的代码。主要代码如下。

```
<head>
<title>节点插入(内部)示例</title>
<style>
body{font-size:12px}
</style>
<script type="text/javascript" src="./jQuery/jquery.js"></script>
<script type="text/javascript">
$(document).ready(function(){
  $("#btnInsert").click(function(){
    //创建第 1 个 p 元素节点
```

```
        var $p1=$("<p>Hello,World!</p>");
        //创建第2个p元节点素
        var $p2=$("<p>您好,世界!</p>");
        //获取div元素对象
        $div=$("div");
        $div.append($p1);
        $div.prepend($p2);
    });
});
</script>
</head>
<body>
<div style="background-color:grey">Hi!</div>
<hr>
<button id="btnInsert">插入节点</button>
</body>
```

8.3.5 元素的删除

为删除元素节点,可根据需要使用remove()与detach()方法。这两个方法均可删除所有匹配的元素,其返回值为被删除的元素。因此,必要时可重新插入被删除的元素。不过,使用remove()方法所删除的元素,在重新插入后,原来所绑定的事件将全部失效;而使用detach()方法所删除的元素,在重新插入后,原来所绑定的事件则依然有效。

视频讲解

【例 8.10】 如图 8.13(a)所示,为“节点删除示例(remove方法)”页面node_Remove.html,内含显示相应内容的一个<div>元素与一个< h1>元素。单击“删除节点”按钮后,可删除<div>元素中的内容为“Hello”的<p>元素,并将其添加到< h1>元素内,如图 8.13(b)所示。

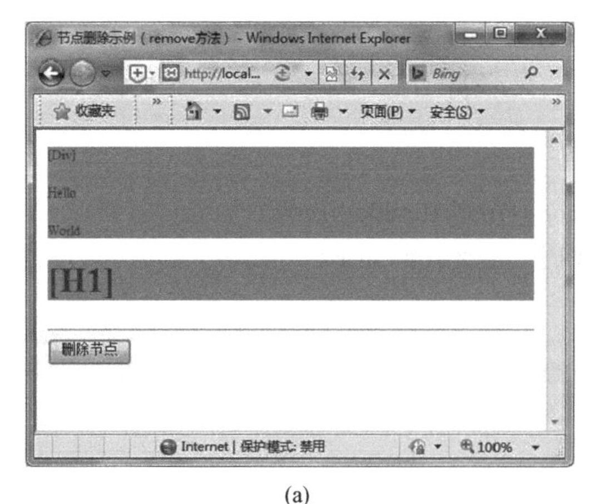

(a)

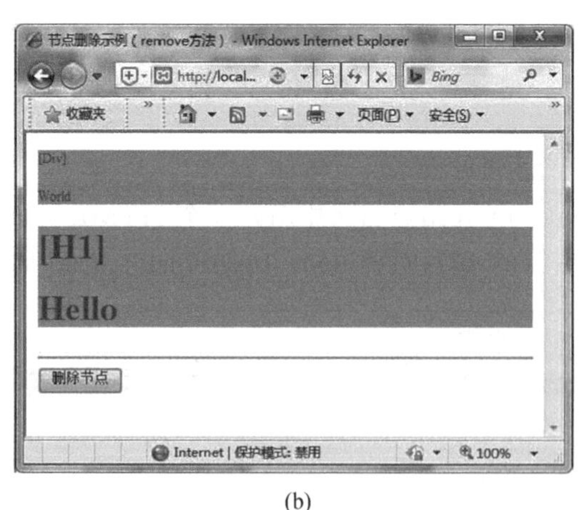

(b)

图 8.13 “节点删除示例(remove 方法)”页面

主要步骤:

(1) 在站点目录中新建一个 HTML 页面 node_Remove.html。

(2) 编写页面 node_Remove.html 的代码。主要代码如下。

```
<head>
<title>节点删除示例(remove 方法)</title>
<style>
body{font-size:12px}
</style>
<script type="text/javascript" src="./jQuery/jquery.js"></script>
<script type="text/javascript">
$(document).ready(function(){
  $("div p").click(function(){
    alert($(this).text());
  });
  $("#btnDelete").click(function(){
    var $p=$("div p[title !=World]").remove();
    $p.appendTo("h1");
  });
});
</script>
</head>
<body>
<div style="background-color:grey">
[Div]
<p title="Hello">Hello</p>
<p title="World">World</p>
</div>
<h1 style="background-color:grey">[H1]</h1>
<hr>
<button id="btnDelete">删除节点</button>
</body>
```

8.3.6　元素的遍历

为遍历元素节点,可使用 each()方法。该方法的功能为对匹配的所有元素逐一进行遍历,语法格式为

```
each(callback)
```

其中,callback 为回调函数。该回调函数可以接受一个形参 index,而该形参表示的是遍历过程中当前元素的序号(序号为从 0 开始)。在回调函数中,借助于 this 关键字,即可实现对当前元素的访问。

【例 8.11】　如图 8.14(a)所示,为"节点遍历示例"页面 node_Each.html,内含 10 个数字小图片(0~9)与一个文本域。单击"遍历节点"按钮,可分别为各个数字小图片设置内容格式为"图片+序号"的标题文本,同时在文本域中显示出各个数字小图片文件的路径(或地

视频讲解

址)，如图 8.14(b)所示。

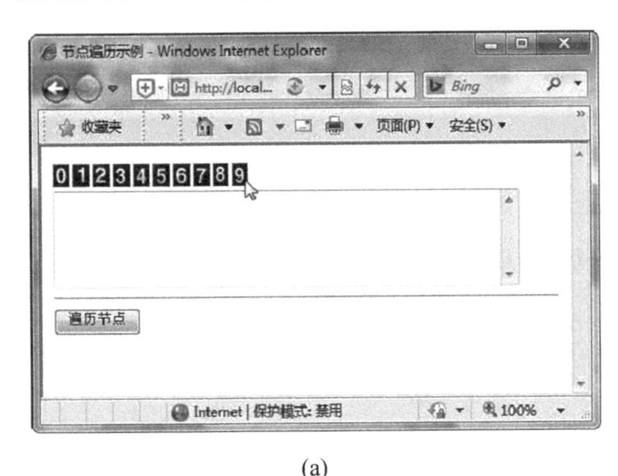

(a)

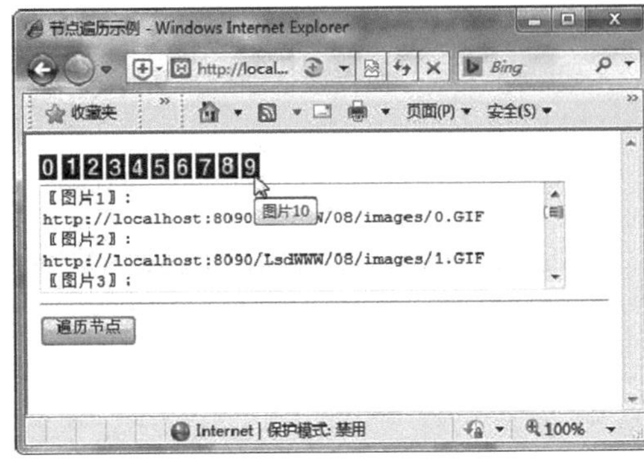

(b)

图 8.14 “节点遍历示例”页面

主要步骤:

(1) 将数字小图片文件 0.GIF、1.GIF、2.GIF、……、9.GIF 置于站点目录的子目录 images 中。

(2) 在站点目录中新建一个 HTML 页面 node_Each.html。

(3) 编写页面 node_Each.html 的代码。主要代码如下。

```
<head>
<title>节点遍历示例</title>
<style>
body{font-size:12px}
</style>
<script type="text/javascript" src="./jQuery/jquery.js"></script>
<script type="text/javascript">
$(document).ready(function(){
  $("#btnEach").click(function(){
    $("#result").val("");
    $("img").each(function(index){
      $(this).attr("title","图片"+(index+1));
      $("#result").val($("#result").val()+"【图片"+(index+1)+"】:"+
$(this).attr("src")+"\r\n");
    })
  });
});
</script>
</head>
<body>
<img height=20 src="images/0.GIF" width=15>
<img height=20 src="images/1.GIF" width=15>
<img height=20 src="images/2.GIF" width=15>
<img height=20 src="images/3.GIF" width=15>
```

```
<img height=20 src="images/4.GIF" width=15>
<img height=20 src="images/5.GIF" width=15>
<img height=20 src="images/6.GIF" width=15>
<img height=20 src="images/7.GIF" width=15>
<img height=20 src="images/8.GIF" width=15>
<img height=20 src="images/9.GIF" width=15>
<br>
<textarea name="result" cols="50" rows="5" id="result"></textarea>
<hr>
<button id="btnEach">遍历节点</button>
</body>
```

8.4 jQuery 事件处理

事件处理对于各类应用的开发来说是至关重要的。jQuery 为事件处理提供了强有力的全面支持,并有效地解决了浏览器的兼容性问题,极大地方便了应用开发中有关功能的灵活实现。

8.4.1 jQuery 常用事件

除了文档对象就绪事件 ready 以外,jQuery 还提供了为数众多的各种事件,包括鼠标事件、键盘事件、表单事件与浏览器事件等。通过为事件绑定或注册相应的事件处理函数(或处理程序),可在该事件发生时自动执行预定的任务。

在不同的浏览器中,事件的名称并不完全一致。因此,为方便起见,jQuery 为用户统一了所有事件的名称。也正因为如此,jQuery 很好地解决了浏览器的兼容性问题。如表 8.1～表 8.4 所示,分别为 jQuery 所提供的鼠标事件、键盘事件、表单事件与浏览器事件。事实上,jQuery 的事件名与标准 DOM 中的事件名颇为相似,而与 IE 事件名的区别主要是没有以“on”开头。

表 8.1 jQuery 中的鼠标事件

名　称	说　明
click	单击事件,在元素上单击时触发
dblclick	双击事件,在元素上双击时触发
mousedown	在元素上按下鼠标按键时触发
mouseup	在元素上释放鼠标按键时触发
mousemove	在元素内移动鼠标指针时触发
mouseenter	鼠标指针进入元素时触发
mouseleave	鼠标指针离开元素时触发

续表

名　称	说　明
mouseover	鼠标指针进入元素时触发
mouseout	鼠标指针离开元素时触发
hover	鼠标指针进入元素及移出该元素时触发

表 8.2　jQuery 中的键盘事件

名　称	说　明
keydown	在元素上按下键盘按键时触发
keyup	在元素上释放键盘按键时触发
keypress	在元素上按键盘按键(即按下并释放同一个键盘按键)时触发

表 8.3　jQuery 中的表单事件

名　称	说　明
blur	当元素失去焦点时触发
change	在元素的值发生改变并失去焦点时触发(仅适用于文本框、文本域与选择框)
focus	当元素获得焦点时触发
select	在元素内选定文本内容时触发(仅适用于文本框与文本域)
submit	提交表单时触发

表 8.4　jQuery 中的浏览器事件

名　称	说　明
load	当元素及其所有子元素完全加载完毕时触发
unload	在元素卸载时触发
error	当元素未能正确加载时触发
resize	当调整浏览器窗口的大小时触发
scroll	当元素被用户滚动时触发，适用于所有可滚动的元素与浏览器窗口

8.4.2　jQuery 事件方法

jQuery 不但统一了所有事件的名称，并提供了相应的事件方法，以便为事件绑定处理函数，或触发事件处理函数的执行。

在 jQuery 中，对于大多数事件来说，其事件方法名与事件的名称相同。例如，click 事件的事件方法名为 click，而 dblclick 事件的事件方法名为 dblclick。

1. 事件处理函数的绑定

只有为事件绑定了处理函数，才能在该事件发生时做出相应的响应。如果要为事件绑

定处理函数,那么应以事件处理函数作为参数调用相应的事件方法。其基本格式为

```
EventMethodName(function(){
    …
});
```

其中,EventMethodName 为事件方法名,而 function(){…}则为相应的事件处理函数。

例如,以下代码可为 id 为“btnOK”的元素绑定一个单击事件处理函数,当单击该元素时可显示一个内容为“OK!”的对话框。

```
$("#btnOK").click(function(){
    alert("OK!");
});
```

2. 事件处理函数的执行

用户在页面中的有关操作,可自动触发相应的事件,从而执行为该事件绑定的事件处理函数。此外,也可以通过调用不带任何参数的事件方法来触发相应的事件。其基本格式为

```
EventMethodName();
```

其中,EventMethodName 为事件方法名。

例如,要触发 id 为“btnOK”的元素的单击事件(即 click 事件),代码如下。

```
$("#btnOK").click();
```

【例 8.12】 如图 8.15(a)所示,为“事件绑定示例”页面 event1.html,内含一个内容为“Web 编程技术主要有哪些?”的<h3>元素。单击“绑定事件”按钮后,再单击该<h3>元素,将显示出相应的“Web 编程技术”内容,如图 8.15(b)所示。

视频讲解

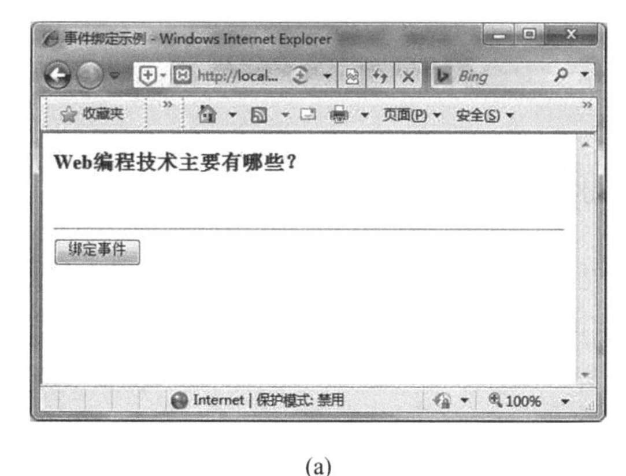

(a)

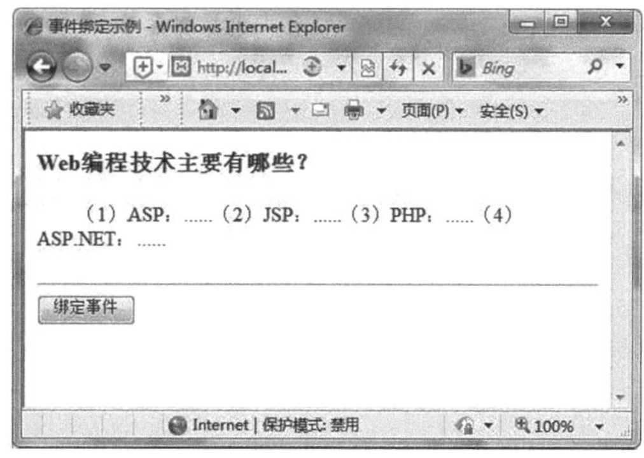

(b)

图 8.15 “事件绑定示例”页面

主要步骤:

(1) 在站点目录中新建一个 HTML 页面 event1.html。

(2) 编写页面 event1.html 的代码。主要代码如下。

```
<head>
<title>事件绑定示例</title>
```

```
<style type="text/css">
#content{
  text-indent:2em;
  display:none;
}
</style>
<script type="text/javascript" src="./jQuery/jquery.js"></script>
<script type="text/javascript">
$(document).ready(function(){
  $("#btnOK").click(function(){
    $("#web h3.title").click(function(){
      $(this).next().show();
    })
  });
});
</script>
</head>
<body>
<div id="web">
  <h3 class="title">Web 编程技术主要有哪些?</h3>
  <div id="content">
  (1)ASP:......(2)JSP:......(3)PHP:......(4)ASP.NET:......
  </div>
</div>
<br>
<hr>
<button id="btnOK">绑定事件</button>
</body>
```

8.4.3 jQuery 事件的绑定、解绑与触发

在 jQuery 中,事件的应用是十分灵活的。根据需要,在文档就绪后,可为元素绑定事件以完成相应的操作;反之,对于已绑定的事件,也可将其解绑(或移除)。必要时,还可以随时触发有关的事件。

1. 事件的绑定

为绑定事件,可使用 bind()方法或 one()方法。其中,bind()方法所绑定的事件处理函数(或处理程序)可在相应事件的每一次触发时正常执行,而 one()方法所绑定的事件处理函数则只能在相应事件的第一次触发时被执行一次。两者的语法格式为

```
bind(name[,data],fn);
one(name[,data],fn);
```

其中,参数 name 用于指定欲绑定事件的名称,参数 data(可选)用于指定作为 data 属性值传递给事件对象的额外数据对象,参数 fn 用于指定欲绑定事件的处理函数。

例如，以下代码为 id 为“btnOK”的元素绑定一个单击事件，其处理函数的功能为显示一个内容为“OK!”的对话框。

```
$("#btnOK").bind("click",function(){
    alert("OK!");
});
```

执行以上代码后，每次单击 id 为“btnOK”的元素均可显示一个内容为“OK!”的对话框。若将 bind()方法改为 one()方法，则单击该元素时只能显示一次对话框。

2. 事件的解绑

为解绑事件，可使用 unbind()方法。其语法格式为

```
unbind([name][[,]fn]);
```

其中，参数 name(可选)用于指定欲解绑事件的名称，参数 fn(可选)用于指定相应的解除事件绑定的处理函数。

注意：在调用 unbind()方法时，若不指定任何参数，则会解绑匹配元素上所有已绑定的事件。

例如，要解绑在 id 为“btnOK”的元素上所绑定的单击事件，代码如下。

```
$("#btnOK").unbind("click");
```

3. 事件的触发

为触发事件，可使用 trigger()方法或 triggerHandler()方法。其语法格式为

```
trigger(eventName);
triggerHandler(eventName);
```

其中，参数 eventName 用于指定欲触发事件的名称。

例如，要触发 id 为“btnOK”的元素的单击事件，代码如下。

```
$("#btnOK").trigger("click");
```

必要时，也可在触发事件的同时为事件传递参数。为此，只需在事件名的后面指定相应的参数值即可。其语法格式为

```
trigger(eventName,[paramValue1, paramValue2, …]);
triggerHandler(eventName,[paramValue1, paramValue2, …]);
```

其中，paramValue1、paramValue2 等为相应的参数值。

例如，要触发 id 为“btnOK”的元素的单击事件，并为其传递两个参数值“Hello”与“World”，代码如下。

```
$("#btnOK").trigger("click",["Hello","World"]);
```

为接收传递过来的参数值，相应的事件处理函数也必须添加有关参数。其基本格式为

```
function(eventObject, param1, param2, …){
    …
})
```

其中,eventObject 表示事件对象,param1、param2 等则为相应的参数。

注意:使用 trigger()方法或 triggerHandler()方法均可触发指定的事件,但前者会导致浏览器的同名默认行为被执行,而后者则不会。例如,若使用 trigger()触发 submit 事件,则会导致浏览器执行提交表单的操作。

视频讲解

【例 8.13】 如图 8.16(a)所示,为"事件绑定示例"页面 event2.html,内含一个内容为"Web 编程技术主要有哪些?"的<h3>元素。单击"绑定事件"按钮后,在首次将鼠标指针移到该<h3>元素之上时,可自动添加一个内容为"OK!"的<p>元素,如图 8.16(b)所示;若单击该<h3>元素,则可显示出相应的"Web 编程技术"内容,并在其后添加一行减号"—",如图 8.16(c)所示。

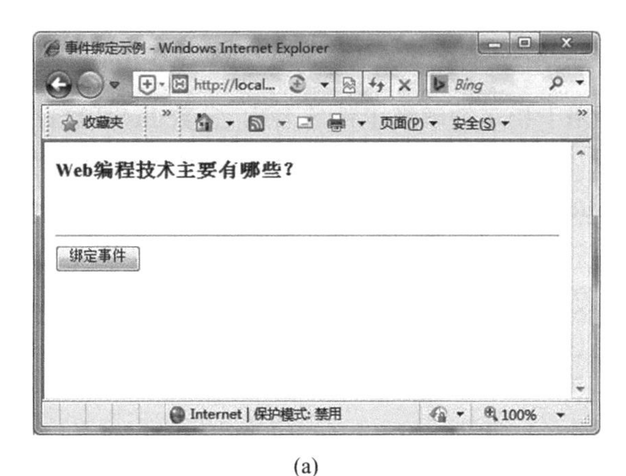

(a)

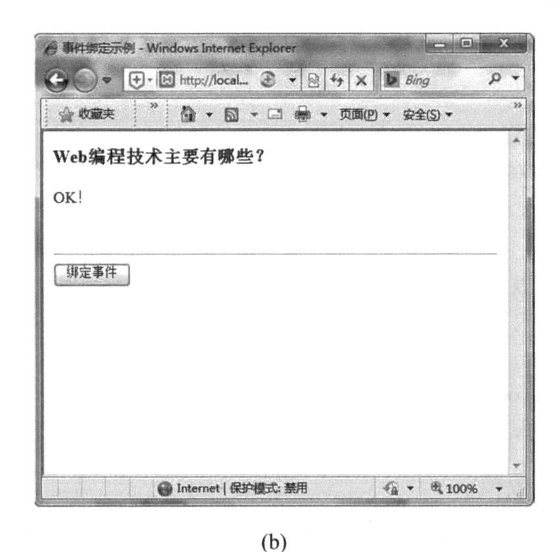

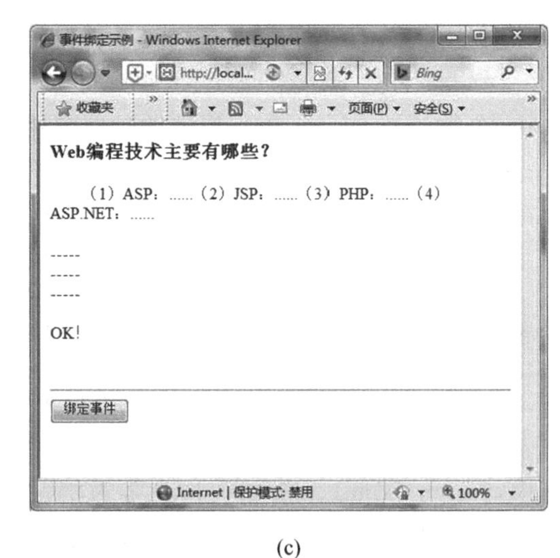

(b) (c)

图 8.16 "事件绑定示例"页面

主要步骤:

(1) 在站点目录中新建一个 HTML 页面 event2.html。

(2) 编写页面 event2.html 的代码。主要代码如下。

```
<head>
```

```
<title>事件绑定示例</title>
<style type="text/css">
#content{
  text-indent:2em;
  display:none;
}
</style>
<script type="text/javascript" src="./jQuery/jquery.js"></script>
<script type="text/javascript">
$(document).ready(function(){
  $("#btnOK").click(function(){
    $("#web h3.title").bind("click",function(){
      $(this).next().show();
      $(this).next().after("<br>-----");
    })
    .one("mouseover",function(){
      $("#content").after("<p>OK!</p>");
    })
  });
});
</script>
</head>
<body>
<div id="web">
  <h3 class="title">Web 编程技术主要有哪些?</h3>
  <div id="content">
  (1)ASP:......(2)JSP:......(3)PHP:......(4)ASP.NET:......
  </div>
</div>
<br>
<hr>
<button id="btnOK">绑定事件</button>
</body>
```

8.5 jQuery EasyUI 基本应用

8.5.1 jQuery EasyUI 简介

jQuery EasyUI 是一个广为使用的基于 jQuery 核心开发的 UI 插件库。在 jQuery EasyUI 中,集成了各种类型的为数众多的 UI 插件,从而为页面的设计提供了全面的强有力的支持。

jQuery EasyUI 的插件可分为以下六大类。

(1) Base(基础)。包括 Parser(解析器)、Easyloader(加载器)、Draggable(可拖动)、

Droppable(可放置)、Resizable(可调整尺寸)、Pagination(分页)、Searchbox(搜索框)、Progressbar(进度条)与Tooltip(提示框)插件。

(2) Layout(布局)。包括Panel(面板)、Tabs(标签页/选项卡)、Accordion(折叠面板)与Layout(布局)插件。

(3) Menu(菜单)与Button(按钮)。包括Menu(菜单)、Linkbutton(链接按钮)、Menubutton(菜单按钮)与Splitbutton(分割按钮)插件。

(4) Form(表单)。包括Form(表单)、Validatebox(验证框)、Combo(组合)、Combobox(组合框)、Combotree(组合树)、Combogrid(组合网格)、Numberbox(数字框)、Datebox(日期框)、Datetimebox(日期时间框)、Calendar(日历)、Spinner(微调器)、Numberspinner(数值微调器)、Timespinner(时间微调器)与Slider(滑块)插件。

(5) Window(窗口)。包括Window(窗口)、Dialog(对话框)与Messager(消息框)插件。

(6) DataGrid(数据网格)与Tree(树)。包括Datagrid(数据网格)、Propertygrid(属性网格)、Tree(树)与Treegrid(树形网格)插件。

作为一个基于jQuery的完整框架,jQuery EasyUI的使用非常简单,但其功能却十分强大。借助于jQuery EasyUI,可轻松构建界面美观且极具交互性的各类应用。正因为如此,jQuery EasyUI在实际中的使用是十分广泛的。

8.5.2 jQuery EasyUI基本用法

1. jQuery EasyUI的下载

jQuery EasyUI可从其官方网站(http://www.jeasyui.com)或其他相关网站下载。如图8.17所示,为jQuery EasyUI官方网站的首页。单击导航栏中的Download链接,可打开如图8.18所示的Download the EasyUI Software页面,再单击EasyUI for jQuery处的

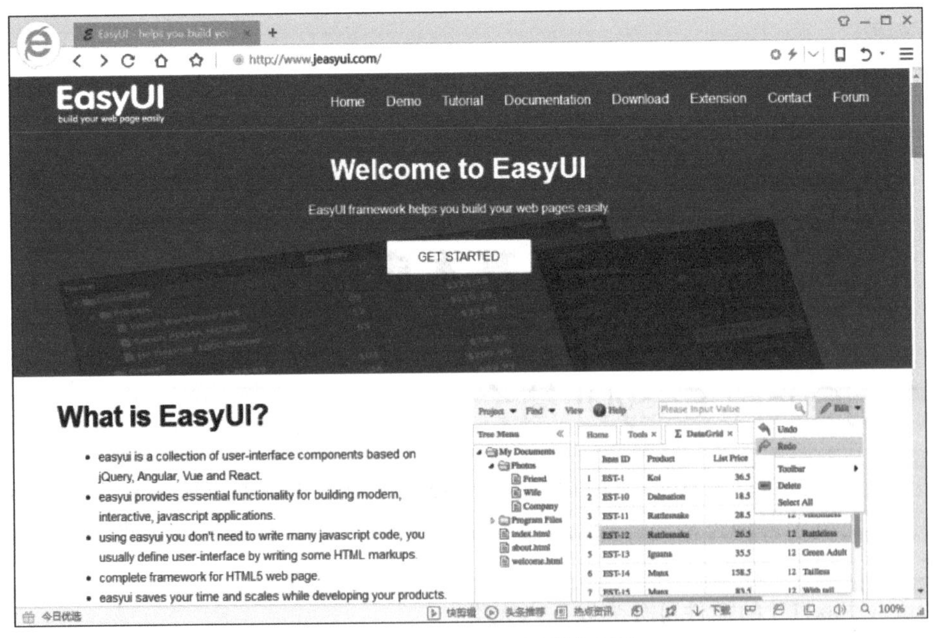

图8.17 jQuery EasyUI官方网站

Download 按钮，即可打开如图 8.19 所示的下载最新版本(在此为 1.8.1 版)的 jQuery EasyUI 的页面。在此页面中，单击 Freeware Edition 处的 Download 按钮，即可完成最新版本的 jQuery EasyUI 的下载操作。若单击此页面下方 Other Versions 处的 here 链接，则可进一步打开如图 8.20 所示的 jQuery EasyUI Download 页面。在此页面中，提供了所有已发布的 jQuery EasyUI 版本的下载链接。

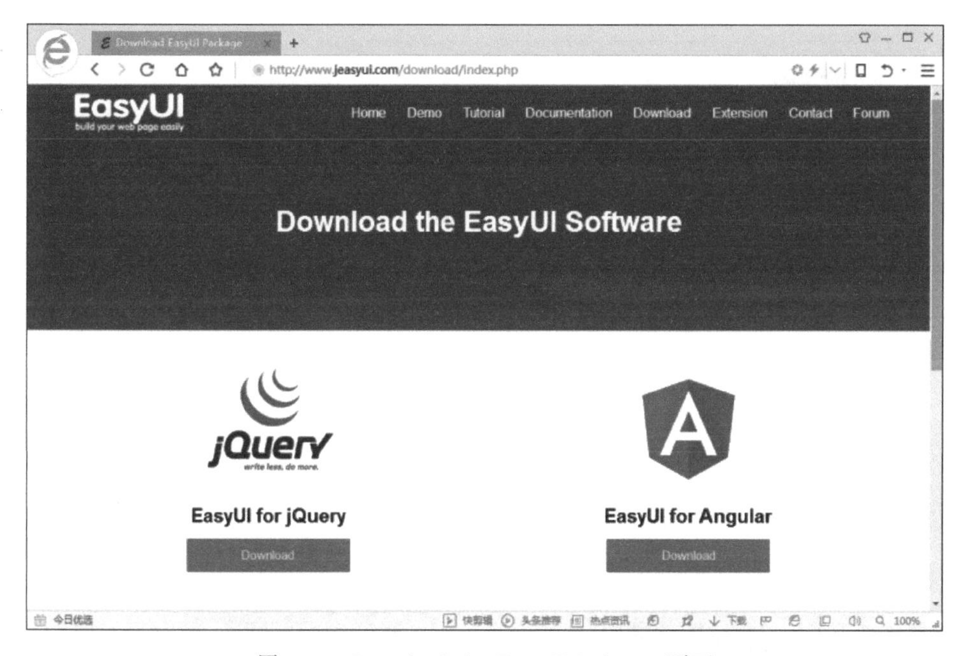

图 8.18 Download the EasyUI Software 页面

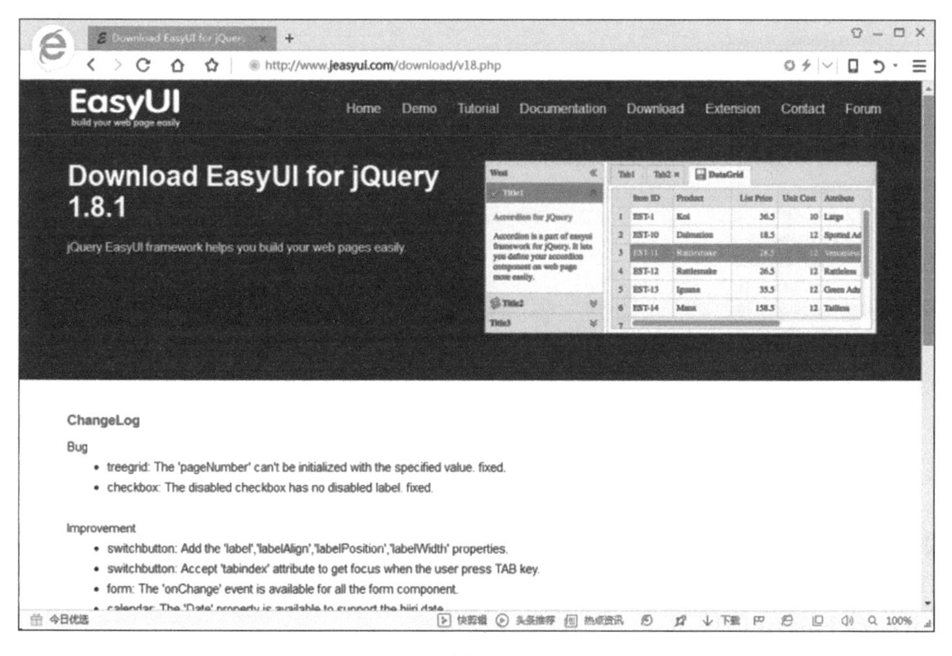

(a)

图 8.19 jQuery EasyUI(当前最新版本)下载页面

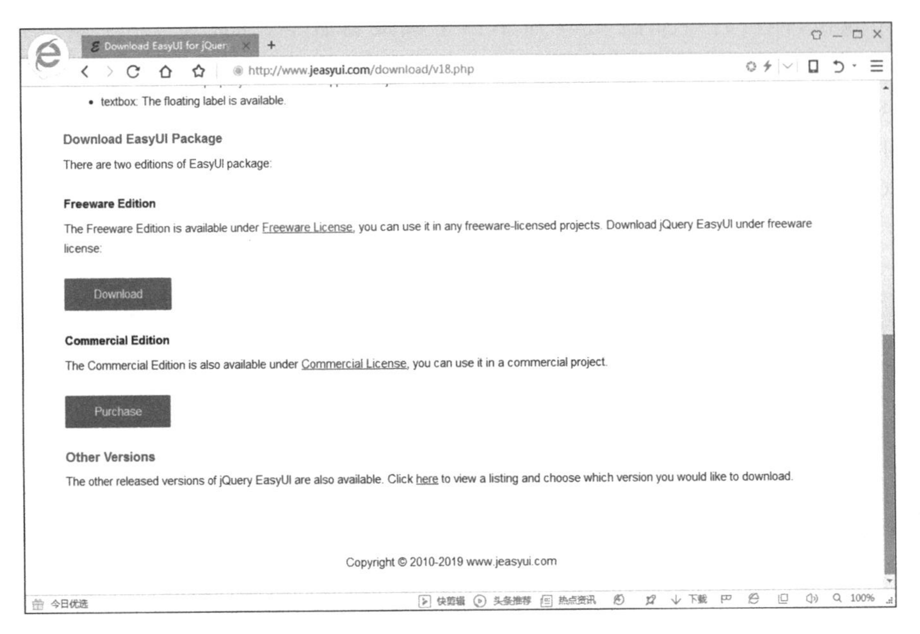

(b)

图 8.19 （续）

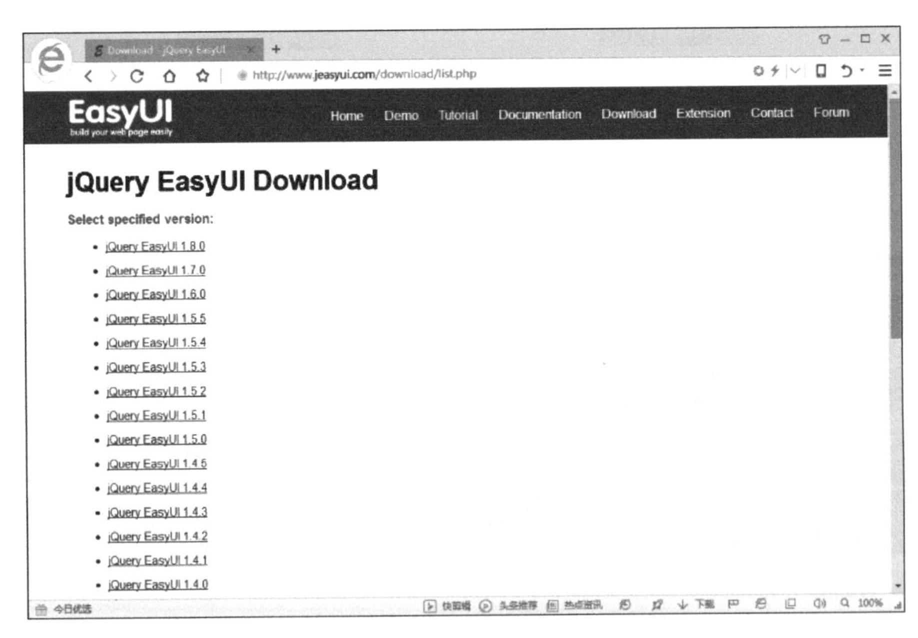

图 8.20 jQuery EasyUI Download 页面

jQuery EasyUI 下载成功后，得到的是一个相应的 zip 文件。在此，直接下载 jQuery EasyUI 的最新版本——jQuery EasyUI 1.8.1，相应的 zip 文件为 jquery-easyui-1.8.1.zip。

2. jQuery EasyUI 的使用

使用 jQuery EasyUI 的基本方法如下。

(1) 解压 zip 文件 jquery-easyui-1.8.1.zip，生成文件夹 jquery-easyui-1.8.1。在该文件夹

内,包含 jQuery EasyUI 插件库的有关文件与文件夹。

(2) 将文件夹 jquery-easyui-1.8.1 复制到站点目录中,并将其重命名为 jquery-easyui,以便引用其中的有关文件。

(3) 在需使用 jQuery EasyUI 插件的 HTML 文档的<head>元素中,添加对 jquery-easyui 文件夹内 themes/default/easyui.css、themes/icon.css、jquery.min.js 与 jquery.easyui.min.js 文件的引用。假定页面在站点目录中,则相应的代码为

```
<link rel="stylesheet" type="text/css" href="./jquery-easyui/themes/default/
easyui.css">
<link rel="stylesheet" type="text/css" href="./jquery-easyui/themes/icon.css">
<script type="text/javascript" src="./jquery-easyui/jquery.min.js"></script>
<script type="text/javascript" src="./jquery-easyui/jquery.easyui.min.js">
</script>
```

(4) 在网页中编写有关代码,以添加所需要的 jQuery EasyUI 插件。

3. jQuery EasyUI 的应用实例

jQuery EasyUI 是一个功能丰富、门类齐全的插件库,所包含的插件共有数十种之多。关于 jQuery EasyUI 插件的具体用法,可参阅其使用手册或有关资料。在此,仅以 Linkbutton(链接按钮)插件为例,说明使用 jQuery EasyUI 插件的基本方式。

【例 8.14】 使用 Linkbutton 插件创建链接按钮。如图 8.21 所示为"基本的链接按钮"页面 basicLinkbutton.html,内含 5 个基本的按钮与 4 个固定宽度的按钮。

图 8.21 "基本的链接按钮"页面

设计步骤:

(1) 创建一个站点目录"08-jQueryEasyUI"。

(2) 将解压 jQuery EasyUI 插件库 zip 文件(在此为 jquery-easyui-1.8.1.zip)所生成的文件夹(在此为 jquery-easyui-1.8.1)置于站点目录中,并重命名为 jquery-easyui。

(3) 在站点目录中创建一个 HTML 页面 basicLinkbutton.html。

(4) 编写页面 basicLinkbutton.html 的代码。

```
<html>
<head>
    <meta charset="UTF-8">
    <title>基本的链接按钮</title>
<style type="text/css">
    body {
    padding:20px;
    font-size:12px;
    margin:0;
    }
    h1 {
    font-size:18px;
    font-weight:bold;
    margin:0;
    }
    </style>
    <link rel="stylesheet" type="text/css" href="./jquery-easyui/themes/
default/easyui.css">
    <link rel="stylesheet" type="text/css" href="./jquery-easyui/themes/icon.
css">
    <script type="text/javascript" src="./jquery-easyui/jquery.min.js">
</script>
    <script type="text/javascript" src="./jquery-easyui/jquery.easyui.min.js">
</script>
</head>
<body>
    <h1>基本的链接按钮</h1>
    <p>按钮可通过 &lt;a&gt; 或 &lt;button&gt; 元素创建.</p>
    <hr>
    <p>基本的按钮</p>
    <div style="padding:5px 0;">
        <a href="#" class="easyui-linkbutton" data-options="iconCls:'icon-add'">
添加</a>
        <a href="#" class="easyui-linkbutton" data-options="iconCls:'icon-
remove'">删除</a>
        <a href="#" class="easyui-linkbutton" data-options="iconCls:'icon-
save'">保存</a>
        <a href="#" class="easyui-linkbutton" data-options="iconCls:'icon-cut',
disabled:true">剪切</a>
        <a href="#" class="easyui-linkbutton">[文本按钮]</a>
    </div>
    <p>固定宽度的按钮</p>
```

```
    <div style="padding:5px 0;">
        <a href="#" class="easyui-linkbutton" data-options="iconCls:'icon-
search'" style="width:80px">搜索</a>
        <a href="#" class="easyui-linkbutton" data-options="iconCls:'icon-
print'" style="width:80px">打印</a>
        <a href="#" class="easyui-linkbutton" data-options="iconCls:'icon-
reload'" style="width:80px">重载</a>
        <a href="#" class="easyui-linkbutton" data-options="iconCls:'icon-
help'" style="width:80px">帮助</a>
    </div>
</body>
</html>
```

在本实例中，通过将<a>元素的 class 属性设置为 easyui-linkbutton，并根据需要设置其 data-options 属性与 style 属性，成功地利用 jQuery EasyUI 的 Linkbutton(链接按钮)插件实现了相应的基本按钮与固定宽度的按钮。其中，data-options 属性值中的 iconCls 选项用于指定需在按钮上显示的小图标。例如，将 iconCls 选项设置为 icon-add，则可显示一个“添加”小图标。

8.5.3　利用 jQuery EasyUI 访问 MySQL 数据库

在 Web 应用系统的开发中，借助于 jQuery EasyUI 的有关插件，即可轻松实现美观且专业的应用界面。在此基础上，再结合 PHP 编程，即可有效实现对 MySQL 数据库的访问，从而完成各项具体的系统功能。在此，仅通过一个“班级管理”实例，简要说明综合利用 jQuery EasyUI 的 DataGrid(数据网格)、Dialog(对话框)与 Messager(消息框)等插件访问 MySQL 数据库的编程技术。

【例 8.15】 使用 jQuery EasyUI+PHP+MySQL 实现班级管理功能。如图 8.22(a)所示，为“班级管理”页面，可实现班级的查询、增加、修改与删除操作。

(a)

图 8.22　“班级管理”页面与对话框

班级管理

http://localhost:8090/LsdWWW/08-jQueryEasyUI/classManagement.html

班级

班级代码： 班级名称：1班 查询 增加 修改 删除

	班级代码	班级简称	班级全称
1	200501011	05计应1	05级计算机应用1班

5 第 1 页（共 1 页） 当前显示 1 - 1 条记录（共 1 条记录）

(b)

班级增加

班级信息

班级代码: 200501021

班级简称: 05电商1

班级全称: 2005级电子商务1班

保存 取消

(c)

班级管理

http://localhost:8090/LsdWWW/08-jQueryEasyUI/classManagement.html

班级

班级代码： 班级名称： 查询 增加 修改 删除

	班级代码	班级简称	班级全称
1	200501011	05计应1	05级计算机应用1班
2	200501012	05计应2	05级计算机应用2班
3	200501013	05计应3	05级计算机应用3班
4	200501021	05电商1	2005级电子商务1班

5 第 1 页（共 1 页） 当前显示 1 - 4 条记录（共 4 条记录）

(d)

图 8.22 （续）

班级修改

班级信息

班级代码：200501021

班级简称：05电商一

班级全称：2005级电子商务一班

保存 取消

(e)

(f)

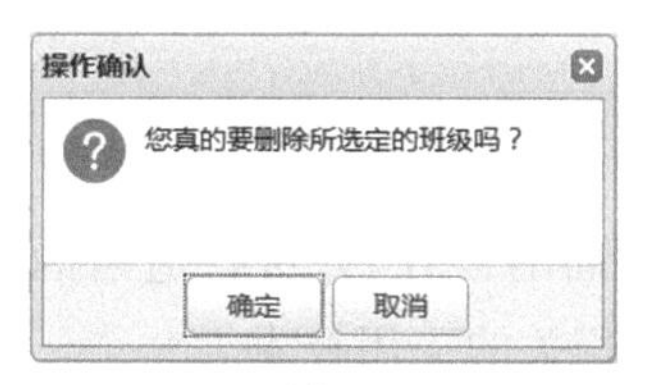

(g)

班级管理

http://localhost:8090/LsdWWW/08-jQueryEasyUI/classManagement.html

班级管理

班级

班级代码： 班级名称： 查询 增加 修改 删除

	班级代码	班级简称	班级全称
1	200501011	05计应1	05级计算机应用1班
2	200501012	05计应2	05级计算机应用2班
3	200501013	05计应3	05级计算机应用3班

第 1 页（共 1 页） 当前显示 1 - 3 条记录（共 3 条记录）

(h)

图 8.22 （续）

(1) 在“班级代码”或“班级名称”文本框中输入相应的查询条件，再单击“查询”按钮，即可完成班级的查询操作，并显示相应的班级查询结果，如图 8.22(b)所示。

(2) 单击“增加”按钮，即可打开如图 8.22(c)所示的“班级增加”对话框，在其中输入相应的班级代码、班级简称与班级全称后，再单击“保存”按钮，即可完成班级的增加操作，并显示相应的班级增加结果，如图 8.22(d)所示。

(3) 在“班级”列表中选中某个班级后，再单击“修改”按钮，即可打开如图 8.22(e)所示的“班级修改”对话框，在其中根据需要修改相应的班级简称与班级全称后，再单击“保存”按钮，即可完成班级的修改操作，并显示相应的班级修改结果，如图 8.22(f)所示。

(4) 在“班级”列表中选中某个班级后，再单击“删除”按钮，即可打开如图 8.22(g)所示的“操作确认”对话框，在单击“确定”按钮后，即可完成班级的删除操作，并显示相应的班级删除结果，如图 8.22(h)所示。

本实例的实现包括以下 HTML 网页文件与 PHP 程序文件。

- classManagement.html(“班级管理”页面)
- connect.php(数据库连接与选择程序文件)
- class_select.php(班级检索程序文件)
- class_insert.php(班级增加程序文件)
- class_update.php(班级修改程序文件)
- class_delete.php(班级删除程序文件)

8.6 上机实践

1. 请完成本章各例中有关页面的设计，并进行适当的修改与尝试，熟悉并掌握 jQuery 与 jQuery EasyUI 的基本用法与相关的应用技术。

2. 使用 jQuery EasyUI＋PHP＋MySQL 实现学生的管理，包括学生的查询、增加、修改与删除等功能。

习题 8

1. 在页面中如何引用 jQuery 库文件？
2. jQuery 选择器有何作用？请写出其基本格式。
3. jQuery 的基本选择器有哪些？
4. jQuery 的层次选择器有哪些？
5. jQuery 的表单选择器有哪些？
6. jQuery 的过滤选择器可分为哪几种？
7. 简单过滤器有何作用？主要有哪些？
8. 内容过滤器有何作用？主要有哪些？

9. 属性过滤器有何作用？主要有哪些？
10. 子元素过滤器有何作用？主要有哪些？
11. 在 jQuery 中如何获取、设置元素的值？
12. 在 jQuery 中如何获取、设置元素的文本内容与 HTML 内容？
13. 在 jQuery 中如何获取、设置元素的属性？
14. 在 jQuery 中如何插入元素节点？
15. 在 jQuery 中如何删除元素节点？
16. 在 jQuery 中如何遍历元素节点？
17. jQuery 所提供的鼠标事件、键盘事件、表单事件与浏览器事件有哪些？
18. 请简述 jQuery 事件方法的基本用法。
19. 事件的基本操作主要有哪些？在 jQuery 中如何实现事件的各种基本操作？
20. jQuery EasyUI 是什么？请简述其基本的使用方法。

第 9 章

AJAX 技术和 PHP 的结合

AJAX 是 Asynchronous JavaScript and XML(异步 JavaScript 和 XML)的缩写,是由 Jesse James Garrett 于 2005 年提出的概念。AJAX 是一种用于创建交互式 Web 应用的动态网页开发技术,实现 Web 客户端的异步请求操作,即可以在不重新加载整个网页的情况下与 Web 服务器进行数据通信,对网页页面的局部内容进行异步更新,从而减少用户等待的时间。本章首先介绍 AJAX 编程的基本过程,然后介绍在 jQuery 中 AJAX 的使用方法。

9.1 AJAX 技术的编程模型

在 AJAX 中,XMLHttpRequest 是最核心的技术,它是一个具有浏览器接口的 JavaScript 对象,用于与服务器进行数据通信。开发者可以使用 XMLHttpRequest 对象发送 HTTP 请求或者 HTTPS 请求,处理服务器的响应信息,而且不用刷新页面就能够更新页面的部分内容。XMLHttpRequest 的主要功能包括:在不重新加载页面的情况下更新页面,页面加载后向服务器发送请求数据,接收服务器数据,以及在后台向服务器发送数据。AJAX 技术主要应用于数据验证、按需取数据、自动更新页面等应用场景。

使用 XMLHttpRequest 对象实现客户端与服务器进行数据交换,其编程步骤如下。

(1) 创建 XMLHttpRequest 对象。

(2) 以异步方式向 Web 服务器发送 HTTP 请求。

(3) 为 XMLHttpRequest 对象指定响应处理函数。

(4) 处理 Web 服务器返回的数据,更新页面内容。

视频讲解

9.1.1 创建 XMLHttpRequest 对象

使用 XMLHttpRequest 对象发送 HTTP 请求和处理响应之前,必须创建该对象。针对不同的浏览器,创建 XMLHttpRequest 对象的方法有所不同。

1. IE 浏览器

微软公司的 IE 浏览器中使用 ActiveX 对象来创建 XMLHttpRequest 对象,代码如下。

```
var xmlhttp=new ActiveObject("Microsoft.XMLHTTP");
```

当 window. ActiveXObject 为 true 时,使用 IE 浏览器方法创建 XMLHttpRequest 对象。

2. 其他浏览器

对于 Chrome、Firefox、Safari 等其他浏览器,使用下列代码创建 XMLHttpRequest 对象。

```
var xmlhttp=new XMLHttpRequest();
```

当 window.XMLHttpRequest 为 true 时,使用这种方法创建 XMLHttpRequest 对象。

为了提高程序的通用性,适用于不同的浏览器,需要判断浏览器的不同实现方式,用不同的代码创建 XMLHttpRequest 对象。如果浏览器提供了 XMLHttpRequest 类,则直接创建一个 XMLHttpRequest 对象,否则使用 IE 浏览器的 Active 控件创建 XMLHttpRequest 对象。代码如下。

```
var xmlhttp=null;
if (window.XMLHttpRequest) {                    //其他浏览器
  xmlhttp=new XMLHttpRequest();
}else if (window.ActiveXObject) {                //IE 浏览器
  xmlhttp=new ActiveXObject("Microsoft.XMLHTTP");
}
```

9.1.2　向 Web 服务器发送 HTTP 请求

视频讲解

创建了 XMLHttpRequest 对象后,需要调用 XMLHttpRequest 对象的 open()方法设置 HTTP 请求的参数,然后调用 send()方法实现向 Web 服务器发送 HTTP 请求。XMLHttpRequest 对象的有关方法如下。

1. open()方法

在发送 HTTP 请求之前,需要调用 open()方法设置 HTTP 请求的参数。这些参数包括异步请求目标的 URL、请求方法以及其他参数。其语法如下。

```
open("method","URL"[,asyncFlag[,"username"[,"password"]]])
```

参数说明如下。

(1) method 参数:用于指定 HTTP 请求的方法。其值为 GET、POST 之一。

(2) URL 参数:指定要调用的 Web 服务器程序的 URL。

(3) asyncFlag 参数:指定调用方式是异步还是同步。默认值为 true(即异步)。

(4) username 参数:可选参数,为 URL 所需的授权提供认证用户名。

(5) password 参数:可选参数,为 URL 所需的授权提供认证密码。

例如,使用 GET 方法以异步方式调用 Web 服务器的 logincheck.php,代码如下。

```
xmlhttp.open("GET","logincheck.php",true);
```

2. send()方法

调用open()方法设置了HTTP请求的参数后，便可以调用send()方法向Web服务器发送HTTP请求。如果请求方式为异步，该方法将立即返回，否则将等待到接收到响应为止。send()语法如下。

```
send(content)
```

其中，content参数用于指定发送的数据，可以是DOM对象的实例、输入流或字符串。如果没有要发送的数据，则可以将该参数设置为null。

使用XMLHttpRequest对象向服务器发送一个HTTP请求时，可以根据XMLHttpRequest对象的readyState属性值，判断请求的状态。XMLHttpRequest对象的readyState属性取值如表9.1所示。

表9.1 XMLHttpRequest的readyState属性

值	说明
0	表示未初始化，即已经创建一个XMLHttpRequest对象，但是还未调用open()方法
1	表示正在加载，即此时对象已经调用open()方法，但还未调用send()方法
2	表示请求已发送，即已经调用send()方法，但服务器没有响应
3	表示请求处理中。此时，服务器已经接收到HTTP响应头部信息，但是还没有接收完数据
4	表示请求已完成，即数据接收完毕，服务器的响应完成

视频讲解

9.1.3 接收Web服务器数据

为了接收Web服务器响应的数据，需要定义一个响应处理函数，即回调函数。同时将响应处理函数名赋值给XMLHttpRequest对象的onreadystatechange属性即可。onreadystatechange属性指定的响应处理函数只有在readyState属性值发生变化时才会触发。代码框架如下。

```
xmlhttp.onreadystatechange = responseHandler;
//定义响应处理函数
function responseHandler(){
    //请求成功,服务器已响应
    if(xmlhttp.readyState==4){          //请求成功
      if(xmlhttp.status==200){          //成功响应
        …                               //读取响应信息,进行处理,显示在页面的元素
      }
    }}
```

在响应处理函数responseHandler()中，应根据XMLHttpRequest对象的readyState属性和status属性的值来决定对接收数据的处理。XMLHttpRequest对象的常用属性如

表 9.2 所示。

表 9.2　XMLHttpRequest 对象的常用属性

属　性	说　明
responseText	客户端接收到的 HTTP 响应文本内容。当 readyState 值为 0、1 或 2 时，responseText 属性为一个空字符串。当 readyState 值为 3 时，responseText 属性为还未完成的响应信息。当 readyState 为 4 时，responseText 属性为响应信息
responseXML	当 readyState 属性为 4(请求已完成)时，responseXML 值为返回的 XML 响应文档。当 readyState 属性不为 4 时，则 responseXML 的值为 null
status	返回服务器的 HTTP 状态码，其常用的值有：200，表示响应成功；404，表示文件未找到；500，表示服务器内部错误
statusText	返回 HTTP 状态码对应的文本

【例 9.1】 在网页中定义一个按钮。单击该按钮，通过 XMLHttpRequest 对象从 Web 服务器读取另一个网页文件的内容，显示在页面中。

(1) 建立一个网页文件 eg9_1.html，主要代码如下。

```
<body>
    <font size="5"><p>这是被 AJAX 加载的网页文件 eg9_1.html 的内容</p></font>
</body>
```

(2) 创建一个以 AJAX 方式读取 eg9_1.html 文件的网页文件 eg9_1_demo.html，主要代码如下。

```
<head>
<script>
var xmlhttp=null;
function LoadHTML(url){
    if (window.XMLHttpRequest) {          //其他浏览器
      xmlhttp=new XMLHttpRequest();
    }else if (window.ActiveXObject) {   //IE 浏览器
      xmlhttp=new ActiveXObject("Microsoft.XMLHTTP");
    }
    if(xmlhttp!=null){
        xmlhttp.onreadystatechange=responseHandler;
        xmlhttp.open("GET",url,true);
        xmlhttp.send(null);
    }else{
        alert("你所用的浏览器不支持 AJAX");
    }
}
function responseHandler(){                   //定义响应处理函数
    if(xmlhttp.readyState==4){                //请求成功
       if(xmlhttp.status==200){               //成功响应
          document.getElementById('result').innerHTML=xmlhttp.responseText;
       }else{
```

```
            alert("读取 HTML 文件失败");
        }
    }
}
</script>
</head>
<body>
    <button onClick="LoadHTML('eg9_1.html')">以 AJAX 方式获取 HTML 文件</button>
    <div id="result"></div>
</body>
```

访问 eg9_1_demo.html 文件，然后单击页面中的“以 AJAX 方式获取 HTML 文件”按钮，调用 LoadHTML()函数，以 AJAX 异步方式读取 Web 服务器的 eg9_1.html 文件的内容，显示在页面中 id 属性为 result 的<div>元素，显示效果如图 9.1 所示。

图 9.1　例 9.1 的显示结果

9.2　基于 jQuery 的 AJAX 编程

jQuery 对 AJAX 进行了封装，提供了一系列关于 AJAX 的方法和属性来实现 AJAX。使用 jQuery 可以简化 AJAX 编程的工作量，避免了 XMLHttpRequest 对象的复杂编程。下面介绍 jQuery 常用的 AJAX 方法。

视频讲解

9.2.1　load()方法

load()方法可以动态地从服务器加载数据，并将其插入调用它的 HTML 元素中。其语法格式为

```
$(选择器).load(url [, data ] [, complete(responseText, textStatus,
XMLHttpRequest) ])
```

说明：

(1) url：请求加载的服务器资源的 URL。

(2) data：可选参数，为提交请求时发送到服务器的数据对象或字符串。

(3) complete(responseText，textStatus，XMLHttpRequest)：可选参数，表示请求结束后要调用的回调函数。

【例 9.2】 利用 jQuery 的 load()方法，单击页面的按钮，加载网页文件 eg9_1.html，显示在页面上的<div>元素(eg9_2.html)。

```
<head>
<script src="js/jquery-3.4.1.js"></script>
<script>
    $(document).ready(function(){
        $("#button1").click(function(){
          $("#mydiv").load("eg9_1.html");
        });
    });
</script>
</head>
<body>
    <button id="button1">AJAX读取网页文件</button>
    <div id="mydiv"></div>
</body>
```

在该网页文件中，第 1 个<script>元素引用 jQuery 库，第 2 个<script>元素定义了一个 jQuery 脚本程序。在脚本程序中，为按钮定义了其单击事件处理程序，单击按钮，触发其执行 $("#mydiv").load("eg9_1.html")语句，将 eg9_1.html 网页文件的内容加载到 id 属性值为 mydiv 的<div>元素。

本例所实现的功能与例 9.1 相同。比较这两个例子的代码，可以发现，利用 jQuery 的 AJAX 方法编程，比直接使用 XMLHttpRequest 对象进行 AJAX 编程更加简单。

9.2.2　$.get()方法

视频讲解

$.get()方法通过 HTTP GET 方式请求从服务器加载数据。其语法格式为

```
$.get(url[,data][,success(data,textStatus,jqXHR)][,dataType])
```

说明：

(1) url：请求加载的服务器资源的 URL。

(2) data：可选参数，为提交请求时发送到服务器的数据对象或字符串。其数据格式为形如{key1：value1，key2：value2，…}的 JSON 数据格式。

(3) success(data，textStatus，jqXHR)：可选参数，表示请求成功后要调用的回调函数。其中，data 为服务器返回的数据。

(4) dataType：可选参数，表示返回数据的格式，其值为 html、xml、js、json、text 等。

【例 9.3】 在网页文件 eg9_3.html 中定义一个按钮，单击该按钮时，调用 $.get()方法从服务器获取 userinfo.txt 文本文件的内容，添加到页面的<div>元素。

```
<head>
<script src="js/jquery-3.4.1.js"></script>
<script type="text/javascript">
```

```
    $(document).ready(function(){
        $("button").click(function(){
          $.get("userinfo.txt",          //第 1 个参数,无第 2 个参数
                function(data){          //第 3 个参数,回调函数
                  $("#mydiv").append(data);
                });
        });
    });
</script>
</head>
<body>
    <button id="button1">AJAX 读取文本文件</button>
    <div id="mydiv"></div>
</body>
```

视频讲解

9.2.3 $.post()方法

$.post()方法通过 HTTP POST 方式请求从服务器加载数据。$.post()方法的参数、选项与 $.get()方法完全相同,其语法格式为

```
$.post(url[,data][,success(data,textStatus,jqXHR)][,dataType])
```

【例 9.4】 在一个留言网页文件中,单击“提交”按钮,使用 $.POST()向 Web 服务器的 PHP 程序发送数据,然后由 PHP 程序接收数据并处理,再将数据返回到浏览器的页面中显示。

(1) 编写留言网页文件 eg9_4.html,其主要代码如下。

```
<head>
<script src="js/jquery-3.4.1.js"></script>
<script>
$(document).ready(function(){
    $("#submit").click(function(){
        $.post("eg9_4.php",
              {username:$("#username").val(),message:$("#message").val()},
              function(data){
                  $("#result").append(data);
              }
        );
    });
});
</script>
</head>
<body>
    <p>姓名:<input type="text" id="username" /></p>
    <p>留言内容:<textarea  id="message" cols="30" rows="3"></textarea></p>
```

```
    <button id="submit">提交</button>
    <div id="result"></div>
</body>
```

(2) 编写接收数据的 PHP 程序 eg9_4.php。该程序用来接收浏览器发送过来的姓名、留言内容,然后输出它们,作为响应结果。其代码如下。

```
<?php
$username=$_POST["username"];
$message=$_POST["message"];
echo "留言者:".$username."<br>";
echo "<p>留言内容:".$message."</p>";
?>
```

访问网页文件 eg9_4.html,输入留言信息,单击"提交"按钮后,显示效果如图 9.2 所示。

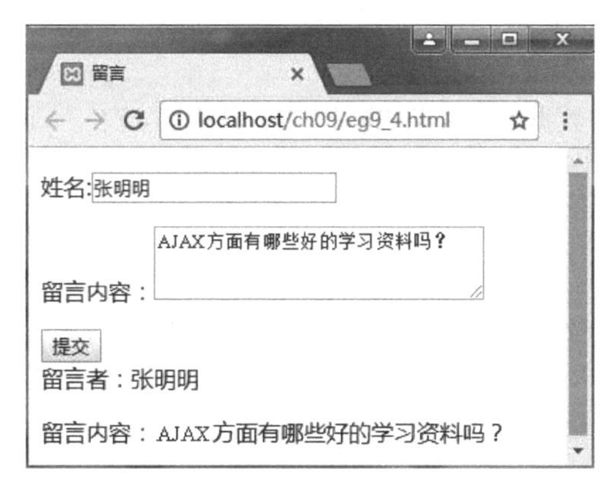

图 9.2 提交后的显示效果

9.2.4 $.getJSON 方法

视频讲解

JSON 是一种轻量级的数据交换格式,在 AJAX 开发中,经常使用 JSON 作为数据交换格式。首先介绍 JSON 对象和 JSON 数组,然后介绍 $.getJSON()方法。

1. JSON 对象

一个 JSON 对象以"{"符号开始,以"}"符号结束,它包含若干个由"键:值"对组成的属性,属性之间用逗号","分隔。如果键和值是字符串常量,则必须用引号(单引号或双引号)括起来,如果是数值或变量,则不需要用引号括起来。例如,以下 JSON 对象描述了某个人的基本属性。

```
var user={"name":"张三","age":20,"E_mail":"zhangsan@qq.com"};
```

2. JSON 数组

一个 JSON 数组以"["符号开始,以"]"符号结束,其每一个数组元素是一个 JSON 对象。例如,下列语句定义了一个 JSON 数组 users,含有 3 个 JSON 对象作为其数组元素。

```
var users=[ {"name":"张三","age":20}, {"name":"李晓","age":23},
            {"name":"王五","age":22} ];
```

3. $.getJSON()方法

$.getJSON()方法可以通过 HTTP GET 请求从服务器加载 JSON 格式的数据，其语法格式为

```
$.getJSON(url [,data] [, success(data, textStatus, jqXHR)])
```

说明：

(1) url：需要加载的 JSON 数据所在资源的 URL。

(2) data：可选参数，表示在提交请求时要发送到服务器的数据对象或字符串。

(3) success(data, textStatus, jqXHR)：可选参数，表示请求成功后要调用的回调函数。

【例 9.5】 创建一个网页文件，单击网页中的按钮，调用 $.getJSON()方法读取 JSON 数据文件，显示在页面的<div>元素中。

(1) 创建一个 JSON 数据文件 UserInfo.json，其内容如下。

```
[ {
    "name": "张三",
    "sex": "男",
    "email": "zhangsan@163.com"
  },
  {
    "name": "李四",
    "sex": "女",
    "email": "lisi@163.com"
  } ]
```

(2) 创建一个网页文件 eg9_5.html，其主要代码如下。

```
<head>
  <script src="js/jquery-3.4.1.js"></script>
  <script type="text/javascript">
    $(document).ready(function() {
        $("#Button1").click(function() {     //按钮单击事件处理函数
            $.getJSON("UserInfo.json", function(data) {
                $("#divResult").empty();
                var strHTML = "";
                $.each(data, function(InfoIndex, Info) {
                    strHTML +="姓名:" + Info.name + "<br>";
                    strHTML +="性别:" + Info.sex + "<br>";
                    strHTML +="邮箱:" + Info.email + "<hr>";
                })
                $("#divResult").html(strHTML);
            })
```

```
            })
        })
    </script>
</head>
<body>
    <div><button id="Button1" >获取数据</button></div>
    <div id="divResult"></div>
</body>
```

在脚本程序中，调用 $.getJSON()方法，读取 UserInfo.json 文件的内容，回调函数的 data 参数存放了返回的 JSON 数组，在其函数体中使用 $.each()语句循环遍历 JSON 数组的元素，获取其各个属性的值，生成 strHTML 变量的值。最后，设置<div>元素的内容，从而显示出 JSON 数据的结果。访问 eg9_5.html 文件，单击“获取数据”按钮，显示效果如图 9.3 所示。

图 9.3　访问 eg9_5.html 的显示结果

9.2.5　$.ajax()方法

$.ajax()是 jQuery 的 AJAX 底层实现，前面几节介绍的 $.get()、$.post()、load() 等方法都是基于 $.ajax()方法构造的高层实现，它们都可以用 $.ajax()方法代替。

$.ajax()方法以 AJAX 方式执行异步 HTTP 请求，除了实现 $.get()、$.post()、load() 等方法的功能外，还可以设定一些选项参数，以及 beforeSend、error、success 和 complete 事件的回调函数，从而为用户提供程序控制和更多的 AJAX 提示信息。其语法格式为

```
$.ajax(options)
```

$.ajax()方法只有一个 JSON 对象形式的 options 参数，options 参数的选项是 JSON 格式的数据，表示为“键：值”对的形式。$.ajax()方法的参数中常用的选项数据如表 9.3 所示。

表 9.3 $.ajax()参数的常用选项

选项名	值类型	描述
url	字符串	请求访问的目标 URL
type	字符串	请求方式,值为"POST"或 "GET", 默认为 "GET"
timeout	数字	设置请求超时时间,以 ms 为单位
async	布尔	默认设置下,所有请求均为异步请求,默认值为 true。如果需要发送同步请求,请将此选项设置为 false
beforeSend	函数	请求开始前触发,调用其回调函数,可在其回调函数中输出一些提示信息,如:beforeSend : function() { $("#message").html("正在加载…"); }
complete	函数	请求完成时触发,调用其回调函数(无论请求是成功还是失败)。如果同时设置了 success 或 error,则在它们执行完之后才执行 complete 的回调函数
data	对象,或字符串	发送到服务器的数据。它是"键:值"对形式组成的 JSON 对象或字符串
dataType	字符串	服务器返回值的数据类型。其值为 xml、html、json、script 等
error	函数	请求发生错误时触发,调用其回调函数。该函数可接受三个参数:第 1 个参数是 XMLHttpRequest 对象,第 2 个参数是错误信息 textStatus,第 3 个参数可选,表示错误类型的字符串
success	函数	请求成功时触发,调用其回调函数。该函数有两个参数:第 1 个参数是服务器返回的数据,第 2 个参数是服务器的返回状态

【例 9.6】 使用 $.ajax()方法异步提交留言内容,然后显示在网页的<div>元素中。

(1) 编写留言网页文件名为 eg9_6.html,其主要代码如下。

```
<head>
<meta charset="utf-8">
<script src="js/jquery-3.4.1.js"></script>
<script>
$(document).ready(function(){
    $("#submit").click(function(){
        $.ajax({
            url:"eg9_6.php",
            type:"GET",
            data:{username:$("#username").val(),message:$("#message").val()},
            beforeSend:function(){
                        $("#result").html("<p>正在加载…</p>");},
            error:function(){
                        $("#result").html("<p>加载失败!</p>");},
            success:function(data){
                        $("#result").html(data);}
        });
    });
});
</script>
```

```
</head>
<body>
    <p>姓名:<input type="text" id="username" /></p>
    <p>留言内容:<textarea  id="message" cols="30" rows="3"></textarea></p>
    <button id="submit">提交</button>
    <div id="result"></div>
</body>
```

在 jQuery 脚本程序的 $.ajax()方法中,data 参数指定要发送的数据包括姓名和留言内容,beforeSend 事件定义了发送请求前输出提示信息“正在加载…”,error 事件定义了请求失败时输出提示“加载失败!”,success 事件定义了请求成功时输出由 PHP 程序返回的数据。

(2) 编写接收数据的 PHP 程序 eg9_6.php,其代码如下。

```
<?php
$username=$_REQUEST["username"];
$message=$_REQUEST["message"];
for($i=0;$i<=500000000;$i++);                    //延时,目的是看到浏览器的“正在加载”提示
echo "<p>留言者:".$username."</p>";
echo "<p>留言内容:".$message."</p>";
?>
```

访问网页文件 eg9_6.html,输入留言内容,单击“提交”按钮,请求异步执行 eg9_6.php 程序。此时请求正在发送中,因此触发 AJAX 的 beforeSend 事件,执行其回调函数,显示如图 9.4 所示的“正在加载…”信息。异步执行完 eg9_6.php 程序后,请求成功完成,触发 success 事件,执行其回调函数,显示如图 9.5 所示的结果。

图 9.4 正在加载时

图 9.5 请求成功完成后的结果

9.3 AJAX 异步访问 MySQL 数据库

视频讲解

本节介绍如何使用 AJAX 方式以异步方式请求执行 Web 服务器的 PHP 程序,访问 MySQL 数据库,实现在页面无刷新的情况下查询数据库数据的操作。

在 Web 应用中,查询数据库是常用的功能。一般地,查询过程是用户在网页表单中输入要查询的关键词,提交表单后,将关键词发送到 Web 服务器端的 PHP 程序,由 PHP 程序查询数据库,得到查询结果集,然后将结果集返回用户端的浏览器上显示。这一查询过程会使用户页面重新刷新显示。利用 AJAX 方法,不需要刷新页面,就可以将查询结果更新到网页局部区域的元素中。

下面以图书信息数据库为例来说明 AJAX 方式访问 MySQL 数据库。

【例 9.7】 以 AJAX 方式查询图书信息,将查询结果显示在网页中。

实现过程如下。

(1) 在 MySQL 中创建图书信息数据库 books_db,然后在该数据库中创建一个数据表 books,用于存放图书的书名、作者、单价、出版日期、出版社等数据,其 SQL 命令如下。

```
CREATE TABLE books(
  id int(11) NOT NULL AUTO_INCREMENT,
  bookName varchar(255) DEFAULT NULL,
  author varchar(255) DEFAULT NULL,
  price decimal(10,2) DEFAULT NULL,
  publishedDate date DEFAULT NULL,
  publisher varchar(255) DEFAULT NULL,
  PRIMARY KEY('id')
) ENGINE=InnoDB AUTO_INCREMENT=255 DEFAULT CHARSET=utf8;
```

然后在 books 数据表中添加一些图书记录。

(2) 创建一个网页文件 queryBooks_form.html,在页面中添加文本框、按钮元素,定义查询结果的表格输出格式,其界面参考图 9.6 的效果图来设计。在网页中添加 jQuery 脚本程序,定义"查询"按钮的单击事件处理程序,用 $.ajax()方法将查询图书的关键词以异步方式发送到 queryBooks.php 程序,使用回调函数将 queryBooks.php 程序返回的查询结果追加到 id 属性值为 booksGrid 的<tbody>元素中。

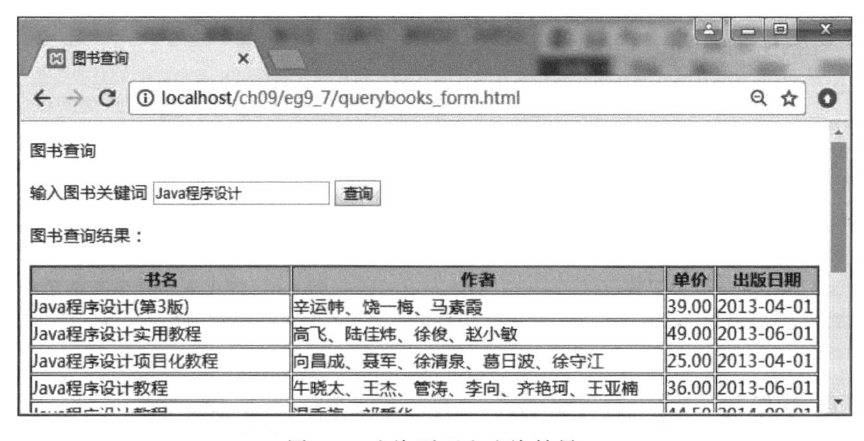

图 9.6 查询页面和查询结果

(3) 设计一个服务器端 PHP 程序 queryBooks.php。其功能是根据客户端页面 queryBooks_form.html 传来的图书关键词,查询 books 数据表,将查询结果以 JSON 数据格式输出，以便客户端收到 JSON 格式的查询结果集。

在浏览器中访问本地 Web 服务器的网页文件 querybooks_form.html，输入要查询的关键词"Java 程序设计"，单击"查询"按钮，在其下方显示出查询结果，如图 9.6 所示。

9.4 结合 jQuery EasyUI 和 AJAX 访问 MySQL 数据库

本节利用 jQuery EasyUI 框架定义网页界面，以 AJAX 异步方式访问 MySQL 数据库数据，实现对数据库的增加、删除、修改和查询操作。

9.4.1 用 AJAX 方式验证和登录系统实例

视频讲解

其设计思路是：先用 jQuery EasyUI 框架定义一个登录页面，单击"登录"按钮后，调用 $.ajax()方法，异步调用服务器端的 PHP 程序，验证用户名和密码是否正确，再利用回调函数输出登录信息。

【例 9.8】 用 AJAX 验证和登录系统。

(1) 在 MySQL 的 books_db 数据库中创建一个 user 表，包含 id、username 和 password 等 3 个字段，其 SQL 命令如下。

```
CREATE TABLE user (
  id int(11) NOT NULL AUTO_INCREMENT,
  username varchar(200) DEFAULT NULL,
  password varchar(255) DEFAULT NULL,
  PRIMARY KEY(id)
) ENGINE=InnoDB AUTO_INCREMENT=3 DEFAULT CHARSET=utf8;
```

然后在该表中输入一些登录用户的记录。

(2) 编写登录网页文件 login.html。首先，在网页文件中添加引用 EasyUI 的代码，其代码如下。

```
<link rel="stylesheet" type="text/css" href="../jquery-easyui-1.7.0/themes/
default/easyui.css">
    <link rel="stylesheet" type="text/css" href="../jquery-easyui-1.7.0/
themes/icon.css">
    <link rel="stylesheet" type="text/css" href="../jquery-easyui-1.7.0/demo/
demo.css">
    <script src="../jquery-easyui-1.7.0/jquery.min.js"></script>
    <script src="../jquery-easyui-1.7.0/jquery.easyui.min.js"></script>
    <script type="text/javascript" src="../jquery-easyui-1.7.0/locale/easyui-
lang-zh_CN.js"></script>
```

其次，在网页中添加两个文本框，用于输入用户名、密码，添加一个"登录"按钮。然后添加 jQuery 代码,定义“登录”按钮的单击事件处理程序。在程序中,首先检查用户名、密码框是否为空,若是空的,则显示提示信息,定位到相应的文本框。若输入了用户名和密码,则调用 $.ajax()方法,以异步方式调用 login.php 程序,验证用户是否正确,在回调函数中对返回的结果进行处理。若登录成功,则打开主页面文件;若登录失败,输出“登录失败”提示信息,并重新登录。登录窗口如图 9.7 所示。

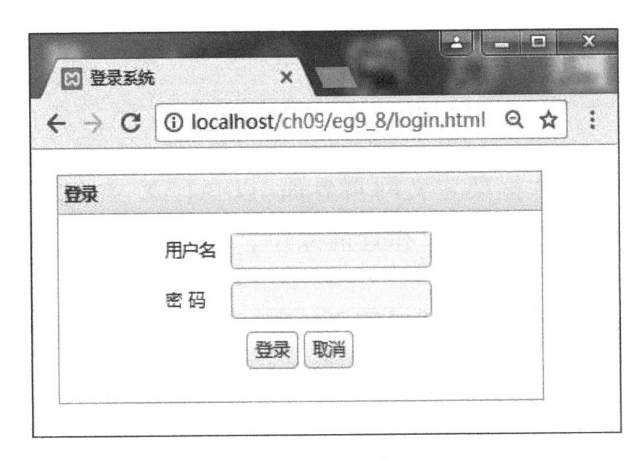

图 9.7 登录窗口

(3) 编写验证用户程序 login.php。该程序根据登录页面传来的用户名和密码,对 user 数据表进行查询。若查询有结果,表明用户是合法的,则启动 Session,创建 Session 变量,向浏览器端页面返回 true,否则返回 false。

9.4.2 结合 jQuery EasyUI 和 AJAX 访问 MySQL 数据库实例

【例 9.9】 利用 jQuery EasyUI 和 AJAX 访问 books 数据表,实现图书的增加、删除、修改操作。

实现过程如下。

(1) 编写图书浏览网页文件 books.html。

在该网页中,定义一个数据网格<table id="dg">元素,引用 jQuery EasyUI 框架的 easyui-datagrid 类样式,包含一个工具栏,表格的数据由 books_get.php 程序获取。<div id="toolbar">元素定义了工具栏,含有“增加”“修改”“删除”三个按钮。该网页的浏览效果如图 9.8 所示。<div id="dlg">元素定义了一条图书信息的显示界面,如图 9.9 所示。此界面应用于增加图书、修改图书信息时显示相应的界面。

(2) 在 books.html 文件中编写 jQuery 脚本程序,用于完成以下功能。

① add()方法:它打开“添加图书信息”对话框,用于输入新图书信息内容,然后单击“保存”按钮,调用 books_save.php,将新图书信息添加到 books 数据表,其界面如图 9.9 所示。

② edit()方法:它打开“编辑图书信息”对话框,用于修改所选择的图书记录,然后单击“保存”按钮,调用 books_update.php,将修改后的图书信息更新到 books 数据表,其界面如图 9.10 所示。

③ save()方法:它调用表单提交方法 form(),调用 books_save.php 或者 books_

update.php 程序，将图书记录保存到 books 数据表。

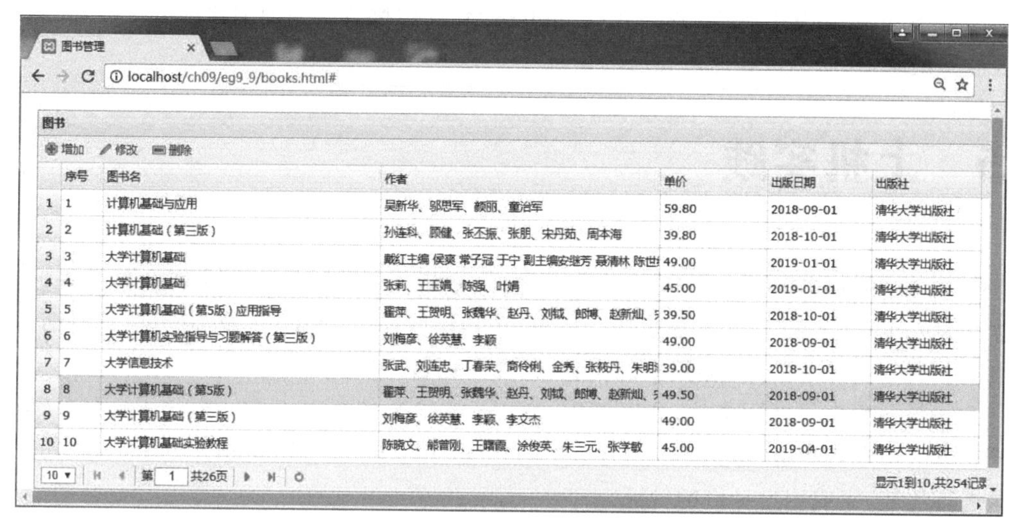

图 9.8　浏览图书信息

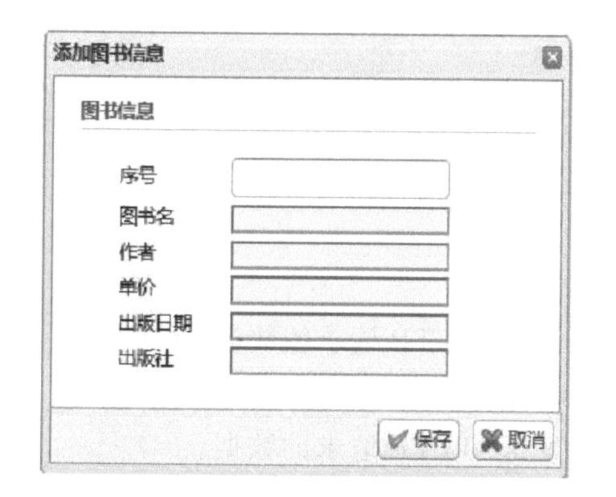

图 9.9　“添加图书信息”对话框

图 9.10　“编辑图书信息”对话框

④ remove()方法：它打开删除操作确认对话框，如图 9.11 所示。单击“确定”按钮，调用 books_delete.php 程序，删除所选的图书记录。

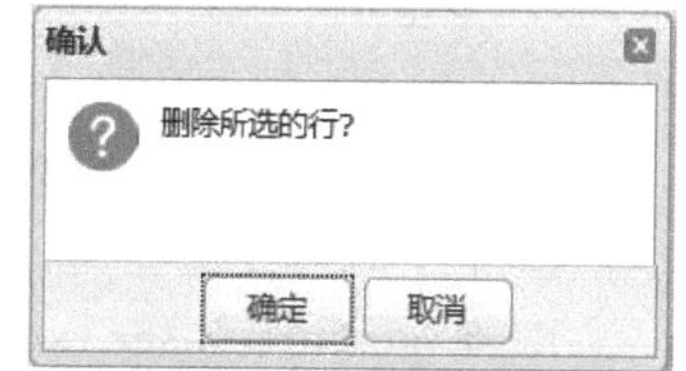

图 9.11　删除对话框

(3) 编写 Web 服务器端的 PHP 程序，包括以下几个 PHP 程序。

① books_delete.php：它根据浏览器端传递来的 id 值，在 books 数据表中删除该 id 对应的记录，并向浏览器端返回相应的信息。

② books_get.php：它根据浏览器端传递来的起始页号、每页显示的行数，在 books 数据表中查询相应范围内的记录，以 JSON 格式返回到浏览器端，由浏览器端的回调函数接收，并显示在表格元素中。

③ books_save.php：它用于将新图书信息添加到数据表。它接收浏览器端表单传来的图书数据，构造为一条 insert SQL 命令，然后执行 insert 命令，将新图书信息作为一条新记录，插入 books 数据表中，并向浏览器返回相应的信息。

④ books_update.php：它用于修改图书信息。它接收浏览器端表单传来的图书数据，构造为一条 update SQL 命令，然后执行 update 命令，将修改后的图书信息更新到 books 数据表的原记录，并向浏览器返回相应的信息。

9.5 上机实践

1. 在 MySQL 中创建一个 books_db 数据库，然后在该数据库中创建两个数据表，一个数据表为 publisher 表，用于存储出版社信息，包括出版社名、地址、邮政编码、联系电话。一个数据表为 user 表，用于存储用户的信息，包含用户名、密码。

2. 设计一个登录网页文件，分别调用 jQuery AJAX 的 $.post()、$.ajax()方法，异步传输表单的用户名和密码到 PHP 程序，由 PHP 程序与 books_db 数据库的 user 数据表的记录进行比较，完成用户身份的验证。

3. 综合应用 jQuery EasyUI 框架与 AJAX 技术，设计一个网页文件和若干个 PHP 程序，实现对 books_db 数据库的 publisher 数据表数据的增加、删除、修改和浏览操作功能。

习题 9

一、单项选择题

1. XMLHttpRequest 对象的(　　)方法可以设置 HTTP 请求的数据。

A. open()　　B. send()　　C. request()　　D. create()

2. XMLHttpRequest 对象的(　　)方法可以发送 HTTP 请求的数据。

A. open()　　B. send()　　C. request()　　D. create()

3. 以 GET 方式异步请求访问服务器的 user.txt 文件，将返回的数据附加到 id 属性为 disp 的<div>元素。正确的调用方法是(　　)。

A.
```
$.get("user.txt",
    function(data){
        $("#disp").append(data);
    });
```
B.
```
$.get(url:"user.txt",
    $("#disp").append(data));
```
C.
```
$.post("user.txt",
    function(data){
        $("#disp").append(data);
    });
```
D.
```
$.post(url:"user.txt",
    $("#disp").append(data));
```

4. 符合 JSON 格式的 JSON 对象是(　　)。

A. {name：张三,age：20}

B. {name：张三,age：20}

C. {"name"："张三","age"：20}

D. {name="张三",age=20}

二、简答题

1. 简述 AJAX 的主要优点。

2. 通过 XMLHttpRequest 对象请求调用 PHP 程序的方式有哪些？

3. 简述 XMLHttpRequest 对象与 Web 服务器进行交互的工作过程。

4. 简述 $.get()、$.post()和 $.ajax()方法的功能。$.ajax()方法能否取代 $.get()、$.post()方法？

第10章

Vue.js 框架基础

本章介绍前端开发框架 Vue.js 的基本用法，内容包括 Vue.js 的安装和引用、Vue 数据绑定、指令、事件处理、表单控件绑定、组件、过渡和动画、自定义指令、Vue 路由和 Vue AJAX 等。通过本章的学习，应学会 Vue.js 框架的基本编程，设计一些简单的前端页面，学会 Vue 前端页面与跨域的 Web 服务器之间的异步 AJAX 数据传输的程序设计。

视频讲解

10.1 Vue.js 使用入门

10.1.1 Vue.js 概述

Vue.js 是尤雨溪开发设计的一个 JavaScript 库，最早于 2014 年 2 月发布，目前最新版本是 2.6 版，是一套用于构建交互式 Web 用户界面的渐进式框架。渐进式是指可以一步一步、分阶段地使用 Vue.js，不必一开始就使用其所有知识点，可以自底向上逐层应用。Vue.js 具有文件小、大型单页应用处理能力、响应式编程、组件化的特点。

使用 Vue.js 可以让 Web 开发更加简单，具有更轻量、更快、更容易上手、容易学习的优点，提供了数据双向绑定、组件复用、前端路由、状态管理、虚拟 DOM 等功能。

Vue 的核心是数据驱动和视图组件。数据驱动是指数据的变更驱动了视图的自动更新，传统的做法需要手动改变 DOM 来更新视图，Vue.js 只需要改变数据，就会自动更新视图，这就是 MVVM 思想的实现。视图组件化是把一个网页页面拆分成一个个区域块，每个区域块看作一个组件。这样在 Vue.js 中，一个网页由多个组件拼接或者嵌套组成。

从技术角度来看，Vue.js 采用 MVVM(Model-ViewModel-Model)模式，即分为 View、ViewModel、Model 三部分，如图 10.1 所示。其中，View 负责页面展示，Model 负责数据存储，相当于数据对象。ViewModel 负责业务逻辑处理(如 AJAX 请求)，对数据进行加工后送到视图展示。Vue 起到 ViewModel 的作用，它负责监控两侧的数据，并相对应地通知另一侧进行修改。

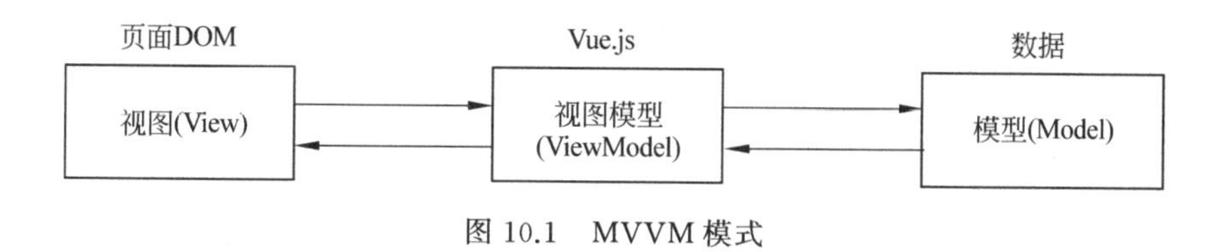

图 10.1 MVVM 模式

10.1.2 下载和使用 Vue.js

使用 Vue.js 库的方式有多种。第一种方式是从 Vue 官方网站(https://cn.vuejs.org)下载 Vue.js 文件,存放到本地文件夹中,然后在网页文件中利用<script>标签引入 Vue.js。引用 Vue.js 的代码如下。

```
<script src="文件路径/vue.js"></script>
```

第二种方式是直接使用 CDN 引入最新版 Vue.js,这种方式要确保计算机连入互联网,其代码如下。

```
<script src="https://cdn.jsdelivr.net/npm/Vue/dist/vue.js">
</script>
```

第三种方式是使用 npm 来安装 Vue,这种方式用于构建大型应用,需要安装 node.js、cnpm、webpack、Vue、Vue-cli 等软件包。具体使用方法在第 12 章的综合应用中介绍。

【例 10.1】 利用 Vue.js 显示信息“欢迎学习 vue.js!”(eg10_1.html)。

```
<body>
<script src="js/vue.js"></script>
<!--由 Vue 实例控制的视图 -->
<div id="app">
    <p>{{message}}</p>
</div>
<script>
new Vue({
  el: '#app',
  data: {
      message: '欢迎学习 vue.js!'
  }
    })
</script>
</body>
```

在上述程序中,第 1 个<script>元素引入本地的 Vue.js 库,<div>元素定义页面视图,第 2 个<script>元素中创建一个 Vue 实例对象。在该 Vue 对象中,el 选项指定本 Vue 对象加载到网页中 id 属性为“app”的 DOM 元素,它必须是网页的根容器元素,data 选项定义要使用的数据。

【例 10.2】 数据双向绑定的示例程序(eg10_2.html)。

```
<body>
<script src="js/vue.js"></script>
<!--由 Vue 实例控制的视图 -->
<div id="app">
    <p>你输入的内容是:{{message}}</p>
    <input type="text" v-model="message">
</div>
<script>
new Vue({
  el: '#app',
  data: {
      message: '欢迎学习 vue.js!'
  }
})
</script>
</body>
```

浏览该网页文件,输出结果如图 10.2 所示。Vue 实例的 message 变量的值与文本框绑定,随文本框中输入的值变化而变化,不需要获取文本框<input>元素的值再同步到 Vue 实例。同时视图的内容也会随着用户的输入而变化,这就是数据双向绑定。

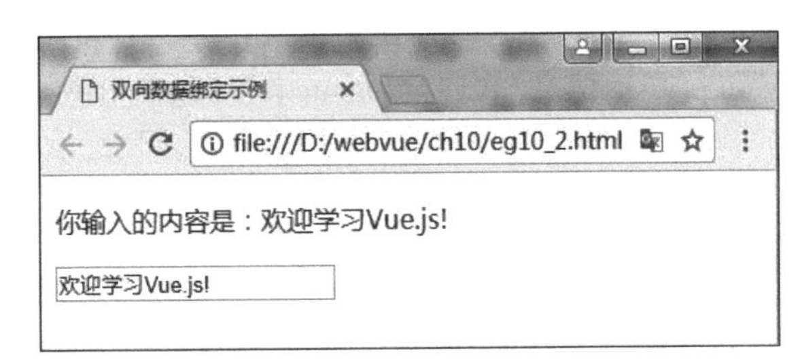

图 10.2 例 10.2 的浏览结果

10.2 Vue 数据绑定

Vue 数据绑定是将 DOM 元素与 Vue 实例的数据绑定,实现两者的值同步展示。本节将从 Vue 实例、数据、方法、插值表达式、属性绑定、双向数据绑定等方面介绍这些知识。

视频讲解

10.2.1 Vue 实例、数据和方法

从 10.1 节的两个例子可以看到,Vue.js 的应用都是通过构造函数 Vue({选项})创建一个 Vue 根实例,每一个 new Vue()都是一个 Vue 构造函数实例。一个 Vue 实例相当于一个 MVVM 模式中的 ViewModel。创建一个 Vue 实例的语法为

```
var vm = new Vue({
  …                                               //各个选项定义的代码
})
```

当创建 Vue 实例对象时，需要传入一个选项对象，它包括挂载元素(el)、数据(data)、方法(methods)、模板(template)、生命周期钩子函数等选项属性。它们的含义如下。

(1) el：其类型为字符串，其作用是指定一个页面上已存在的 DOM 元素作为 Vue 对象的挂载目标。它可以是 CSS 选择器或者网页文件的 DOM 元素。在例 10.1 中，el：'#app' 表示把 Vue 实例挂载到 id 属性为 app 的<div>元素。

(2) data：指定页面绑定元素内要使用的数据。data 是一个对象，可以通过 Vue 实例名获取 data 对象的属性值，以及对其属性赋值。例如：

```
var mydata={name:'张小明',age:20}
var vm=new Vue({
   data: mydata
})
document.write(vm.$data===mydata)          //true
document.write("<br>")
document.write(vm.age===mydata.age)        //true
document.write("<br>")
vm.age=22                                  //设置属性值,改变了原有数据
document.write(mydata.age+"<br>")          //22
mydata.age=30
document.write(vm.age+"<br>")              //30
```

(3) template：其类型为字符串，它定义一个模板，用来替换页面挂载元素(即 el 选项指定的元素)，并合并挂载元素和模板根节点的属性。如果 replace 选项为 false，则模板 template 的值将插入挂载元素中。

(4) methods：定义方法。在页面元素使用 v-on 指令监听 DOM 事件，就会调用 methods 中的方法。

【例 10.3】 定义 Vue 实例的数据和方法(eg10_3.html)。

网页文件 eg10_3.html 的主要代码如下。

```
<div id="app">
    <button v-on:click="show">单击我</button>
</div>
<script>
  new Vue({
     el: '#app',
     data: {
        name: '张小明',
        age: 22
     },
     methods: {
        show: function() {
```

```
            alert("欢迎您," + this.name)   //this代表当前Vue实例
        }
    }
  })
</script>
```

在本例的构造函数Vue()中，methods属性中定义了一个show()方法，以对话框方式显示一行信息。在页面视图的<button>元素，用v-on指令监听按钮的单击事件，若单击了"单击我"按钮，则调用show()方法，显示内容为"欢迎您，张小明"的对话框。

视频讲解

10.2.2 插值表达式

插值表达式是用一对双花括号"{{}}"将变量、数字、字符串或者表达式等内容括起来构成的式子。其作用是将DOM元素绑定到Vue实例的数据，从而将双花括号内的数据替换为对应的属性值进行展示。DOM的所有元素都是响应式渲染的，只要Vue实例的数据发生变化，DOM元素的数据会自动更新。插值表达式有以下多种语法形式。

(1) {{变量}}：在DOM元素中显示Vue实例中相应属性的值。

(2) {{数字}}：在DOM元素中显示双花括号内的数字。

(3) {{字符串}}：在DOM元素中显示双花括号内的字符串。

(4) {{表达式}}：在DOM元素中显示表达式的值。

双花括号语法称为模板语法(Mustache语法)，它是一种经典的前端模板引擎，应用于前端和后端分离的技术架构。

【例10.4】 多种插值表达式的应用示例(eg10_4.html)。

```
<script src="js/vue.js"></script>
<body>
<div id="app">
    {{ message }}<br>
    {{10}}<br>
    {{5+10}}<br>
    {{'你好,'+name}}<br>
    {{ ok ? 'true' : 'false' }}<br>
    {{reverse()}}
</div>
<script>
new Vue({
  el: '#app',
  data: {
    ok: true,
    name:'张三',
    message: 'Hello,World',
    id : 1
  },
```

```
    methods:{
        reverse: function() {
            return this.message.split('').reverse().join('')
        }
    }
})
</script>
</body>
</html>
```

在浏览器中访问该网页文件,输出结果如图 10.3 所示。

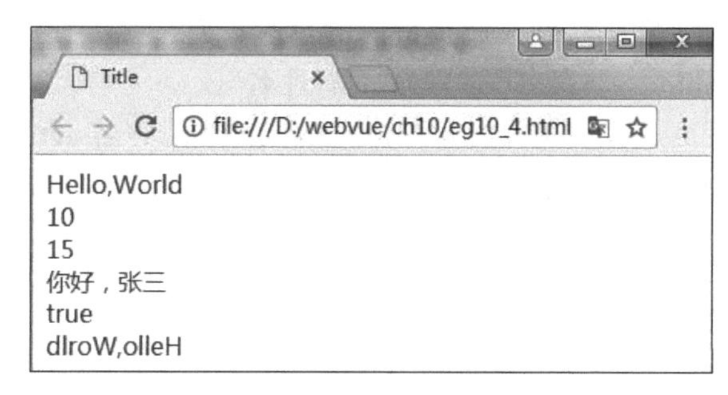

图 10.3 例 10.4 的浏览结果

10.2.3 Vue 属性绑定

页面中经常需要对一些 HTML 元素动态设置超链接、class 类名或者 style 样式,利用 v-bind 指令可以动态绑定 HTML 元素的属性。其作用是动态更新 HTML 元素的属性值。v-bind 指令的语法为

```
v-bind:属性名="变量名"
```

【例 10.5】 用 v-bind 指令绑定 class 属性,以及超链接的 href 属性(eg10_5.html)。

网页文件 eg10_5.html 的主要代码如下。

```
<style>
    .active {
        border: 1px solid #000;
        color: #ff0000;
    }
</style>
<body>
<div id="app">
    <div v-bind:class="{active:isActive}">{{name}}</div>
    <a v-bind:href="url" target="_blank">vue.js 教程</a>
</div>
<script>
```

```
    new Vue({
        el: '#app',
        data: {
            name: 'vue.js 官方网站',
            url: 'https://cn.vuejs.org/',
            isActive: true
        }
    })
</script>
```

在页面的<a>元素中，使用 v-bind：href="url"，将 href 属性的值更新为 Vue 实例的 url 变量值。因此，能够正常跳转到超链接指向的目标页面。使用 v-bind 指令绑定属性时，可以省略 v-bind，将"v-bind：属性名"简写为"：属性名"。

在<div v-bind：class="{active：isActive}">元素中，类名 active 受 isActive 变量的影响，如果 isActive 的值为 true，则<div>元素会拥有类名 active 的样式；如果 isActive 为 false，则没有样式。所以，文本"vue.js 官方网站"以红字、1px 的黑色边框方式来显示。

需要说明的是，v-bind 指令只能实现从 Model 自动绑定到 View 的数据单向绑定，不能实现数据的双向绑定。

视频讲解

10.2.4 Vue 双向数据绑定

双向绑定是指 Vue 实例的 data 与其渲染的 DOM 元素的内容保持一致，任何一方有修改，另一方也会自动地更新为相同的数据。在表单元素中使用 v-model 指令，可以对表单元素实现双向数据绑定，修改表单元素值的同时，Vue 实例对应的属性值也自动更新；反之亦然。v-model 的使用方法是在表单元素的开始标签内增加以下形式的内容。

```
v-model='变量'
```

其中，变量是 Vue 实例中的 data 对象的一个属性。例 10.2 的代码是一个双向数据绑定例子，其他双向数据绑定内容将在 10.5 节的表单控件绑定中详细介绍。

视频讲解

10.2.5 Vue 计算属性

1. 计算属性的基本用法

在视图中展示的一些数据往往要经过一些计算得到。除了用插值表达式外，Vue.js 还提供了计算属性，用来完成较为复杂的业务逻辑计算，使代码的维护性增强。所有的计算属性都以函数的形式写在 Vue 实例的 computed 选项内，并返回计算的结果。

【例 10.6】 商品销售的总数量和总金额的计算(eg10_6.html)。

网页文件 eg10_6.html 的主要代码如下。

```
<div id="app">
    <table class="table table-bordered table-hover table-striped">
        <thead>
```

```
        <tr>
            <th>Id</th><th>商品名</th><th>单价</th>
            <th>数量</th><th>金额</th>
        </tr>
        </thead>
        <tbody>
        <tr v-for="item in list">
            <td>{{ item.id }}</td>
            <td >{{item.name}}</td>
            <td>{{ item.price }}</td>
            <td>{{ item.number }}</td>
            <td>{{item.price * item.number}} </td>
        </tr>
        </tbody>
    </table>
    <p>一共{{totalNumber}}件商品,总金额:{{totalAmount}}元</p>
</div>
<script>
    var vm = new Vue({
        el: '#app',
        data: {
            list: [
                {id: 1, name: '电视机', price: 3000,number:2},
                {id: 2, name: '冰箱', price: 2800,number:3},
                {id: 3, name: '洗衣机', price: 2400,number:4}
            ]
        },
        computed: {
            totalNumber:function(){
                var totalNumber=0;
                for(let i=0;i<this.list.length;i++){
                    totalNumber +=this.list[i].number;
                }
                return totalNumber;
            },
            totalAmount:function(){
                var totalAmount=0;
                for(let i=0;i<this.list.length;i++){
                    totalAmount +=this.list[i].price * this.list[i].number;
                }
                return totalAmount;
            }
        }
    });
</script>
```

代码中，<div>元素为视图部分，定义了展示的内容以表格形式输出商品列表，<tr v-for="item in list">使用 v-for 指令循环输出 data 对象的 list 数组的每件商品的信息，{{totalNumber}}的 totalNumber 变量与 Vue 实例的 totalNumber 计算属性绑定。

在 Vue 实例中，定义了两个计算属性：totalNumber 属性用于计算所有商品数量的和，totalAmount 属性用于计算所有商品金额的和。例 10.6 输出结果如图 10.4 所示。

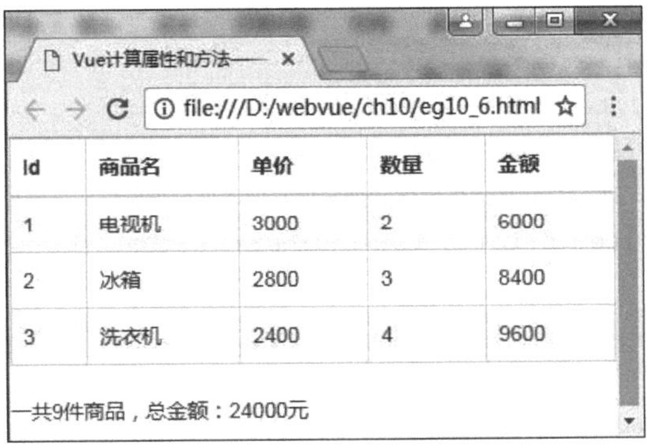

Vue计算属性和方法——

file:///D:/webvue/ch10/eg10_6.html

Id	商品名	单价	数量	金额
1	电视机	3000	2	6000
2	冰箱	2800	3	8400
3	洗衣机	2400	4	9600

一共9件商品，总金额：24000元

图 10.4　例 10.6 的输出结果

在 Vue 实例中，计算属性和方法都是函数形式，可以使用 methods 选项替代 computed 选项，效果上两者都是一样的。但是，计算属性依赖于 Vue 实例的数据，只有依赖的数据变化，计算属性会重新执行，视图内容也自动更新。如果依赖的数据不变化，computed 从缓存中获取数据，不会重新执行计算属性；而使用方法，不管依赖的数据是否变化，都会重新调用执行方法。另外，在模板视图中调用计算属性时，直接写计算属性名即可；而调用方法时，需要在方法名后面加上一对圆括号。

2. 计算属性的 setter

计算属性默认只有 getter，返回计算属性的值，在一些情况下，可以定义其 setter，对 Vue 实例的有关属性进行赋值。

【例 10.7】 计算属性的 setter 和 getter 示例(eg10_7.html)。

网页文件 eg10_7.html 的主要代码如下。

```
<div id="app">
    <p>{{ site }}</p>
</div>
<script>
var vm = new Vue({
  el: '#app',
  data: {
    sitename: '',
    url: ''
  },
  computed: {
    site: {
      get: function() {                          //getter
        return this.sitename + ' ' + this.url
```

```
      },
      set: function(newSite) {                  //setter
        var names = newSite.split(' ')
        this.sitename = names[0]
        this.url = names[names.length - 1]
      } } }
})
//调用 setter, vm.sitename 和 vm.url 也会被相应更新
vm.site = '清华大学出版社 http://www.tup.com.cn';
document.write('sitename: ' + vm.sitename);
document.write('<br>');
document.write('url: ' + vm.url);
</script>
```

输出结果如下。

```
清华大学出版社 http://www.tup.com.cn
sitename: 清华大学出版社
url: http://www.tup.com.cn
```

10.2.6 Vue 生命周期

视频讲解

Vue 实例的生命周期是指 Vue 实例对象从构造函数开始执行(被创建)到被回收销毁的过程。在生命周期中被自动调用的函数称为生命周期函数,也称为生命周期钩子函数。在生命周期内,可以利用不同时期的钩子函数来完成不同的操作。

Vue 实例的生命周期经过 8 个不同阶段,这 8 个阶段都有对应的钩子函数,可完成不同时期的操作。8 个钩子函数如表 10.1 所示。

表 10.1 生命周期钩子函数

生命周期钩子函数	含 义
beforeCreate(创建前)	实例刚被创建,组件属性计算之前调用
created(创建后)	实例刚创建完成,属性已经绑定后调用
beforeMount(载入前)	模板编译、挂载之前调用
mounted(载入后)	模板编译、挂载之后调用
beforeUpdate(更新前)	组件更新之前调用
updated(更新后)	组件更新之后调用
beforeDestroy(销毁前)	组件销毁前调用
destroyed(销毁后)	组件销毁后调用

【例 10.8】 Vue 实例生命周期示例(eg10_8.html)。

网页文件 eg10_8.html 的主要代码如下。

```
<div id="app">
    <p>{{ message }}</p>
    <button onclick="vm.message = 'vue.js 前端';">更新 message 属性</button>
</div>
<script>
    var vm = new Vue({
        el: '#app',
        data: {message:'Welcome to vue.js APP',name:'张三'},
        created: function() {
            console.group('created 创建后状态:');
            console.log('message is:' + this.message);
        },
        beforeMount: function() {
            console.group("beforeMount 挂载前状态:");
            console.log("el:" + this.$el);
            console.log("data:" + this.$data);
            console.log("message:" + this.message);
        },
        mounted: function() {
            console.group("mounted 挂载后状态:");
            console.log("el:" + this.$el);
            console.log("data:" + this.$data);
            console.log("message:" + this.message);
        },
        updated: function() {
            console.group("updated 更新后状态:");
            console.log("已更新 DOM!");
            console.log("message:"+vm.message);
        }
    })
</script>
```

访问该网页文件，按F12键，打开浏览器的控制台窗格，可以看到生命周期钩子函数的执行顺序和结果。单击页面中的“更新 message 属性”按钮，执行其事件处理代码，将实例的 message 属性赋值为“vue.js 前端”。同时，执行 updated()钩子函数，在控制台窗格输出相应的信息。

10.3 指令

指令(Directive)是以“v-”为前缀的命令，其作用是当表达式的值改变时，将某些行为应用到视图的DOM元素上。Vue.js 指令可以书写在HTML元素的开始标签内，可以写多个指令，它们之间用空格分开。本节介绍常用的 Vue.js 指令的应用。

10.3.1　条件渲染指令

视频讲解

条件渲染指令包括 v-if、v-else、v-show 指令，它们的作用与 JavaScript 的 if 语句的作用类似。

1. v-if 指令

v-if 指令的语法为

```
v-if='表达式'
```

其作用是：根据表达式的值是 true 或者 false，确定是否显示当前元素。如果表达式的值为 true，则显示该元素；否则隐藏该元素。

2. v-else 指令

v-else 指令为 v-if 指令添加一个“else 块”，含有 v-else 指令的元素必须紧跟在含有 v-if 指令的元素的后面，否则不能识别。v-else 指令的语法为

```
v-else
```

其作用是：如果 v-if 的表达式为 true，则后面的 v-else 不会渲染到 HTML 中；如果 v-if 的表达式为 false，则后面的 v-else 才会渲染到 HTML 中。

3. v-show 指令

v-show 指令的用法与 v-if 指令基本相同，区别是 v-show 指令通过改变元素的 CSS 属性 display 来控制元素的显示和隐藏。v-show 指令的语法为

```
v-show='表达式'
```

其作用是：当表达式的值为 false 时，隐藏该元素，查看 DOM 元素结构，会发现在元素上加载了内联样式“display：none”。

【例 10.9】　条件渲染指令的应用示例(eg10_9.html)。

网页文件 eg10_9.html 的主要代码如下。

```
<div id="app">
    <p v-if="isOk">当 isOk 为 true 时显示本行</p>
    <p v-else>v-if 为 false 时显示本行</p>
    <p v-show="flag==1">当 flag 为 1 时显示本行</p>
</div>
<script>
    var vm=new Vue({
        el:'#app',
        data:{
            isOk:true,
            flag:1
        }
    })
</script>
```

访问该网页文件，输出结果如下。

```
当 isOk 为 true 时显示本行
当 flag 为 1 时显示本行
```

在浏览器中，按 F12 键，打开浏览器的控制台窗格，输入以下语句，并执行，可以看到浏览器输出不同的结果。

```
vm.isOK=false
vm.flag=2
```

v-if 和 v-show 具有相似的功能，它们的主要区别在于，v-if 在表达式的初值为 false 时，不编译模板，不渲染元素或组件，只有当表达式初值为 true 时，才开始编译模板，渲染元素。而 v-show 不管表达式的值是否为 true，都会编译模板，渲染元素。因此，v-if 更适用于条件不经常改变的场景。如果要频繁切换，使用 v-show 更好；如果运行时条件不经常改变，使用 v-if 更好。

视频讲解

10.3.2 列表渲染 v-for 指令

1. 基本用法

v-for 指令基于一个数组来渲染一个列表，它循环遍历数组的每个元素，把每个元素通过 HTML 元素展示出来。v-for 指令在实际开发项目中经常使用，如显示商品列表。其语法格式为

```
v-for='(item,index) in items'
```

其中，items 为数组或对象，item 表示当前遍历得到的数组元素，index 表示 item 的索引，为可选参数。

2. 遍历对象

遍历对象的 v-for 指令的语法为

```
v-for='(value,key,index) in object'
```

其中，object 表示一个对象，value 表示对象的属性值，key 表示对象的当前属性名，index 表示当前属性的索引值。

【例 10.10】 用 v-for 指令遍历 book 对象的所有属性(eg10_10.html)。

网页文件 eg10_10.html 的主要代码如下。

```
<div id="app">
    <ul>
        <li v-for='(value,key,index) in book'>
            {{index}}--{{key}}--{{value}}
        </li>
    </ul>
</div>
<script>
```

```
    book = {
        bookName: 'PHP 网站开发教程',
        author: '张三',
        price: 49.5,
        pubDate: '2020-6-17'
    };
    var vm = new Vue({
        el: '#app',
        data: { book },
    })
</script>
```

在浏览器中访问该网页文件,输出结果如图 10.5 所示。

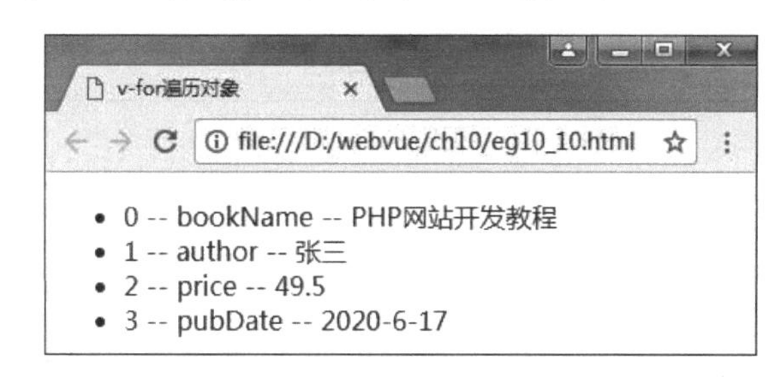

图 10.5 例 10.10 的输出结果

3. 遍历数组

利用 v-for 指令的基本语法可以遍历数组的每个元素。

【例 10.11】 利用 v-for 指令以列表形式输出图书数组 bookArray 的内容(eg10_11.html)。

网页文件 eg10_11.html 的主要代码如下。

```
<div id="app">
    <ul>
        <li v-for='(book,index) in bookArray'>
            {{index}} --{{book.bookName}} --{{book.author}} --¥{{book.price}}
        </li>
    </ul>
</div>
<script>
    bookArray = [
      {id:1,bookName:'PHP 网站开发',author:'张三',price:49.5},
      {id:2,bookName:'Java 程序设计', author:'李四', price:47},
      {id:3,bookName:'Python 语言', author:'李五', price:56.8}
    ];
    var vm = new Vue({
        el: '#app',
        data: {
            bookArray
```

```
        },
    })
</script>
```

在该程序中，数组 bookArray 的每个数组元素都是对象，index 表示当前遍历的一个数组元素的索引值，book 表示当前遍历的一个数组元素（即图书对象），book.bookName 表示当前一个数组元素的 bookName 属性值，即图书名。

在浏览器中访问该网页文件，输出结果如图 10.6 所示。

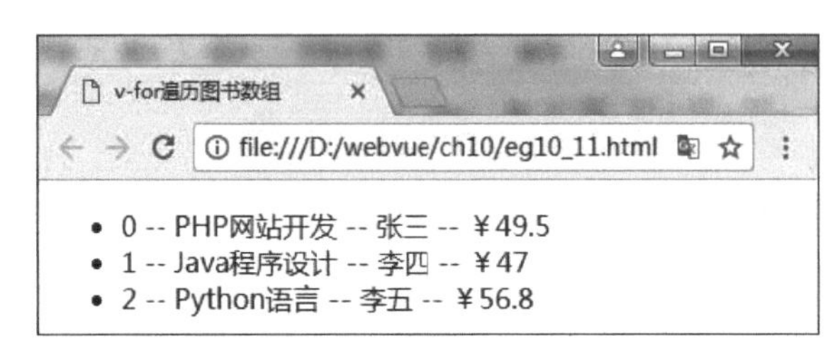

图 10.6　例 10.11 的输出结果

4. v-bind：key 属性

如果数组的每个元素都有唯一的 id，可以使用 v-bind：key 属性给数组设定唯一标识。在例 10.11 中，bookArray 数组的每个元素都有一个 id 属性，可以把 id 属性指定为 key 属性，也可以把元素的索引值 index 设定为 key 属性。以下代码为<li>元素的 v-for 指令增加了 key 属性。

```
<li v-for='(book,index) in bookArray' :key='book.id'>
```

或者

```
<li v-for='(book,index) in bookArray' :key='index'>
```

10.4　事件处理

Vue.js 提供了事件处理机制，使用 v-on 指令绑定事件和监听 DOM 事件，一旦事件发生，触发执行事件处理程序。事件处理程序可以是 Vue 实例中定义的方法，也可以是 JavaScript 代码。

视频讲解

10.4.1　v-on 指令

v-on 指令的语法为

```
v-on:事件名称='方法名([参数表])'
```

v-on 指令对视图中的 HTML 元素绑定监听事件，并指定事件处理方法。该方法需要在 Vue 实例的 methods 选项中定义。“v-on：事件名称”可以简写为“@事件名称”。

【例 10.12】 用 v-on 指令绑定 toggle 按钮的 click 事件，实现单击 toggle 按钮时，显示 h2 标题文字“这是一个 H2 标题”，再次单击该按钮，隐藏 h2 标题的内容(eg10_12.html)。

网页文件 eg10_12.html 的主要代码如下。

```
<div id="app">
    <input type="button" value="toggle" @click="fn()">
    <h2 v-if="flag">这是一个 H2 标题</h2>
</div>
<script>
    var vm = new Vue({
        el: '#app',
        data: { flag: false },
        methods: {fn: function() {this.flag = !this.flag}}
    });
</script>
```

在定义事件处理方法时，可以给方法传递参数。在一些情况下，还可以使用特殊变量 $event，把发生事件的原生 DOM 元素传递给方法。

【例 10.13】 编写一个网页文件，向事件处理方法传递 $event 变量的演示示例(eg10_13.html)。

网页文件 eg10_13.html 的主要代码如下。

```
<div id="app">
    <button v-on:click='say("Hello",$event)'>Say</button>
</div>
<script>
    var vm = new Vue({
        el: '#app',
        data: {name: 'vue.js'},
        methods: {
            say: function(msg,event) {
                alert(msg + this.name + '!')       //显示 Hellovue.js!
                if (event) {
                    alert(event.target.tagName)  //显示 BUTTON
                }
        }}
    })
</script>
```

在该程序中，单击 Say 按钮，调用按钮的单击事件处理方法 say("Hello", $event)，并向 say()方法传递数据“Hello”和 $event，这个 $event 表示发生单击事件的按钮。

10.4.2 事件修饰符

视频讲解

v-on 指令后面还可添加事件修饰符，即在事件名后加一个圆点“.”和后缀，利用事件修饰符方便处理 DOM 事件的细节。常用的事件修饰符如下。

.stop：阻止冒泡，即在子元素触发事件时，阻止执行父元素的事件处理程序。

.prevent：阻止默认事件的行为。

.capture：使用 capture 模式添加事件监听器。

.self：只在当前元素本身触发事件。

.once：只触发一次。

下面通过一个例子来说明事件修饰符的使用。

【例 10.14】 事件修饰符的应用示例(eg10_14.html)。

网页文件 eg10_14.html 的主要代码如下。

```
<div id="app">
    <div class="div-parent" @click='parent()'>父元素
        <!--下面一行 div 元素,这样写,会产生冒泡行为 -->
        <div class="div-child" @click='child()'>子元素</div>
    </div>
</div>
<script>
new Vue({
  el: '#app',
  methods: {
    parent: function() {
        alert("执行父元素 div 的事件方法");
    },
    child: function() {
        alert("执行子元素 div 的事件方法");
    }
  }
});
</script>
```

在浏览器中访问该网页文件，当单击“子元素”边框内区域时，先后执行事件处理方法 child()、parent()，分别显示一个对话框内容，这就是单击事件的冒泡行为。为了解决这种冒泡行为，使用事件修饰符，有两种解决方法。

第一种方法是在子元素中直接使用 stop 修饰符，将下列元素：

```
<div class="div-child" @click='child()'>
```

改为下列元素：

```
<div class="div-child" @click.stop='child()'>子元素</div>
```

第二种方法是在父元素中使用 self 修饰符，限制只由自身元素触发事件，不能由冒泡触发。将下列元素：

```
<div class="div-parent" @click='parent()'>
```

改为下列元素：

```
<div class="div-parent" @click.self='parent()'>
```

以上只介绍了 click 事件的绑定及其单击事件处理方法。此外,还有键盘事件的绑定和监听,以及键盘的修饰符,有关键盘事件处理内容,可参考 Vue.js 官方网站的教程。

10.5 表单控件与 v-model 指令

利用 v-model 指令可以对表单的<input>、<textarea>和<select>表单元素创建双向数据绑定。下面介绍 v-model 指令与各个表单元素的绑定。

10.5.1 v-model 指令基本用法

v-model 指令将表单内的元素与 Vue 实例中 data 选项的变量进行双向绑定。v-model 指令写在表单元素的开始标签内,其语法格式为

```
v-model='变量名'
```

其中,变量是 Vue 实例的 data 选项中的变量。为了说明 v-model 指令的使用方法,所用的 Vue 实例的数据对象是一个描述个人信息的对象,其 JavaScript 代码如下。

```
var vm=new Vue({
  el:'#app',
  data:{
      id:'',
      name:'',                          //姓名
      gender:'',                        //性别
      major:'',                         //专业
      hobbies:[],                       //爱好
      checked:false                     //是否团员
  }
});
```

1. 文本框

文本框与变量绑定时,两者的值同步。例如,绑定姓名输入文本框代码如下,name 变量的值为文本框输入的值。

```
姓名:<input v-model="name" placeholder="输入姓名">
```

多行文本区与变量绑定的使用方法,与文本框的使用方法类似,不必介绍。

2. 单选按钮

单选按钮与变量绑定时,变量的值是选中的单选按钮的 value 属性值。例如,性别选择的代码如下,gender 变量的值为选中的单选按钮的 value 属性值。

```
性别:<input type="radio" value="男" v-model="gender">男
```

```
<input type="radio"  value="女" v-model="gender">女
```

3. 复选框

复选框分为单个复选框和多个复选框。单个复选框与变量绑定时,变量的值为 true 或 false。多个复选框与变量绑定时,变量是一个数组名,选中项的 value 属性值为数组变量的元素值。例如,单个复选框 checked 和多个复选框 hobbies 的代码如下。

```
是否团员:<input type="checkbox" v-model="checked">{{checked}}
<br>爱 好:
<input type="checkbox" value="运动" v-model="hobbies">运动
<input type="checkbox" value="音乐" v-model="hobbies">音乐
<input type="checkbox" value="电影" v-model="hobbies">电影
<input type="checkbox" value="阅读" v-model="hobbies">阅读
<br><span>你选择的爱好是: {{ hobbies }}</span>
```

说明:

(1) 单个复选框与变量绑定时,默认情况下变量的值为 true 或 false。如果要求变量的值为其他值,需要在元素中添加 true-value、false-value 两个属性,指明复选框选中、不选中时对应的值。例如,下列代码将 checked 变量的值设定为"是""否"。

```
<input type="checkbox" v-model="checked" true-value="是" false-value="否">
{{checked}}
```

(2) 多个复选框与变量绑定时,这些复选框的 v-model 指令的变量都是同一个变量,并且在 Vue 实例中声明为数组类型,如上述 hobbies 变量是数组形式。

4. 下拉列表框

下拉列表是从多个选项中选择一项,在<select>元素中与变量绑定,选择某一个下拉列表选项后,变量的值为对应 option 元素的 value 属性值。例如,下列代码中,选择专业的下拉列表框与 major 变量绑定。

```
专业:<select v-model="major" name="major">
    <option value="">请选择专业</option>
    <option value="软件工程">软件工程</option>
    <option value="网络空间">网络空间</option>
    <option value="大数据技术">大数据技术</option>
</select>
<div id="output">你选择的专业是: {{major}}
```

【例 10.15】 表单元素绑定实例。设计一个包含表单的网页文件,如图 10.7 所示,在表单中输入姓名,选择性别、专业、爱好、是否团员等选项,在表单下方显示出对应的信息(eg10_15.html)。

网页文件 eg10_15.html 的主要代码如下。

```
<head>
    <meta charset="UTF-8">
    <title>表单元素与 v-model 绑定</title>
```

图 10.7　输入表单数据的结果

```
    <script src="js/vue.js"></script>
</head>
<body>
<div id="app">
    姓名:<input v-model.lazy="name" placeholder="输入姓名">
    <br>性别:<input type="radio" value="男" v-model="gender">男
    <input type="radio" value="女" v-model="gender">女
    <br>专业:<select v-model="major" name="major">
        <option value="">请选择专业</option>
        <option value="软件工程">软件工程</option>
        <option value="网络空间">网络空间</option>
        <option value="大数据技术">大数据技术</option>
   </select>
    <br>爱 好:
    <input type="checkbox" value="运动" v-model="hobbies">运动
    <input type="checkbox" value="音乐" v-model="hobbies">音乐
    <input type="checkbox" value="电影" v-model="hobbies">电影
    <input type="checkbox" value="阅读" v-model="hobbies">阅读
    <br>是否团员:<input type="checkbox" v-model="checked" true-value="是" false-
value="否">{{checked}}<br><hr>
    <div id="output">
        你的个人信息如下:
        <br>姓名:{{name}}
        <br>性别:{{gender}}
        <br>专业: {{major}}
        <br><span>爱好: {{ hobbies }}</span>
        <br>是否团员(是/否):{{checked}}
    </div>
</div>
<script>
```

```
    var vm = new Vue({
        el: '#app',
        data: {
            id: '',
            name: '',
            gender: '',
            major: '',
            hobbies: [],
            checked: false
        }
    });
</script>
</body>
```

10.5.2 v-model 修饰符

v-model 修饰符写在 v-model 的后面，用来对 v-model 指令的作用加以限制。修饰符如下。

1. .lazy

在默认情况下，v-model 在 input 事件触发后将输入框的值与数据同步。但添加一个修饰符 lazy，则使用 change 事件进行同步，即<input>元素失去焦点或者按了 Enter 键后，才能使输入框的值和数据同步。例如，以下代码在文本框中输入姓名后，单击其他位置才能将输入的值同步到 name 变量。

```
<input type="text" v-model.lazy="name" placeholder="输入姓名">
```

2. .number

如果想自动将用户的输入值转换为 Number 类型，可以添加一个 number 修饰符。

```
<input v-model.number="age" type="number">
```

3. .trim

如果要自动过滤用户输入的首尾空格，可以添加 trim 修饰符。

```
<input type="text" v-model.trim="name">
```

10.6 组件

一个页面通常由页面顶部、导航栏、内容区等区域组成，每个区域看作一个组件。在 Vue.js 中，组件(Component)实际上是一个拥有预定义选项的 Vue 实例，一般由视图模板和 Vue 实例代码组成。组件可以扩展 HTML 元素，封装可重用的代码。利用一个个小型、独立和可复用的组件来构建大型应用。

10.6.1 组件的注册和使用

视频讲解

使用组件时，首先注册组件，然后在模板视图中把组件作为自定义元素，添加到模板中。Vue.js 提供了全局注册组件和局部注册组件两种注册方式。

1. 全局注册组件

全局注册组件的语法为

```
Vue.component(tagName, {
    options                                        //配置选项
})
```

其中，第一个参数 tagName 为组件名，在页面中引用组件时，就把组件名作为一个元素标签形式来引用组件；第二个参数的 options 为配置选项，组件接受的大部分选项与 Vue 实例构造方法中的选项相同，如 data、computed、watch、methods 以及生命周期钩子函数等。但组件的 data 选项必须是函数形式，而 Vue 实例的 data 选项是对象形式。另外，el 选项是根实例特有的选项，在组件中不用 el 选项。

注册组件后，就可以在模板视图中使用组件名定义一个或者多个自定义元素，其形式为<tagName></tagName>。

【例 10.16】 全局注册组件的简单示例(eg10_16.html)。

网页文件 eg10_16.html 的主要代码如下。

```
<div id="app">
    <!--使用组件时，把组件名称以 HTML 标签的形式，引入到页面即可 -->
    <my-counter></my-counter>
    <my-counter></my-counter>
    <my-counter></my-counter>
</div>
<script type="text/javascript">
    //注册全局组件。my-counter 是组件名称
    Vue.component("my-counter", {
        template: "<button type='button' @click='counter+=1'>按钮单击次数:
{{counter}}</button>",
        data: function() {
            return {
                "counter": 0
            };
        }
    });
    var vm = new Vue({
        el: "#app",
        data: {}
    });
</script>
```

在组件的选项代码中，template 选项定义了组件要展示的 HTML 内容，此为显示单击次数的按钮，其中，counter 变量是 data 选项返回值的对象属性；data 选项必须是一个函数，返回值为对象形式。在页面<div>元素中，以自定义元素<my-counter>来引用组件。在浏览器中访问此网页文件，运行效果如图 10.8 所示。

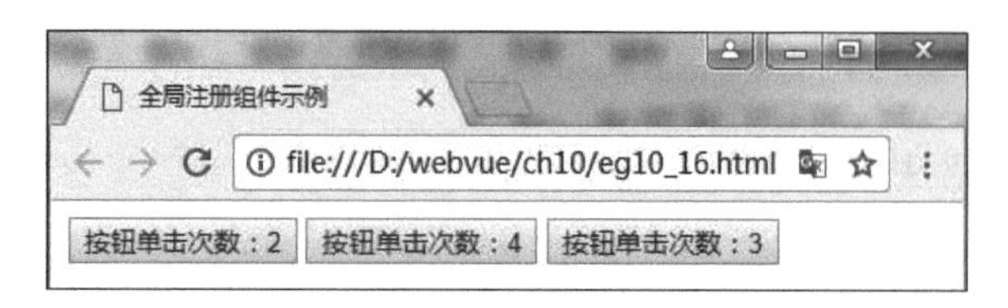

图 10.8　例 10.16 的运行效果

从运行效果看出，每个组件对象的数据是互相独立的。因为组件的 data 选项是函数，每引用一次组件，就创建一个组件实例，由组件实例维护自己的数据拷贝。

2. 局部注册组件

局部注册组件是在实例选项中注册的组件，这样组件只能在该实例中使用，不能在其他组件中使用。局部注册组件时，首先将组件的选项内容声明为一个 JavaScript 对象，然后在使用该组件的组件中用 components 选项定义局部组件。

【例 10.17】 局部注册组件的示例(eg10_17.html)。

网页文件 eg10_17.html 的主要代码如下。

```
<div id="app">
    <p>引用 parent 组件</p>
    <parent></parent>
</div>
<script>
    var ChildA={ template:"<div>这是子组件 A</div>" }
    var ChildB={ template:"<div>这是子组件 B</div>" }
    Vue.component("parent", {
        template: "<div>\
              <p>这是父组件</p>\
              <my-childA></my-childA>\
              <my-childB></my-childB>\
              </div>",
        components:{                              //局部注册组件 my-childA, my-childB
            'my-childA': ChildA,
            'my-childB': ChildB
        }
    });
    var vm = new Vue({
        el: "#app",
        data: {}
    });
</script>
```

在本例中，components 选项定义了两个局部组件 my-childA，my-childB，它们就是自定义元素名，只能在 parent 组件中使用。

10.6.2　用 props 选项向子组件传递数据

视频讲解

通常在页面中包含不同层次的组件，父组件需要向子组件传递一些数据，子组件接收到数据后根据参数的不同而渲染不同的内容。这种父组件向子组件传递数据的过程可以用 props 选项来实现。

在组件中使用 props 选项声明需要从父组件接收的数据，props 选项的值通常是字符串数组，其数组元素是字符串形式的属性名。同时在父组件中引用子组件时，在其开始标签列出要传递的属性和属性值。

【例 10.18】　用 props 选项向子组件传递数据(eg10_18.html)。

网页文件 eg10_18.html 的主要代码如下。

```
<div id="app">
    <child id="1" message="产品 1"></child>
</div>
<script>
    Vue.component('child', {
        props: ['id','message'],                    //声明 props
        template: '<div><span>来自父组件的数据:id:{{id}}, message:{{ message }}
</span></div>'
    })
    new Vue({                                       //创建根实例
        el: '#app'
    })
</script>
```

在该程序的 child 组件中，props 选项值为数组：['id','message']，表示 id、message 两个属性用来接收父组件传递来的数据，这两个属性也称为 child 组件实例的变量。父组件 <div>元素以<child>元素引用 child 子组件，在其开始标签中指定了 id、message 属性的值。

在浏览器中访问该网页文件，输出结果如下。

```
来自父组件的数据:id:1, message:产品 1
```

上述例子中，父组件向子组件传递的数据都是具体的数据。在实际应用开发中，父组件往往向子组件传递动态的数据。为了传递动态数据，可以在父组件的子组件元素中，通过 v-bind 指令绑定属性来传递变量的值，达到传递动态数据的目的。

【例 10.19】　父组件动态传递数据给子组件(eg10_19.html)。

网页文件 eg10_19.html 的主要代码如下。

```
<div id="app">
    <child v-for="product in products"
```

```
            v-bind:id="product.id"
            v-bind:message="product.message">
    </child>
</div>
<script>
    Vue.component('child', {
        props: ['id','message'],
        template: '<div><span>来自父组件的数据:id:{{id}}, message:{{ message }}
</span></div>'
    })
    new Vue({                                          //创建根实例
        el: '#app',
        data:{
            products:[
                {id:1,message:'产品 1'},
                {id:2,message:'产品 2'},
                {id:3,message:'产品 3'},
            ]
        }
    })
</script>
```

在浏览器中访问该网页文件,输出结果如下。

```
来自父组件的数据:id:1, message:产品 1
来自父组件的数据:id:2, message:产品 2
来自父组件的数据:id:3, message:产品 3
```

视频讲解

10.6.3 子组件向父组件传递数据

子组件向父组件传递数据,需要使用自定义事件来实现。子组件调用 $emit 方法,触发自定义事件,并向事件传递数据。 $emit 方法的语法为

```
this.$emit('event',val)
```

$emit 方法的作用是触发自定义事件的发生。其中,event 参数表示自定义事件名称,val 参数表示通过自定义事件传递的值,即向父组件传递的数据,val 为可选参数。同时,在父组件中,引用子组件元素的开始标签内增加 v-on 指令,绑定自定义事件名称,以及事件处理方法。下面通过例子说明如何实现子组件向父组件传递数据。

【例 10.20】 子组件向父组件传递数据的实现(eg10_20.html)。

网页文件 eg10_20.html 的主要代码如下。

```
<div id="app">
    <!--父组件使用 v-on 指令绑定自定义事件 -->
    <h3>父组件</h3>
```

```
        <my-child @change="getVal"></my-child>
        <h3>以下是从子组件传来的数据:</h3>
        <div v-if="flag">{{dataFromChild.name}}</div>
        <div v-if="flag">{{dataFromChild.comment}}</div>
    </div>
    <template id="tmpl">
        <div>
            <div>这是子组件</div>
            <button @click="myclick">单击子组件按钮,传值给父组件</button>
        </div>
    </template>
    <script>
        var child = {                                   //定义子组件模板对象
            template: '#tmpl',
            data() {
                return {
                    message: {name: '张三', comment: '今天的天气很好'}
                }
            },
            methods: {
                myclick() { this.$emit('change', this.message) }
            }
        }
        Vue.component("my-child", child);
        var vm = new Vue({                              //创建 Vue 实例,得到 ViewModel
            el: '#app',
            data: {
                flag:false,
                dataFromChild:null
            },
            methods: {
                getVal(data) {
                    this.flag=true;
                    this.dataFromChild=data;
                }
            },
        });
    </script>
```

在父组件<div>元素中,<my-child @change="getVal">为自定义元素,引用子组件 my-child。其中,@change="getVal"绑定了自定义事件名 change,其事件处理方法是 getVal 方法。

相应地,在子组件实例中,绑定了按钮的 click 事件,其事件处理方法是 myclick。一旦单击了按钮,执行 myclick 方法的语句:this.$emit('change', this.message),触发 change 事件的发生,并向 change 事件传递 this.message 变量的值,从而父组件监听到 change 事件发生，执行 getVal 方法，获取子组件传来的数据。

在浏览器中访问该网页文件，初始显示结果如图 10.9 所示。单击“单击子组件按钮，传值给父组件”按钮后，显示结果如图 10.10 所示。

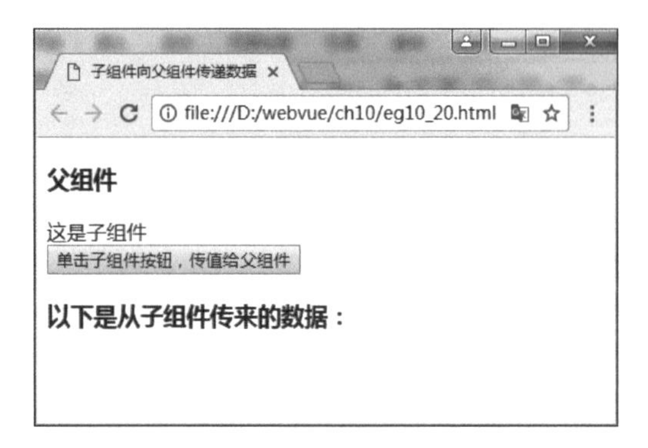

图 10.9　单击按钮前的初始结果

图 10.10　单击按钮后传值给父组件的结果

视频讲解

10.6.4　用 slot 分发内容

1. slot 基本用法

slot 的含义是“插槽”，用来给组件分发内容。在一些应用场景中，子组件模板定义了与父组件交互的基本结构，子组件的一部分内容是动态变化的，由父组件动态地分发内容给子组件。对于这种场景，在子组件模板中使用<slot>元素定义一个插槽，这样父组件调用子组件时，把实际 HTML 元素传给子组件，放到<slot>元素的位置，并替换<slot>元素。下面通过一个 slot 简单例子来介绍 slot 的使用方法。

【例 10.21】　使用 slot 分发内容的示例(eg10_21.html)。

网页文件 eg10_21.html 的主要代码如下。

```
<div id="app">
    父组件: 负责分发插槽内容
    <child>
        <p slot="title" >标题:{{title}}</p>
```

```
            <p>内容:{{content}}</p>
        </child>
        <p>父组件的其他内容</p>
    </div>
    <template id="tmpl">
        <div>
            <div class="title">
                <slot name="title"></slot>
            </div>
            <div class="content">
                <slot>若没有分发内容,则显示这里列出的默认值</slot>
            </div>
        </div>
    </template>
    <script>
        Vue.component('child', {
            template: "#tmpl"
        })
        var vm = new Vue({
            el: "#app",
            data: {title:"这是标题行",content:"这是内容区"}
        })
    </script>
```

在浏览器中访问该网页文件，输出结果如图 10.11 所示。

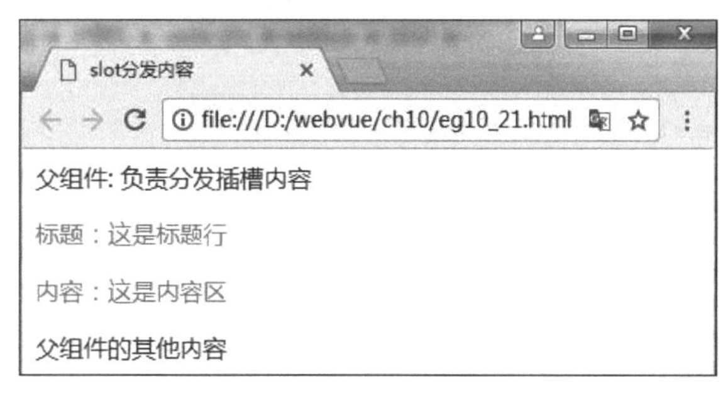

图 10.11 slot 分发内容的输出结果

程序说明：

(1) <template>元素定义子组件 child 的模板。其中，<slot name="title"></slot>是具名 slot，即带有 name 属性的<slot>元素。没有 name 属性的<slot>元素称为匿名 slot，可以放任何内容，作为找不到匹配内容的插槽。例如，<template>元素内的第 2 个<slot>元素称为匿名 slot，并指定了其默认值。

(2) 在子组件中可以定义多个<slot>元素，对它们加上不同的 name 属性值。父组件分发内容时，就根据 slot 属性值与子组件<slot>元素的 name 属性值相匹配，进行分发内容。

(3) <div id="app">元素为父组件，Vue 实例挂载到该元素。通过<child>自定义元素调用子组件。其中，<p slot="title">标题：{{title}}</p>，此元素的 slot 属性必须与子组件中<slot>元素的 name 属性匹配。因此，调用子组件时，子组件中 name 属性为"title"的<slot>元素被替换为这个<p>元素。如果找不到匹配的<slot>元素，并且有匿名 slot，则替换匿名 slot 元素。

说明：Vue.js 2.6.0 以上版本采用 v-slot 指令代替 slot 属性。例如，<p slot="title">元素改写为下列形式的元素。

```
<p v-slot:title>标题:{{title}}</p>
```

2. slot 的默认值

可以为 slot 元素加上默认值，这样，当父组件没有指定对应的 slot 时，就显示默认值。例如，下列<slot>元素的开始标签与结束标签之间的内容就是默认值。

```
<slot>若没有分发内容,则显示这里列出的默认值</slot>
```

3. 作用域插槽

在一些情况下，需要在父组件中展示子组件的数据，利用作用域插槽，可以让父组件接收子组件的 slot 传递过来的参数值。其方法是在子组件中把要传给父组件的数据，在<slot>元素中以属性形式声明，例如，下列<slot>元素中声明了 text、msg 两个属性。

```
<slot text="这是 slot 元素的 text 属性" :msg="msg"></slot>
```

同时，在父组件中引用子组件时，按照类似下列形式书写，在 template 元素中加上属性：slot-scope="scope"，其中，scope 可以是任意的名称，代表子组件所有默认 slot 组成的对象。这样通过"scope.属性名"方式获得子组件的属性值。

```
<child>
        <template slot-scope="scope">
            <p>{{ scope.text }}</p>
            <p>{{ scope.msg }}</p>
        </template>
</child>
```

在 Vue.js 2.6.0 以上版本，上述<child>元素也可以简写为

```
<child v-slot:default="scope">
      <p>{{ scope.text }}</p>
      <p>{{ scope.msg }}</p>
</child>
```

【例 10.22】 作用域插槽的应用示例(eg10_22.html)。

网页文件 eg10_22.html 的主要代码如下。

```
<div id="app">
    <div>以下内容来自子组件传来的值:</div>
    <child>
        <template slot-scope="scope">
```

```
            <p>{{ scope.text }}</p>
            <p>{{ scope.msg }}</p>
        </template>
    </child>
</div>
<template id="tmpl">
    <div>
        <slot text="这是 slot 元素的 text 属性" :msg="msg"></slot>
    </div>
</template>
<script>
    Vue.component('child', {
        template:'#tmpl',
        data() {
            return { msg: '这是子组件 child 的内容' }
        }
    })
    new Vue({
        el:'#app'
    })
</script>
```

在浏览器中访问该网页文件，输出结果如图 10.12 所示。

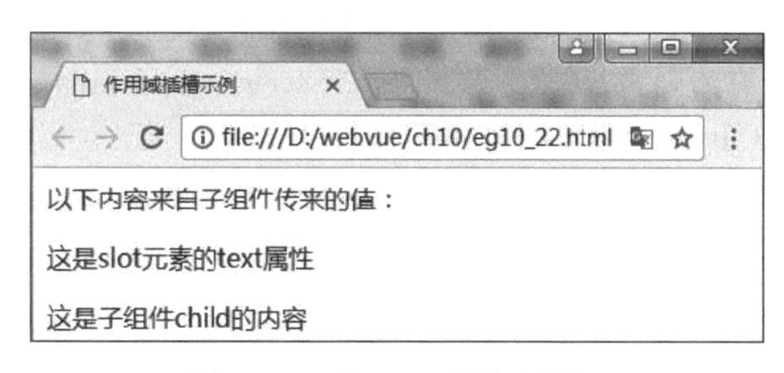

图 10.12 例 10.22 的输出结果

10.7 Vue.js 过渡和动画效果

Vue.js 在 DOM 中插入、更新或者删除元素时，可以触发所提供的过渡(Transition)和动画(Animation)效果。Vue.js 支持 CSS 过渡、第三方 CSS 动画库 Animate.css、JavaScript 过渡钩子函数等多种方式的过渡和动画效果。

10.7.1 使用 CSS 过渡实现动画

视频讲解

CSS 过渡是利用 CSS 样式控制 DOM 元素淡入淡出的动画效果。在条件渲染、条件展示、动态组件、组件根节点的应用场合中，可以对任何元素和组件添加进入过渡和离开过渡。使用 CSS 过渡时，首先利用 transition 内置元素嵌套需要过渡动画的元素，以及触发过渡行为。transition 元素的基本语法为

```
<transition name="过渡名">
    <!--此处为被过渡动画控制的元素 -->
</transition>
```

其次，自定义 CSS 样式，控制 transition 元素内部的元素实现进入和离开的过渡效果。在 Vue.js 中，用于过渡的 CSS 类名有以下 6 个，用来定义从开始进入过渡到离开过渡结束时各个阶段的过渡效果。

(1) v-enter：定义进入过渡前元素的初始状态。此时元素还未开始进入过渡。

(2) v-enter-active：定义元素进入过渡期间的状态。可以利用这个类定义进入过渡的持续时间、延迟和曲线函数。

(3) v-enter-to：定义进入过渡结束时的状态。

(4) v-leave：定义离开过渡的开始状态。在离开过渡被触发时立刻生效，下一帧被移除。

(5) v-leave-active：定义元素离开过渡期间的状态。可以用这个类来定义离开过渡的持续时间、延迟和曲线函数。

(6) v-leave-to：定义离开过渡结束时的状态。

下面通过一个例子来说明 CSS 过渡的使用。

【例 10.23】 使用 CSS 过渡实现：单击页面上的按钮，在水平方向以淡入淡出方式显示和隐藏一行文字“书山有路勤为径 学海无涯苦作舟”(eg10_23.html)。

网页文件 eg10_23.html 的主要代码如下。

```
<style>
    .v-enter, .v-leave-to {
        opacity: 0;
        transform: translateX(400px);
    }
    .v-enter-active, .v-leave-active {
        transition: all 4s ease;
    }
</style>
<div id="app">
    <button  @click="flag=!flag">显示和隐藏</button>
    <transition>
        <h2 v-if="flag">书山有路勤为径 学海无涯苦作舟</h2>
    </transition>
</div>
<script>
    var vm = new Vue({
        el: '#app',
        data: {
```

```
            flag: false
        },
        methods: {}
    });
</script>
```

代码说明：

(1) <style>元素定义默认的CSS过渡类名及其CSS样式。这里，以水平移动淡入方式显示h2元素；以水平移动淡出方式隐藏h2元素；淡入时间和淡出时间都是4s。

(2) <div>元素定义要显示的页面元素。其中，<transition>元素表示其内的h2元素采用CSS过渡方式控制其显示和隐藏。

(3) 在<script>脚本中，创建Vue实例，并挂载到id属性为app的<div>元素。将flag属性设置为false，在初始状态隐藏h2元素。

在浏览器中访问该网页文件，初始时，flag的值为false，隐藏h2元素。单击页面上的按钮，以淡入方式显示文字；再次单击按钮，以淡出方式隐藏文字。

在上述例子中，<transition>元素没有name属性，因此，在<style>元素的样式表中使用以“v-”为前缀的默认CSS过渡类名。如果<transition>元素带有name属性，例如，<transition name="my">，那么，CSS过渡类名的前缀“v-”就需要替换为name属性的值“my-”，如v-enter修改为my-enter。具体参看例10.24的代码。

【例10.24】 使用修改的CSS过渡类名实现列表内容的垂直方向移动的淡入淡出动画效果(eg10_24.html)。

网页文件eg10_24.html的主要代码如下。

```
<style>
    .my-enter, .my-leave-to {
        opacity: 0;
        transform: translateY(200px);
    }
    .my-enter-active, .my-leave-active {
        transition: all 2s ease;
    }
</style>
<div id="app">
    <button @click="flag2=!flag2">显示和隐藏</button>
    <transition name="my">
        <div v-if="flag2" id="list">
            <ul>
                <li>C#程序设计</li>
                <li>Java 程序设计</li>
                <li>PHP Web 网站开发</li>
                <li>ES6 入门</li>
            </ul>
        </div>
    </transition>
```

```
</div>
<script>
    var vm = new Vue({
        el: '#app',
        data: {
            flag2: false
        },
        methods: {}
    });
</script>
```

视频讲解

10.7.2 使用第三方 animate.css 库实现动画

1. animate.css 的使用

animate.css 是一个使用 CSS3 制作的动画效果的 CSS 集合，其下载网址为 https://raw.github.com/daneden/animate.css/master/animate.css。它预设了很多种常用的动画样式，主要包括 attention(晃动效果)、bounce(弹跳效果)、fade(透明度变化效果)、flip(翻转效果)、rotate(旋转效果)、slide(滑动效果)、zoom(放大效果)、special(特殊效果)8 类的动画类名，具体的动画类名及动画效果参见网址 http://daneden.github.io/animate.css。

animate.css 的使用方法比较简单。首先，在<head>元素中引用 animate.css。可以引用本地的 animate.css，引用代码如下。

```
<link rel="stylesheet" href="js/animate3.7.2.css">
```

也可以引用 CDN 版本的 animate.css，代码如下。

```
<link rel="stylesheet" href="https://cdnjs.cloudflare.com/ajax/libs/animate.css/3.7.2/animate.min.css">
```

其次，设置元素的动画时，需要将类名 animated 和动画类名添加到元素中。例如，下列代码使文字不停地上下跳动。

```
<h1 class="animated infinite bounce delay-2s">跳动的文字</h1>
```

class 属性中，infinite 表示动画无限循环，bounce 是弹跳动画类名，delay-2s 表示动画延迟 2s。

2. 自定义过渡类名

在<transition>元素中可以加入 enter-class、enter-active-class、enter-to-class、leave-class、leave-active-class、leave-to-class 属性，分别指定自定义过渡类名，使得其中的元素按照类名指定的动画效果进行动画。这样 Vue.js 可以很好地与第三方 animate.css 动画库结合使用。

【例 10.25】 使用 animate.css 和 Vue.js 控制文字的动画。单击 toggle 按钮，以动画形式显示和隐藏文字(eg10_25.html)。

网页文件 eg10_25.html 的主要代码如下。

```
<head>
  <script src="js/vue.js"></script>
  <link rel="stylesheet" href="js/animate3.7.2.css">
</head>
<body>
<div id="app">
    <input type="button" value="toggle" @click="flag=!flag">
    <transition
            enter-active-class="bounceInUp"
            leave-active-class="bounceOutDown"
            :duration="{ enter: 500, leave: 500 }">
        <h3 v-if="flag" class="animated">这是一个使用 animate.css 实现的动画</h3>
    </transition>
</div>
<script>
    var vm = new Vue({
        el: '#app',
        data: {
            flag: false
        },
    });
</script>
</body>
```

在代码中，<transition>元素为需要过渡动画的元素，其中，enter-active-class 属性指定进入动画类名为 bounceInUp，leave-active-class 属性指定离开动画类名为 bounceOutDown，“:duration”属性指定进入和离开的持续时间都是 500ms。

10.7.3 结合 JavaScript 与 Velocity.js 库实现动画

视频讲解

使用 JavaScript 过渡时，首先在<transition>元素的属性中声明 JavaScript 钩子函数，其语法格式为

```
<transition
  v-on:before-enter="beforeEnter"
  v-on:enter="enter"
  v-on:after-enter="afterEnter"
  v-on:before-leave="beforeLeave"
  v-on:leave="leave"
  v-on:after-leave="afterLeave"
  <!--此处为过渡元素 -->
</transition>
```

进入动画的钩子函数包括 before-enter、enter、after-enter，离开动画的钩子函数包括 before-leave、leave、after-leave。

其次,在 Vue.js 实例的 methods 选项中定义钩子函数对应的方法,并在方法中结合 CSS 的 transitions/animations 使用,实现元素的过渡动画。

说明:使用 JavaScript 过渡时,需要在<transition>元素中增加属性“css:false”,将跳过 CSS 检测,避免 CSS 规则干扰过渡。另外,还要在 enter 和 leave 钩子函数中调用 done()方法,才能在过渡结束后调用 after-enter、after-leave 钩子函数。

在实际应用中,往往将 JavaScript 钩子函数与 Velocity.js 动画库结合进行动画,效率更高。Velocity.js 是一个快速、高性能的 JavaScript 动画引擎,具有与 jQuery 的 $.animate()相同的 API,具有彩色动画、变换、循环、缓动、SVG 支持和滚动功能。引用 Velocity.js 的语法为

```
<script src="https://cdnjs.cloudflare.com/ajax/libs/velocity/1.2.3/velocity.
min.js"></script>
```

单独使用 Velocity.js 的语法为

```
Velocity(DOM元素,{CSS参数列表},{动画配置选项列表})
```

其中,第 1 个参数是要进行动画的 DOM 元素;第 2 个参数是 CSS 样式列表,调用 Velocity()一次可以操控一个数值属性值的动画,例如,控制元素水平向右移动 300px,垂直向下移动 200px,其 CSS 样式为:translateX:'300px',translateY:'200px';第 3 个参数是动画配置选项列表,常用的动画配置选项如下。

- duration:动画执行的持续时间,单位为 ms。
- easing:缓动效果,Velocity 支持大多数的 easing 类型,如 ease、ease-in、ease-out、ease-in-out、swing 等。
- complete:动画结束时执行的回调函数,如调用 done。
- display:动画结束时设置元素的 CSS display 属性。
- visibility:动画结束时设置元素的 CSS visibility 属性。
- loop:动画重复的次数。如果设置为 true,表示无限循环动画。
- delay:动画开始之前的延迟时间。

【例 10.26】 应用 JavaScript 钩子函数与 Velocity.js 库,实现单击按钮后,将一个蓝色小球水平方向从左到右移动,然后淡出的动画效果(eg10_26.html)。

网页文件 eg10_26.html 的主要代码如下。

```
<head>
    <style>
        .ball {
            width: 50px;
            height: 50px;
            border-radius: 50%;
            background-color: blue;
        }
    </style>
    <script src="js/vue.js"></script>
    <script src="js/velocity.min.js"></script>
```

```
</head>
<body>
<div id="app">
    <button @click="flag = !flag">单击我</button>
    <transition
            v-on:before-enter="beforeEnter"
            v-on:enter="enter"
            v-on:after-enter="afterEnter"
            v-bind:css="false" >
        <div class="ball" v-if="flag"></div>
    </transition>
</div>
<script>
    new Vue({
        el: '#app',
        data: {
            flag: false
        },
        methods: {
            beforeEnter(el) {
                el.style.opacity = 1
            },
            enter(el, done) {
                Velocity(el, {translateX: "200px",translateY: "0px"}, {duration:
                2000})
                Velocity(el, {opacity : 0}, {duration: 2000,complete: done})
            },
            afterEnter(el){                         //动画完成之后调用 afterEnter
                console.log('动画结束')
                this.flag = !this.flag
            }
        }
    })
</script>
```

10.7.4 多个元素或组件的过渡

视频讲解

1. 多个元素的过渡

在一些应用中，以过渡动画方式在多个元素之间切换时，可以用 v-if 和 v-else 指令来实现元素之间的切换。常见的多个元素过渡场景是一个列表和描述这个列表为空的元素。

【例 10.27】 多个元素过渡。单击“清空名单列表”按钮，以淡出方式删除姓名列表，然后显示“没有可显示的名单”。单击“重置”按钮，以淡入方式显示姓名列表(eg10_27.html)。

网页文件 eg10_27.html 的主要代码如下。

```
<head>
    <script src="js/vue.js"></script>
    <style>
        .fade-enter,.fade-leave-to {opacity:0;}
        .fade-enter-active,.fade-leave-active
            {transition:opacity 2s;}
    </style>
</head>
<body>
<div id="app">
    <button v-on:click="clear()">清空名单列表</button>
    <button v-on:click="reset()">重置</button>
    <transition name="fade"  mode="out-in">
        <ul v-if="items.length > 0">
            <li v-for="item in items">{{item}}</li>
        </ul>
        <p v-else>没有可显示的名单</p>
    </transition>
</div>
<script>
    new Vue({
        el: '#app',
        data: {
            items: ["张三","李四","王五"]
        },
        methods:{
            clear(){
                this.items.splice(0);
            },
            reset(){
                this.items=["张三","李四","王五"];
            }
        }
    })
</script>
```

在本例代码中，<transition>元素属性 mode="out-in"是过渡模式属性，它表示先执行离开过渡，然后执行进入过渡动画。如果没有 mode 属性，则进入过渡和离开动画是同时执行的，效果不一样。

另外，如果<transition>元素中定义的多个元素都是相同的标签名，则需要在这些元素中增加 key 属性，设置唯一的值，以便 Vue 区分它们。这样切换元素时，过渡效果才起作用。例如，下列代码在两个<div>元素中增加了 key 属性。

```
<transition>
    <div v-if="show" key="hello">hello world</div>
```

```
    <div v-else key="bye">bye world</div>
<transition>
```

2. 多个组件的过渡

多个组件之间的过渡切换，不需要使用 key 属性区分组件，只需要使用动态组件进行过渡即可。

【例 10.28】 设计一个网页文件，定义两个组件：login、register，单击“登录”“注册”链接，以过渡动画方式切换到对应的组件，如图 10.13 和图 10.14 所示(eg10_28.html)。

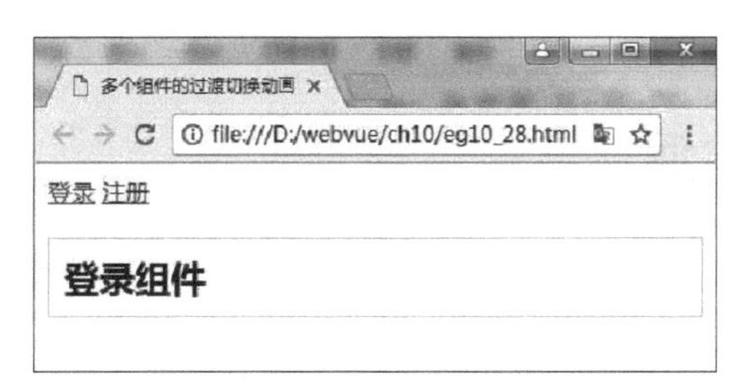

图 10.13 单击“登录”链接的界面

图 10.14 单击“注册”链接的界面

网页文件 eg10_28.html 的主要代码如下。

```
<head>
  <style>
    .v-enter, .v-leave-to { opacity: 0; }
    .v-enter-active, .v-leave-active {
        transition: all 1s ease;}
  </style>
  <script src="js/vue.js"></script>
</head>
<body>
  <div id="app">
    <a href="" @click.prevent="comName='login'">登录</a>
    <a href="" @click.prevent="comName='register'">注册</a>
    <transition mode="out-in">
      <component class="reg" :is="comName"></component>
    </transition>
  </div>
  <script>
```

```
    Vue.component('login', {template: '<h2>登录组件</h2>'})
    Vue.component('register', {template: '<h2>注册组件</h2>'})
    var vm = new Vue({
      el: '#app',
      data: {
        comName: 'login'
      },
    });
</script>
```

视频讲解

10.7.5 列表过渡

上面几节介绍的<transition>元素对单个元素进行渲染过渡。当需要过渡的元素是通过v-for指令循环渲染出来的元素时，就不能使用<transition>元素嵌套，而是使用<transition-group>元素。

使用<transition-group>元素时，它渲染为指定的元素，默认是一个<span>元素。如果在<transition-group>元素中设置了tag属性，则渲染为tag属性所指定的元素。

如果要为v-for指令循环创建的元素设置过渡动画，则必须在v-for指令中设置":key"属性，为每一个内部元素设置唯一的key属性值。给<transition-group>元素添加appear属性，实现页面第一次展示出来时，显示进入过渡的效果。

【例10.29】 利用列表过渡方式显示一个列表选项内容。同时可以增加列表选项，删除列表选项(eg10_29.html)。

网页文件eg10_29.html的主要代码如下。

```
<style>
    .v-enter, .v-leave-to {
      opacity: 0; transform: translateY(50px);
    }
    .v-enter-active, .v-leave-active {
      transition: all 0.5s ease;
    }
    .v-move { transition: all 0.6s ease;   }
    .v-leave-active{ position: absolute;   }
</style>
<body>
  <div id="app">
    <div class="add">
        编号: <input type="text" v-model="id">
        姓名: <input type="text" v-model="name">
        <button @click="add">添加</button>
    </div>
    <!—以下<transition-group>被渲染为<ul>元素 -->
      <transition-group appear tag="ul">
```

```
        <li v-for="(item, index) in list" :key="item.id" >
            {{item.id}} ---{{item.name}}
            <a href="#" @click="del(index)">删除</a>
        </li>
    </transition-group>
</div>
<script>
  var vm = new Vue({                                  //创建 Vue 实例
    el: '#app',
    data: {
      id: '',
      name: '',
      list: [ { id: 1, name: '张三' },{ id: 2, name: '李四' },
              { id: 3, name: '王五' } ]
    },
    methods: {
      add() {
        this.list.push({ id: this.id, name: this.name })
        this.id = this.name = ''
      },
      del(i) { this.list.splice(i, 1)}
    }
  });
</script>
```

在浏览器中访问该网页文件,输出效果如图 10.15 所示。输入一个编号、姓名的内容,单击"添加"按钮,则在下方显示新的列表结果。单击"删除"按钮,则删除对应行的列表项。

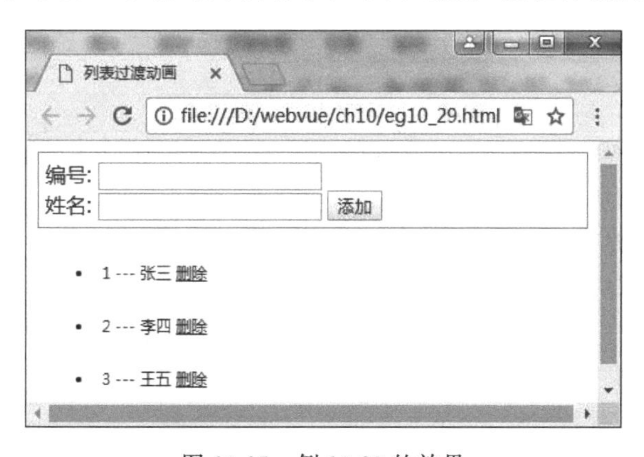

图 10.15　例 10.29 的效果

在代码中,.v-move 和.v-leave-active 这两个 Vue 过渡的类名一起搭配,实现在增加和删除选项时,使列表后续元素产生渐渐地向上移动的效果。add()方法将文本框输入的内容作为一个选项内容,添加到 Vue 实例对象的 list 数组中。del()方法删除 list 数组指定下标的一个元素。

视频讲解

10.8 自定义指令

Vue.js 除了提供 v-if、v-model 等内置的基本指令外，开发人员还可以根据需要注册自定义指令。自定义指令是用来操作 DOM 元素的。自定义指令是内置指令的一种有效的补充和扩展，不仅可用于定义任何的 DOM 操作，并且是可复用的。自定义指令分为自定义全局指令和自定义局部指令。

10.8.1 自定义全局指令

使用 Vue.directive()方法来注册自定义全局指令。下面通过一个例子来说明自定义全局指令的简单应用。

【例 10.30】 注册自定义全局指令，实现在加载页面时将焦点自动定位到文本框，并将文本框的文字以红色显示(eg10_30.html)。

网页文件 eg10_30.html 的主要代码如下。

```
<div id="app">
    <p>页面载入时,文本框自动获取焦点,并且文本框的文字为红色:</p>
    <input v-focus v-color type="text" value="123">
</div>
<script>
    Vue.directive('focus', {                        //注册一个全局自定义指令 v-focus
        inserted: function(el) {                    //钩子函数 inserted
            el.focus()
        }
    })
    Vue.directive("color", {                        //注册一个全局自定义指令 v-color
        inserted: function(el) {
            el.style.color = "red";
        }
    });
    new Vue({                                       //创建 Vue 根实例
        el: '#app'
    })
</script>
```

在本例的代码中，利用 Vue.directive()方法注册了两个自定义全局指令：v-focus、v-color。v-focus 指令使绑定的元素获得焦点，v-color 指令使绑定的元素的内容以红色显示。在<input>元素中加入了 v-focus、v-color 指令，因此，加载此网页文件时，文本框获得焦点，其文本显示为红色。

Vue.directive()的语法为

```
Vue.directive(指令名,定义对象)
```

其中,指令名是不含前缀"v-"的指令名字,在引用自定义指令名时,必须加上前缀"v-"。定义对象其实是一个或者多个钩子函数,钩子函数的功能如表 10.2 所示。

表 10.2 自定义指令的钩子函数

钩子函数名	功 能
bind	指令第一次绑定到元素时调用,可用于初始化设置,它只调用一次
inserted	被绑定元素插入父节点时调用
update	所在组件的 VNode 更新时调用,但是可能发生在其子 VNode 更新之前。指令的值可能发生了改变,也可能没有
componentUpdated	指令所在组件的 VNode 及其子 VNode 全部更新后调用
unbind	指令与元素解绑时调用,它只调用一次

在定义钩子函数时,可以给钩子函数传入以下参数。

(1) el:表示指令所绑定的元素,可以用来直接操作 DOM。

(2) binding:是一个对象,包含以下属性。

- name:指令名,不包括前缀"v-"。
- value:指令的绑定值,例如,v-mydirective="2+3"中,绑定值为 5。
- oldValue:指令绑定的前一个值,仅在 update 和 componentUpdated 钩子中可用。
- expression:字符串形式的指令表达式。例如,v-mydirective="2+3"中,表达式为"2+3"。
- arg:传给指令的参数,可选。例如,v-mydirective:foo 中,参数为 foo。
- modifiers:一个包含修饰符的对象。例如,v-mydirective.foo.bar 中,修饰符对象为{ foo:true, bar:true }。

(3) vnode:Vue 编译生成的虚拟节点。

(4) oldVnode:上一个虚拟节点,仅在 update 和 componentUpdated 钩子中可用。

10.8.2 自定义局部指令

自定义局部指令是在 Vue 实例中使用 directives 选项来注册自定义局部指令。自定义局部指令只能在这个 Vue 实例中使用。

【例 10.31】 修改例 10.30 的代码,采用自定义局部指令来实现文本框的焦点定位(eg10_31.html)。

网页文件 eg10_31.html 的 HTML 部分与例 10.30 的 HTML 代码相同,<script>脚本程序改为下列代码。

```
<script>
    new Vue({
        el: '#app',
        directives: {
```

```
            focus: {                                //注册一个局部的指令 v-focus
                inserted: function(el) {
                    el.focus()
                }
            },
            color: {                                //注册一个局部的指令 v-color
                inserted: function(el) {
                    el.style.color = "red";
                }
            }
        }
    })
</script>
```

10.9 Vue.js 路由

路由定义了每个 URL 由哪个文件或组件进行处理。Vue.js 提供了一个官方的路由插件 Vue Router,它与 Vue.js 结合,允许通过不同的 URL 访问不同的内容,它适用于构建多视图的单页面 Web 应用。本节介绍 Vue Router 的安装和使用方法。

视频讲解

10.9.1 路由的加载和基本用法

使用 Vue.js 路由时,首先要加载 Vue-router 库,其网址是 https://unpkg.com/Vue-router/dist/vue-router.js,该网址指向 NPM 发布的 vue-router.js 最新版本。vue-router.js 的加载有以下三种方式。

1. 直接引用

可以直接通过 vue-router.js 的网址来引用 Vue 路由,或者下载 vue-router.js 文件后再引用本地的 vue-router.js。其引用语句为

```
<script src="js/vue.js"></script>
<script src="js/vue-router.js"></script>
```

2. 用 npm 方式安装 Vue-router

用 npm 命令安装 Vue-router,其命令为

```
npm install vue-router
```

采用 npm 方式安装了 Vue-router 后,在工程项目中使用 Vue-router,必须通过 Vue.use()语句安装路由功能。在工程项目的 src 文件夹下的 main.js 文件中加入以下代码,加载 Vue-router 库。

```
import Vue from 'Vue'
import VueRouter from 'Vue-router'
Vue.use(VueRouter)
```

下面通过一个直接引用路由的例子来说明 Vue 路由的基本用法。

【例 10.32】 Vue.js 路由的基本用法(eg10_32.html)。

网页文件 eg10_32.html 的主要代码如下。

```
<script src="js/vue.js"></script>
<script src="js/vue-router.js"></script>
<div id="app">
    <router-link to="/">首页</router-link>
    <router-link to="/book">图书</router-link>
    <router-link to="/comment">评论</router-link>
    <router-view></router-view>
</div>
<script>
    //定义 3 个视图组件
    let Home = { template: '<div>这是 首页 组件</div>' }
    let Book = { template: '<div>这是 图书 组件</div>' }
    let Comment = { template: '<div>这是 评论 组件</div>' }
    let routes = [                                //定义路由,每个路由映射一个视图组件
        { path: '/',  component: Home },
        { path: '/book', component: Book },
        { path: '/comment', component: Comment }
    ];
    //创建 router 实例,并传入 routes 配置
    let router = new VueRouter({
        routes: routes
    });
    new Vue({
        el: '#app',
        router: router
    });
</script>
```

在本例的 HTML 代码中，router-link 和 router-view 是 Vue Router 的两个内置组件。使用 router-link 组件定义导航，to 属性指定跳转的目标链接，router-link 默认被渲染为一个<a>标签。router-view 组件用来渲染路由匹配到的视图组件。

在 Vue.js 代码中，声明了 3 个变量，存放 3 个视图组件；声明了路由数组 routes，其每个数组元素是一个对象，path 属性指定了 URL 路径，component 属性指定与 path 相应的组件；调用 VueRouter()创建一个 router 实例；最后在 Vue 实例中增加选项 router，注入路由，从而整个应用都具有路由功能。本例的访问效果如图 10.16 和图 10.17 所示。

说明：当<router-link>对应的路由匹配成功，将自动加上样式属性 class=".router-link-active"。

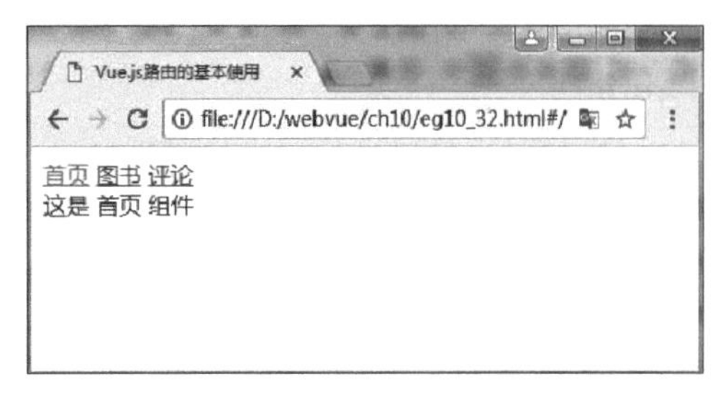

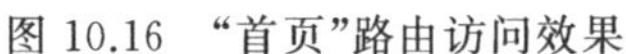
图 10.16 “首页”路由访问效果

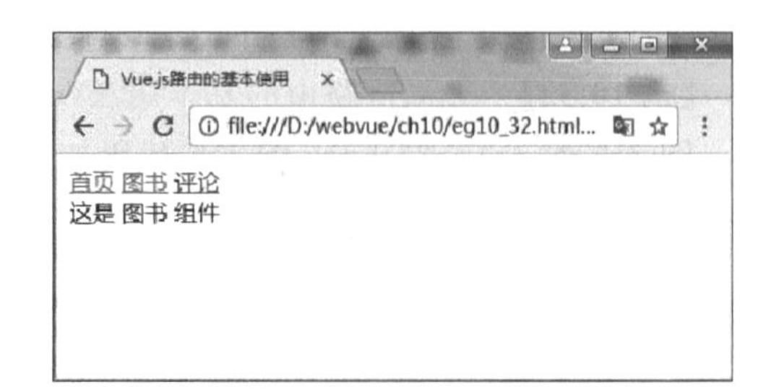

图 10.17 “图书”路由访问效果

视频讲解

10.9.2 动态路由和参数传递

在很多应用场景中，例如提交表单、列表分页跳转，需要获取表单、分页组件的一些数据。此时需要通过参数传递方式在路由之间传递参数和获取参数。Vue Router 进行路由匹配时可采用两种参数传递方式：params 参数传递和 query 参数传递。

1. params 参数传递

在定义路由时，可以在 path 属性值中使用路径参数，将符合某种模式匹配的所有路由映射到同一个组件时。路径参数的形式为“：参数名”。例如，以下的路由定义中，/book/：id 是一个带有路径参数 id 的路由路径，/book/1、/book/2 等路径都与之匹配，映射到 Book 组件来处理。

```
let routes = [
        { path: '/',  component: Home },
        { path: '/book/:id', component: Book },
];
```

相应地，在组件中，可以利用 $route.params 对象来获取当前匹配的动态路由中的路径参数。$route 表示当前路由，$route.params 是对象类型，是一个 key/value 对象，以对象形式存放了匹配的路径参数及其值。表 10.3 列出了一些动态路由模式、匹配路径和 $route.params 值的对应关系。

表 10.3 动态路由模式和 $route.params 的对应关系

动态路由模式	匹配路径实例	$route.params
/book/：id	/book/1	{id：'1'}
/book/：id/：bookname	/book/1/PHP 开发	{id：'1',bookname：'PHP 开发'}

例如，在组件中使用以下代码获取 id 参数的值。

```
<p>获取的图书 id:{{$route.params.id}}</p>
```

同时在 HTML 代码的<router-link>标签中，to 属性指定要传递的路径参数值。例如，以下代码的 to 属性指定了给 id 参数传递的值是 1。

```
<router-link to="/book/1">图书 1</router-link>
```

2. query 参数传递

query 参数传递方式是在 URL 地址的末尾附加查询字符串，以 key=value 方式传递参数。在组件内，使用"$route.query.参数名"形式获取查询参数的值。$route.query 是一个 key/value 对象，存放了 URL 各个查询参数及其值。

【例 10.33】 利用动态路由和参数传递的方式来实现功能：显示一个图书列表，单击某一图书，以组件方式显示接收到的路径参数，以及查询参数的值(eg10_33.html)。

网页文件 eg10_33.html 的主要代码如下。

```
<script src="js/vue.js"></script>
<script src="js/vue-router.js"></script>
<body>
<div id="app">
  <router-link to="/">首页</router-link>
  <router-link v-for='book in books' :to="'/book/'+book.id" :key="book.id" >图
书{{book.id}}</router-link>
    <router-view></router-view>
</div>
<template id="tmpl">
    <div>
        <h3>图书信息</h3>
        <p>获取的图书 id:{{$route.params.id}}</p>
        <p>获取的 URL 查询参数:{{$route.query.bookname}}</p>
    </div>
</template>
<script>
    let Home = { template: '<div>这是 首页 组件</div>' }
    let Book = { template: '#tmpl' }
    let routes = [
        { path: '/',  component: Home },
        { path: '/book/:id', component: Book },
    ];
    let router = new VueRouter({
        routes: routes
    });
    let books=[
        {id:1,bookname:"数据结构"},
        {id:2,bookname:"PHP Web 网站开发"},
    ]
    new Vue({
        el: '#app',
        data:  { books},
        router:router
    });
</script>
</body>
```

访问此网页文件，单击“图书 1”链接，显示效果如图 10.18 所示。在浏览器地址栏以查询参数方式访问“eg10_33.html#/book/1? bookname=数据结构”，则显示结果如图 10.19 所示。

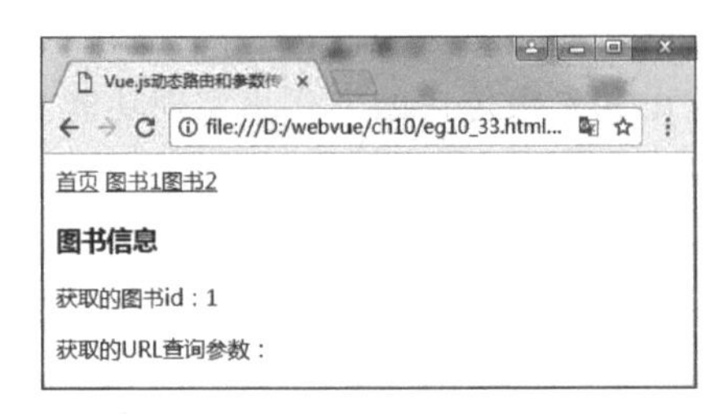

图 10.18　访问“图书 1”链接的结果

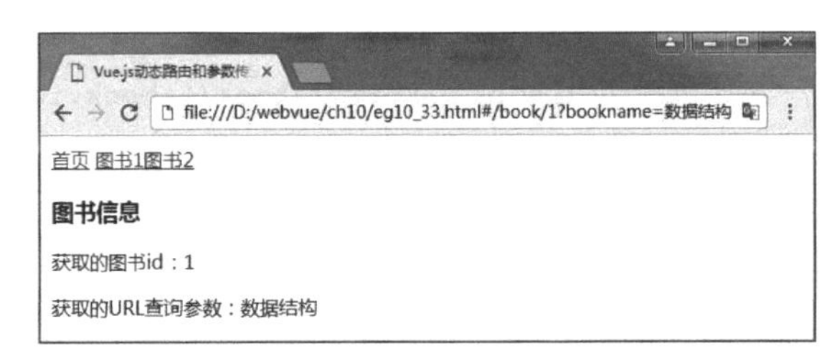

图 10.19　带查询参数的访问结果

视频讲解

10.9.3　命名路由和命名视图

1. 命名路由

在 Vue Router 中，可以在创建 Router 实例时，通过在 routes 配置中给某个路由增加一个 name 属性，定义一个名称，以便更方便地使用路由。例如：

```
let router = new VueRouter({
    routes: [
      { path: '/book/:id', name: 'book', component: Book }
]
});
```

使用命名路由之后，使用 router-link 标签跳转到命名路由时，可以给 router-link 标签的 to 属性传递一个对象，跳转到指定的路由。例如：

```
<router-link :to="{name:'book',params:{id:1}}">图书 1</router-link>
```

这个代码会把路由导航到“/book/1”的路径。

2. 命名视图

有些页面是由多个 Vue 组件构成的，例如，后台管理首页一般由顶部标题栏、侧边导航栏和主内容三个 Vue 组件组成。此时，需要在页面中添加多个 router-view 标签，并对 router-view 标签增加一个 name 属性，指定视图名字，渲染时把匹配到的组件输出到对应的 router-view 标签位置。如果 router-view 标签没有设置名字，那么默认的名字为 default。

【例 10.34】 利用命名视图实现一个包含顶部标题、左侧导航栏和主内容区域三个组件的页面(eg10_34.html)。

网页文件 eg10_34.html 的设计过程如下。

(1) 在 HTML 中定义页面视图,代码如下。

```
<div id="app">
  <router-view></router-view>
  <div class="container">
    <router-view name="left"></router-view>
    <router-view name="main"></router-view>
  </div>
</div>
```

(2) 在创建 Router 实例时,在 router 的路由配置中使用 components 为每个命名视图指定相应的组件。完整的 JavaScript 代码如下。

```
<script>
  let header = {
    template: '<h1 class="header">顶部标题</h1>'
  }
  let leftSideBar = {
    template: '<div class="left"><h1>左侧导航栏</h1>' +
            '<div>图书管理</div>' +
            '<div>系统管理</div></div>'
  }
  let mainBox = {
    template: '<h1 class="main">主内容区域</h1>'
  }
  let router = new VueRouter({
    routes: [
      {
        path: '/', components: {
          'default': header,
          'left': leftSideBar,
          'main': mainBox
        }
      }
    ]
  })
  let vm = new Vue({
    el: '#app',
    data: {},
    methods: {},
    router: router
```

```
  });
</script>
```

(3) 定义页面的样式,具体的样式代码略。

在浏览器中访问该网页文件,显示效果如图 10.20 所示。

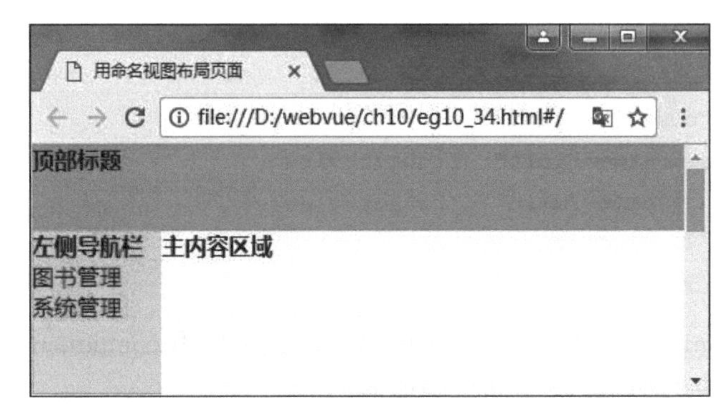

图 10.20　例 10.34 的显示效果

10.10　Vue.js 的 AJAX

Vue.js 本身不支持发送 AJAX 请求,需要使用 axios 插件来实现。axios 是一个基于 Promise 的 HTTP 库,是 Vue 2.0 官方推荐的插件,用于发送 AJAX 请求,可以用在浏览器和 node.js 中。本节介绍 axios 库的基本使用方法。

10.10.1　安装和引入 axios

1. 在工程项目中引入 axios

在 DOS 窗口中执行以下命令,下载 axios 组件,将其存放在 node_modules\axios\dist 文件夹中。

```
npm install axios --save
```

然后在使用 axios 的文件中使用引入 axios,其语句如下。

```
import axios from 'axios'
```

2. 在脚本中使用 CDN 引入 axios

在网页文件中利用以下<script>标签使用 CDN 引入 axios。

```
<script src="https://unpkg.com/axios/dist/axios.min.js"></script>
```

或者把 axios.min.js 下载到本地文件夹,再用<script>标签引用本地的 axios。

```
<script src="js/axios.min.js"></script>
```

10.10.2　axios 的使用方法

axios 提供了三个调用 AJAX 请求的方法：get 方法、post 方法和 axios API 方法。下面分别介绍它们的使用方法。

1. get 方法

axios 的 get 方法是以 GET 方式向目标 URL 发送 AJAX 请求，其语法格式为

```
axios.get(url[,options]);
```

其中，url 参数是目标 URL，options 是可选的配置选项。例如，以下代码调用 axios.get 方法，向本地 Web 服务器的 PHP 程序发送 GET 请求，并传输参数 bookkey。

```
axios.get('http://localhost/ch10/api/queryBooks.php',{
    params: {  bookkey: "数据结构"  }
}).then(function(response) {
     console.log(response.data);
}).catch(function(error) {
     console.log('请求失败!错误代码:'+error.status);
     console.log('错误信息:'+error.statusText);
});
```

在上述代码中，axios.get()方法后面添加了 then 块、catch 块，分别定义 get 方法调用成功、调用失败时要执行的回调函数。then 块的回调函数的参数 response 存放的是调用成功时返回的响应对象，response.data 属性是以 JSON 格式返回的响应数据。catch 块的回调函数的参数 error 存放的是返回的错误信息，error.status 返回错误代码，error.statusText 返回错误文本信息。

2. post 方法

axios 的 post 方法是以 POST 方式向目标 URL 发送 AJAX 请求，其语法格式为

```
axios.post(url,data,[options]);
```

其中，参数的含义与 get 方法的参数相同。但需要注意的是，axios 默认发送 post 数据时，数据格式是 Request Payload，不是常用的 Form Data 格式。因此，需要对要传递的参数进行格式转换，转换为键/值对形式传递，不能以 JSON 形式传递参数。

例如，以下代码先将 bookkey 参数转换为 Form Data 格式，然后调用 axios.post 方法，以 POST 方式向本地 Web 服务器的 PHP 程序发送 AJAX 请求，并处理返回的响应。

```
var params=new FormData();                    //传参格式为 FormData
params.append("bookkey","数据结构");
axios.post('http://localhost/ch10/api/queryBooks.php',
    params
).then(function(response) {
    console.log(response.data);
}).catch(function(error) {
```

```
        console.log('请求失败!错误代码:'+error.status);
        console.log('错误信息:'+error.statusText);
});
```

3. axios API 方法

axios API 方法根据指定的 URL、请求方式、发送数据等选项配置来向目标 URL 发送 AJAX 请求。其语法格式为

```
axios([options])
```

可选参数 options 是一个字典,包含 url、baseURL、data 等选项。例如,以下代码的功能与上述 post 方法调用的功能相同,只是实现方法不同而已。

```
var params=new FormData();
params.append("bookkey","数据结构");
axios({
    method: 'post',
    url: 'http://localhost/ch10/api/queryBooks.php',
    data: params
}).then(function(response) {
      console.log(response.data);
}).catch(function(error) {
      console.log('请求失败!错误代码:'+error.status);
      console.log('错误信息:'+error.statusText);
});
```

【例 10.35】 利用 Vue.js 和 axois 库实现向跨域的本地 Web 服务器的 PHP 程序发送图书查询的 AJAX 请求,然后在页面上显示返回的图书查询结果。查询结果的效果图如图 10.21 所示。

id	书名	作者	单价	出版日期
192	数据结构	戴敏	26.00	2017-11-20
193	数据结构:C语言描述(第2版)	殷人昆	55.00	2017-03-20
194	数据结构:C++语言描述	苏仕华	35.00	2014-01-22
195	数据结构案例教程(C/C++版)	于泠	45.00	2019-01-04
196	数据结构与算法(第4版)	罗文劼	59.00	2019-01-21
197	数据结构与算法:Python语言实现	[美]迈克尔	109.00	2019-05-13
198	数据结构与算法:Python语言描述	裘宗燕	45.00	2019-06-10

图 10.21　三种 AJAX 请求的查询结果

实现过程如下。

(1) 在 MySQL 中创建 books_db 数据库,在该数据库中创建一个 books 数据表,并录

入每条图书记录内容。

(2) 编写一个根据关键词查询图书信息的 PHP 程序 queryBooks.php。其实现思路如下。

① 设置允许跨域访问。由于 PHP 程序和 Vue.js 前端页面属于在不同的域上运行，因此需要在 PHP 程序中利用 header()函数发送头标，允许跨域访问。

② 读取前端页面传过来的查询关键词，存入 $ bookkey 变量。

③ 连接 MySQL 数据库，在 books 数据表中查询相应的图书信息。

④ 将查询结果编码为 JSON 格式的字符串，并输出。

(3) 设计前端网页文件 eg10_35.html。其实现思路如下。

① 按照如图 10.21 所示的效果图设计网页页面。

② 在 Vue 实例的 data 选项中定义一些变量，methods 选项中定义 3 个方法：getbooks()、postbooks()、axoisbooks()，分别调用 axois 库的 get()、post()、axois()方法，访问本地 Apache Web 服务器的 PHP 程序 queryBooks.php。

③ 将网页文件的元素内容与 Vue 实例的变量绑定；将页面中 3 个按钮的单击事件与 Vue 实例的 3 个方法分别绑定。

10.11 上机实践

1. 设计一个如图 10.22 所示的图书销售额计算页面，要求如下。

图 10.22 计算图书销售额

① 将一系列图书的 ID、书名、单价和数量这些数据存放到 Vue 实例的数组中。

② 利用数据绑定功能将所有图书的各项数据显示在页面的表格中，并计算每种图书的销售金额。

③ 利用计算属性完成图书数量的总计和总金额的计算，并显示在页面表格的底部。

2. 设计一个简单的算术计算器页面，如图 10.23 所示。页面包含 3 个文本框、1 个下拉列表和 1 个按钮，下拉列表的选项包括＋、－、＊、/。要求输入两个整数，选择某一个运算符，单击“＝”按钮，将相应的计算结果显示在第 3 个文本框。

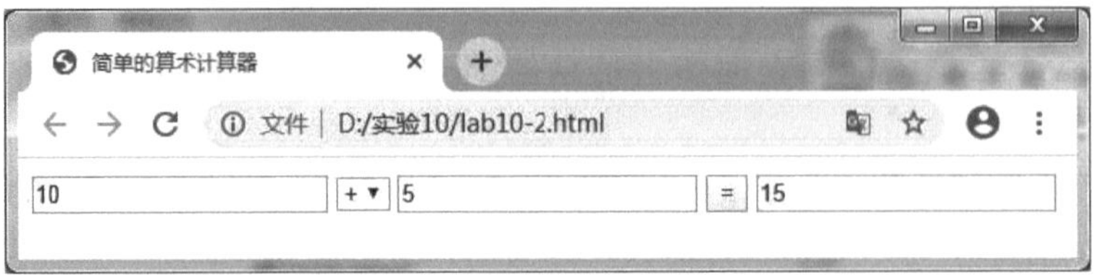

图 10.23　简单的算术计算器

3. 设计一个图书增删改的页面，如图 10.24 和图 10.25 所示。页面分为上下两个区域，上方的区域显示已存在的图书数据，下方的区域显示添加图书数据或者修改图书数据，要求如下。

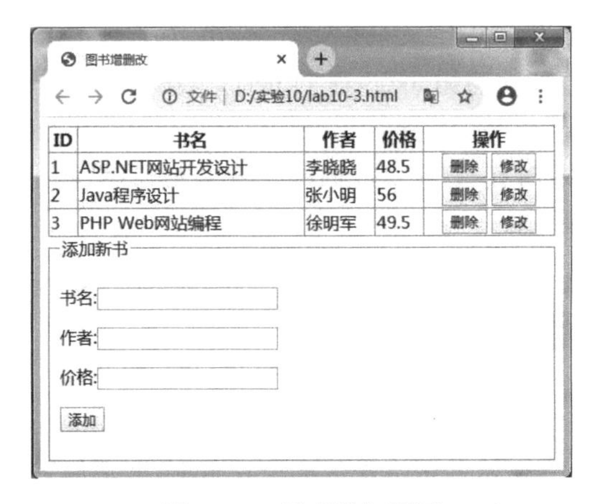

图 10.24　图书增加页面

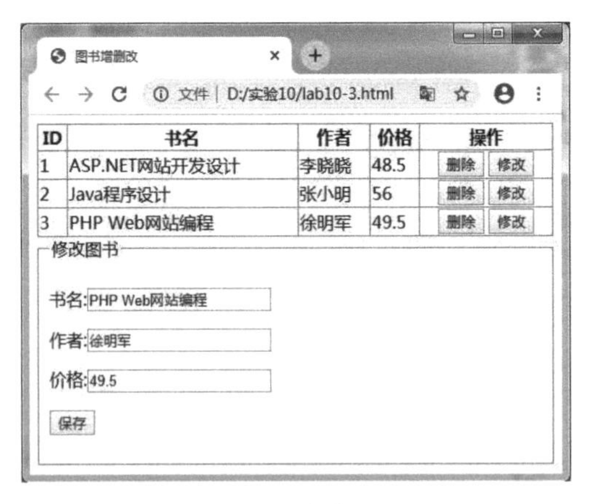

图 10.25　图书修改页面

① 将所有图书数据存在到 Vue 实例的 data 选项的数组。

② 单击“删除”按钮，则删除所在行的图书。

③ 单击“修改”按钮，则将所在行的图书数据显示到修改的区域，见图 10.25。修改后，单击“保存”按钮，则将修改后的图书数据存放到 Vue 实例的 data 选项的对应数组元素。

4. 设计一个图书购物车页面，页面效果如图 10.26 所示，要求如下。

图 10.26 图书购物车

① 单击“＋”按钮时，增加对应图书的数量。单击“－”按钮时，减少对应图书的数量。当数量减少到 1 时，不能再单击“－”按钮。

② 每本图书后面都有一个“删除”按钮，单击“删除”按钮时，则删除所在行的图书。

③ 计算每本图书的金额。

④ 计算图书的总数量和总金额。

5. 利用组件方式显示分类图书信息。要求：将图书类别和各类的图书名存放到 Vue 实例的 data 选项；定义一个组件用于一个类别的所有图书；在父组件中显示图书类别列表，单击某一个图书类别，则在子组件中显示该类别的所有图书，效果如图 10.27 和图 10.28 所示。

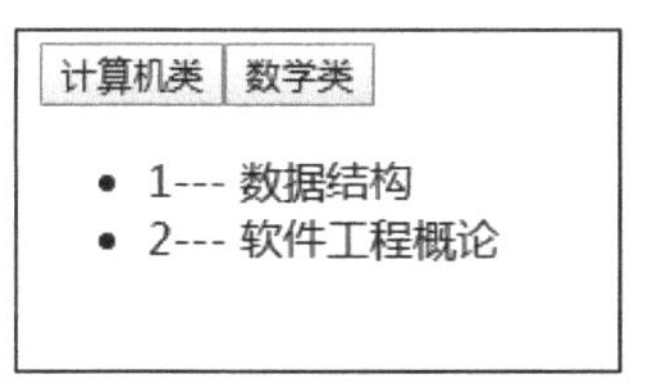

图 10.27 计算机类图书

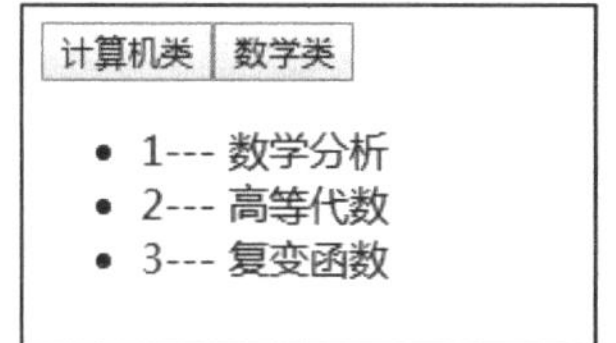

图 10.28 数学类图书

6. 利用组件方式实现第 3 题的图书增加、删除、修改功能。将显示图书表格、添加新书、修改图书三个区域分别定义为一个组件。通过组件之间的数据传递和自定义事件，实现三个组件之间的参数传递和处理，完成图书的增加、删除和修改。

7. 设计一个问答列表页面，初始时显示各个问题列表，如图 10.29 所示，单击某一问题，在其下方以 CSS 过渡动画方式显示和隐藏其答案，图 10.30 是单击了三个问题后显示的答案页面。

8. 利用 Vue.js 路由构建分类显示图书列表的导航页面。效果图类似于第 5 题的效果图。

提示：

① 将图书类别定义为导航条，用<router-link>元素渲染。

Vue.js动画篇--常用过渡动画

1.你知道Vue.js的CSS过渡动画吗？

2.你知道用animate.css库实现动画吗？

3.你知道Vue.js的列表过渡动画吗？

图 10.29　问题列表页面

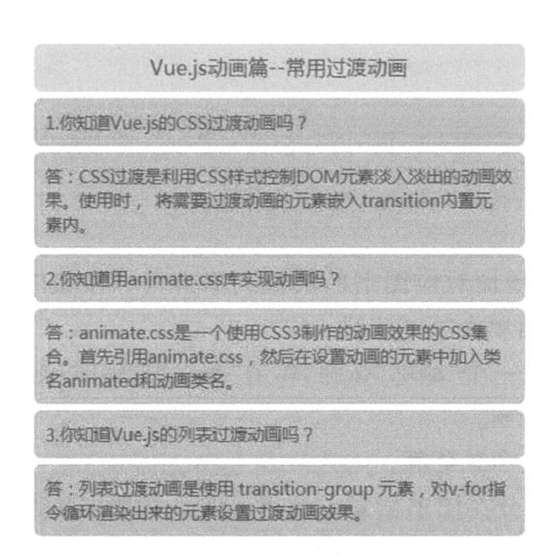

图 10.30　问题和答案列表页面

② 将图书列表的显示定义为一个组件。

③ 为了将数组形式的图书列表传递给组件，<router-link>元素的":to"属性值设置为对象形式，例如，要传递的参数是数组 books，那么 to 属性写为

```
:to="{name:'book', query:{data:JSON.stringify(item.books)}}"
```

其次，在组件中可定义 data 选项，接收数组参数，代码如下。

```
data() {return {books: JSON.parse(this.$route.query.data)};}
```

9. 利用 Vue.js 和 axois 库实现向跨域的本地 Web 服务器的 PHP 程序发送学生查询的 AJAX 请求，然后在页面显示返回的学生查询结果。要求如下。

① 在 MySQL 数据库中创建一个 db_student 数据库，然后在该数据库中创建一个 t_student 数据表，存放学生表的记录。学生表的数据如表 10.4 所示。

表 10.4　学生表

学　号	姓　名	性　别	专　业	出生日期
1801001	李小莉	女	计算机	2000-06-01
1801002	赵大军	男	计算机	1999-01-06
1801003	张小强	女	计算机	2003-12-09

续表

学　　号	姓　　名	性　　别	专　　业	出 生 日 期
1802001	张大明	男	应用数学	2002-02-16
1802002	徐君	女	应用数学	2003-11-01
1802003	王强	男	应用数学	2002-03-16
1803001	王明	男	财政学	2002-03-16
1803002	卢军	男	财政学	2003-12-19

② 编写一个 PHP 程序，根据专业查询相应专业的全体学生记录，生成 JSON 格式的数据集。

③ 启动本地的 Apache Web 软件和 MySQL 服务程序。

④ 设计一个查询网页文件，输入专业名，通过 Vue.js 和 axois 库的 get 方法、post 方法和 axois API 方法异步调用本地 Web 服务器的 PHP 程序，查询对应专业的学生，输出查询结果，查询结果如图 10.31 所示。

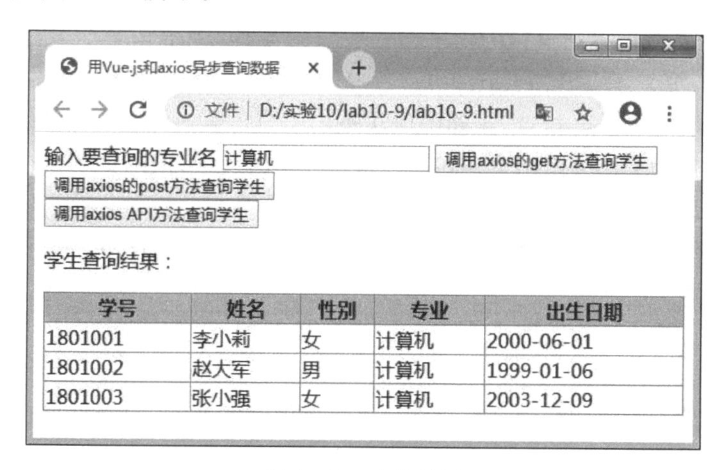

图 10.31　查询结果

习题 10

一、单项选择题

1. 设 Vue 实例的 data 选项定义了一个 val 属性。在 HTML 中引用 val 属性的值，其表达式为(　　)。

A. data.val　　B. val　　C. {{val}}　　D. 以上选项都不对

2. 设 Vue 实例的 methods 选项中定义了一个方法 getval()。在 HTML 中引用获取 getval()方法的返回值，其表达式为(　　)。

A. getval　　B. {{getval()}}

C. getval()　　　　D. {{methods.getval()}}

3. 为了将 HTML 元素的属性与 Vue 实例的变量相绑定,可使用(　　)指令。

A. v-if　　B. v-model　　C. v-on　　D. v-bind

4. 将<a>元素的 href 属性与 Vue 实例的 url 变量绑定,正确的代码是(　　)。

A. <a v-bind: href="url">…</a>　　B. <a v-model: href="url">…</a>

C. <a v-on: href="url">…</a>　　D. <a href="url">…</a>

5. 指令"v-bind: 属性名"可以简写为(　　)。

A. :属性名　　B. 属性名　　C. ;属性名　　D. @属性名

6. Vue 实例中,定义计算属性的关键字是(　　)。

A. computed　　B. methods　　C. data　　D. compute

7. 在定义计算属性时,需要在其函数体中使用(　　)语句返回一个结果。

A. callback　　B. do　　C. var　　D. return

8. 在 Vue 生命周期内,将 Vue 实例载入到 HTML 元素后会自动执行的钩子函数是(　　)。

A. mounted()　　B. created()　　C. beforeMount()　　D. updated()

9. 创建 Vue 实例后自动执行的钩子函数是(　　)。

A. mounted()　　B. created()　　C. beforeMount()　　D. updated()

10. 关于 v-if 和 v-show 指令,正确的说法是(　　)。

A. 当条件为 false 时,网页存在 v-if 指令控制的元素,但网页不存在 v-show 指令控制的元素

B. 当条件为 false 时,网页不存在 v-if 指令控制的元素,也不存在 v-show 指令控制的元素

C. 当条件为 false 时,网页存在 v-if 指令控制的元素,也存在 v-show 指令控制的元素

D. 当条件为 false 时,网页不存在 v-if 指令控制的元素,但网页存在 v-show 指令控制的元素

11. 设 array 是一个一维数组,获取 array 数组的每个数组元素值和下标的指令是(　　)。

A. v-for='(item,index) in array'　　B. v-for='item in array'

C. v-for='(item,index) of array'　　D. 以上都不对

12. 设 book 是一个存放图书信息的对象,v-for='(value,key,index) in book'指令中 value 存放(　　)。

A. book 对象的属性名　　B. book 对象的属性值

C. book 对象的属性索引值　　D. 以上都不对

13. 设 book 是一个存放图书信息的对象,v-for='(value,key,index) in book'指令中 key 存放(　　)。

A. book 对象的属性名　　B. book 对象的属性值

C. book 对象的属性索引值　　D. 以上都不对

14. 单击"确定"按钮时,执行 Vue 实例的 handleclick 方法,正确代码是(　　)。

A. <button click="handleclick()">确定</button>

B. <button v-show：click="handleclick()">确定</button>

C. <button v-model：click="handleclick()">确定</button>

D. <button v-on：click="handleclick()">确定</button>

15. 单击“确定”按钮时，执行 Vue 实例的 handleclick 方法，正确代码是(　　)。

A. <button click="handleclick()">确定</button>

B. <button v-show：click="handleclick()">确定</button>

C. <button @click="handleclick()">确定</button>

D. <button v-click="handleclick()">确定</button>

16. 单击超链接，禁止跳转到百度网址，而是执行 Vue 实例的方法 handle()，正确代码是(　　)。

A. <a href="www.baidu.com" @click ="handle()">单击我</a>

B. <a href="www.baidu.com" @click.stop="handle()">单击我</a>

C. <a href="www.baidu.com" @click.prevent="handle()">单击我</a>

D. <a href="www.baidu.com" @click.self ="handle()">单击我</a>

17. 为了将文本框与 Vue 实例的 age 变量绑定，正确代码是(　　)。

A. <input v-model="age" placeholder="输入年龄">

B. <input v-model：name="age" placeholder="输入年龄">

C. <input v-bind：name="age" placeholder="输入年龄">

D. <input v-bind="age" placeholder="输入年龄">

18. 假设已经注册了一个全局组件 son，在 HTML 页面中引用组件 son 的代码是(　　)。

A. <son></son>　　B. <div component='son'></div>

C. <component>son</component>　　D. 以上都不对

19. 为了在子组件中接收父组件传来的数据，需要在子组件中添加(　　)选项。

A. props：['变量名']　　B. props：'变量名'

C. data：['变量名']　　D. computed：['变量名']

20. 使用 Vue 的 CSS 过渡动画时，需要把过渡的元素写在(　　)元素内。

A. <script>　　B. <body>　　C. <a>　　D. <transition>

21. 在 Vue.directive()注册的自定义指令中，被绑定元素插入父节点时执行(　　)钩子函数。

A. bind　　B. inserted　　C. update　　D. unbind

22. 定义 Vue 路由时，要求路径“/about”映射到组件 About，该路由写为(　　)。

A. { path：'about'，component：About }

B. { name：'about'，component：About }

C. { path：'/about'，component：About }

D. { name：'/about'，component：About }

23. 有一个路由定义为：{ path：'/book/：id'，component：Book }，则与该路由匹配的<router-link>元素是(　　)。

A. <router-link to="/book/123">图书</router-link>

B. <router-link to="/Book/123">图书</router-link>

C. <router-link target="123">图书</router-link>

D. <router-link target="/book/123">图书</router-link>

24. 在 axios 中,以 GET 方式异步请求调用服务程序的方法是(　　)。

A. axios.get()　　B. $.get()　　C. axios.post()　　D. $.post()

二、简答题

1. Vue.js 是什么? 它有哪些特点?
2. Vue 实例有哪些常用的选项? 这些选项的作用是什么?
3. 在 Vue.js 中,插值表达式有哪些语法形式?
4. 解释 Vue 指令的含义,有哪些常用的指令?
5. 什么是 Vue 生命周期?
6. 请详细说明 Vue 生命周期的各个阶段的功能。
7. v-if 指令与 v-show 指令有何区别?
8. v-model 指令的功能是什么?
9. 父组件如何实现向子组件传递数据?
10. 子组件如何向父组件传递数据?
11. 使用 CSS 过渡动画时,用于过渡的 CSS 类名有哪些? 它们的作用是什么?
12. 自定义指令是什么? 如何注册和使用自定义指令?
13. Vue 路由有两个特殊变量:$route、$router,它们有何区别?
14. 如何定义 vue-router 的动态路由? 如何获取传过来的路由参数值?
15. axios 是什么? 如何使用 axios 实现异步请求访问 Web 服务器的 PHP 程序?

第11章 jQuery项目实战——课堂考勤系统的开发

本章以基于无线局域网的课堂考勤系统为案例，介绍如何利用jQuery、jQuery EasyUI和PHP技术来开发课堂考勤系统，并通过jQuery的AJAX技术实现网页与Apache Web服务器的PHP程序进行数据传输，以异步方式刷新页面的局部内容。

11.1 项目介绍

近年来，由于无线网技术的迅猛发展，以及智能手机的普及，互联网应用已经向移动互联网应用方面发展，出现了许多移动互联网的应用产品。在高校，大学生已经普遍使用智能手机。在教学管理中，为了加强课堂教学的考核，可以利用基于WLAN的课堂考勤系统，通过无线网络和学生的手机，访问课堂考勤系统，学生进行自我签到考勤，方便教师统计考勤结果，也方便学生查询自己的考勤信息。

本项目的目标是开发一个基于WLAN的课堂考勤系统网站，为教师和学生分别提供不同的操作功能。教师可以操作后台管理功能，包括班级管理、课程管理、学生管理、教师管理、选课管理、填写授课时间、在线点名、查询考勤情况、考勤统计等功能。学生端功能用于学生课堂考勤的自我管理，提供了上课签到、下课签离、考勤查询、修改密码等功能。其功能结构图如图11.1所示。

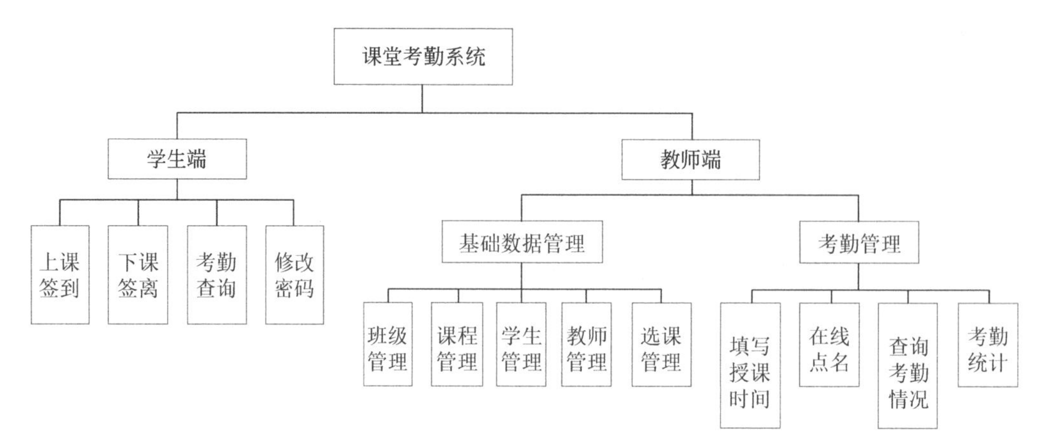

图 11.1　课堂考勤系统功能结构图

11.2　PHP 网站环境

本项目采用 PHP、jQuery 和 jQuery EasyUI 等网站开发技术进行设计。其 PHP 网站开发环境包括以下软件。

- Web 服务器软件：XAMPP 2019(含 Apache 2.4.39＋MariaDB 10.3.15＋PHP 7.3.6＋phpMyAdmin 4.9.0.1)。
- jQuery v1.12.4。
- jQuery EasyUI 1.7.0。
- MySQL 客户端图形化管理软件：Navicat Premium 11.0。
- PHP 程序编辑工具软件：phpStorm 2019。

其中，MariaDB 是 MySQL 数据库的一个分支，由开源社区维护，MariaDB 完全兼容 MySQL，MariaDB 被视为 MySQL 数据库的替代品。

在启动 PHP 网站时，需要在 XAMPP 控制面板中启动 Apache、MySQL 两个服务程序。

11.3　数据库设计

在 MariaDB 数据库中创建考勤管理数据库 kaoqin_db，然后在该数据库中创建以下数据表。各个数据表的表结构如下。

1. 班级表 class

班级表用于存放班级的基本信息，其表结构如表 11.1 所示。

表 11.1　class 表结构

列　名	数据类型	长　度	默 认 值	其他属性	列 含 义
classid	int	11	not null	主键	班级序号
classname	varchar	20	null		班级名称

2. 课程表 course

课程表用于存放所有课程的基本信息，其表结构如表 11.2 所示。

表 11.2　course 表结构

列　名	数据类型	长　度	默 认 值	其他属性	列 含 义
courseid	int	11	not null	主键	课程序号
coursename	varchar	30	null		课程名称

3. 学生表 student

学生表存放所有学生的基本信息，其表结构如表 11.3 所示。

表 11.3　student 表结构

列　名	数据类型	长　度	默 认 值	其他属性	列 含 义
sid	varchar	15	not null	主键	学号
sname	varchar	12	null		姓名
ssex	char	1	null		性别
classid	int	11	null		班级序号
mac	varchar	20	null		网卡 MAC 地址
pwd	varchar	30	null		密码

4. 当前授课时间表 currentclasstime

当前授课时间表存放当前时间段的授课信息，其表结构如表 11.4 所示。

表 11.4　currentclasstime 表结构

列　名	数据类型	长　度	默 认 值	其他属性	列 含 义
id	int	11	not null	主键	序号
teachid	int	11	null		授课编号
classStartTime	datetime		null		课堂开始时间
classEndTime	datetime		null		课堂结束时间
minuteLimit	int	11	null		签到时间长度(分钟)
teachname	varchar	20	null		教师姓名

5. 考勤表 kaoqin

考勤表存放所有学生的考勤记录信息，其表结构如表 11.5 所示。

表 11.5 kaoqin 表结构

列名	数据类型	长度	其他属性	列含义
id	int	11	主键,auto_increment	序号
sid	char	12		用户名
teachid	int	11		教师编号
attendTime	datetime			上课签到时间
leaveTime	datetime			下课签离时间
status	varchar	20		考勤结果

6. 授课表 teach

授课表存放每次授课的信息,其表结构如表 11.6 所示。

表 11.6 teach 表结构

列名	数据类型	长度	默认值	其他属性	列含义
teachid	int	11	not null	主键	授课编号
courseid	int	11	null		课程序号
classid	int	11	null		班级序号
week	int	20	null		周次
dayofweek	int	11	null		星期几
section	varchar	10	null		节次
classStartTime	datetime		null		课堂开始时间
classEndTime	datetime		null		课堂结束时间
address	varchar	20	null		授课地点
teachname	varchar	20	null		教师姓名
flag	int	11	null		标志

7. 教师表 teachuser

教师表存放教师的基本信息,其表结构如表 11.7 所示。

表 11.7 teachuser 表结构

列名	数据类型	长度	默认值	其他属性	列含义
teachid	int	11	not null	主键	教师编号
teachname	varchar	20	null		教师姓名
pwd	varchar	30	null		密码

8. 选课表 xuanke

选课表存放学生选课的信息,其表结构如表 11.8 所示。

表 11.8 xuanke 表结构

列 名	数据类型	长 度	默认值	其他属性	列含义
id	int	11	not null	主键,auto_increment	序号
courseid	int	11	null		课程序号
classid	int	11	null		班级序号

11.4 后台管理子系统

课堂后台管理子系统提供给教师和管理员使用,包括登录、班级管理、课程管理、学生管理、教师管理、选课管理、在线点名、查询考勤情况、考勤统计等功能模块。

11.4.1 登录

后台登录由 index.html 和 admin_login.php 两个文件实现,index.html 定义了登录界面和“登录”按钮的单击事件处理程序,其界面如图 11.2 所示。单击“登录”按钮时,通过调用 jQuery 的 $.ajax()方法,异步调用网站的 admin_login.php 程序,验证登录用户是否合法。如果输入的用户名和密码正确,登录后,显示后台管理首页面,如图 11.3 所示。

图 11.2 登录

11.4.2 后台管理首页面

后台管理首页面由 index_admin.php 文件定义。当教师登录后台管理子系统后,显示后台首页面,如图 11.3 所示。在后台管理主界面中,左侧是导航菜单列表,分为基础数据管理、考勤管理两个导航栏。基础数据管理栏包括班级管理、课程管理、学生管理、教师管理、选课管理、清空数据等菜单项。考勤管理栏包括填写授课时间、在线点名、查询考勤情况、考勤统计等菜单项。

图 11.3　后台管理首页面

11.4.3　班级管理

班级管理由 php_files/class.php 文件定义，其功能包括增加班级、修改班级和删除班级。在如图 11.3 所示的左侧导航栏中单击“班级管理”菜单项后，以选项卡方式显示班级管理界面，如图 11.4 所示。

图 11.4　班级管理

1. 增加班级

增加班级由 class.php 文件的 newUser()函数实现，它调用 jQuery EasyUI 的 dialog()函数，将 id 属性为 dlg 的<div>元素显示为一个对话框。运行时，在如图 11.4 所示的界面中，单击“增加”按钮，打开一个“新增班级”对话框，如图 11.5 所示。在该对话框中，输入新班级的内容，便可以增加一个新班级。

2. 修改班级信息

修改班级功能由 class.php 文件的 editUser()函数实现。运行时，在图 11.4 的界面中，选择一个班级，单击“修改”按钮，则显示修班级信息的界面，如图 11.6 所示。

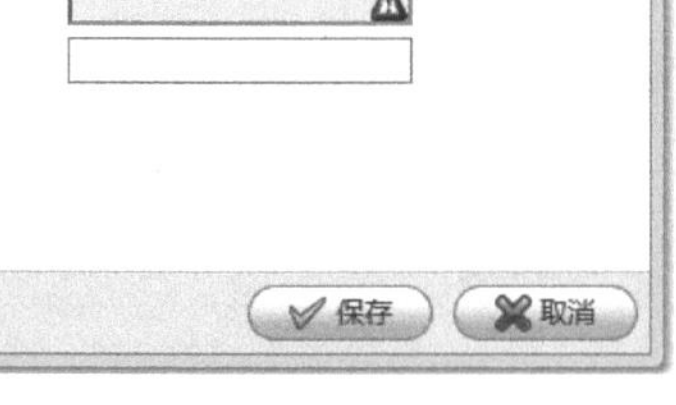

图 11.5 增加班级

编辑班级
班级信息
班级编号 3
班级名称 计科1741
教师姓名 王老师
保存 取消

图 11.6 修改班级

在如图 11.5 和图 11.6 所示的界面中，“保存”按钮的功能由 saveUser()函数实现，它调用相应的 PHP 程序将新增班级或者修改过的班级信息保存到数据表。

3. 删除班级

选择一个班级后，单击“删除”按钮，则显示一个“确认”对话框，如图 11.7 所示，提示是否删除所选班级。单击“确定”按钮，则删除所选的班级。

图 11.7 删除班级界面

11.4.4 课程管理

课程管理由 php_files/course.php 文件定义，其功能包括增加课程、修改课程和删除课程。在如图 11.3 所示的左侧导航栏中单击“课程管理”菜单项后，以选项卡方式显示课程管理界面，如图 11.8 所示。

图 11.8 课程管理界面

1. 增加课程

course.php 文件的 add()函数用于显示增加课程的对话框。运行时，在如图 11.8 所示的界面中，单击"增加"按钮，打开一个"新增课程"对话框，如图 11.9 所示。在该对话框中，输入新课程的内容，便可以增加一门新课程。

2. 修改课程

course.php 文件的 edit()函数用于显示修改课程的对话框。运行时，在如图 11.8 所示的界面中，选择一门课程，单击"修改"按钮，则显示修班级信息的界面，如图 11.10 所示。

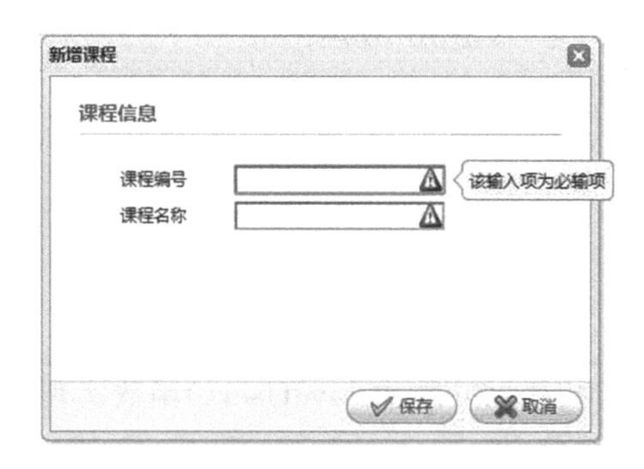

图 11.9　增加课程

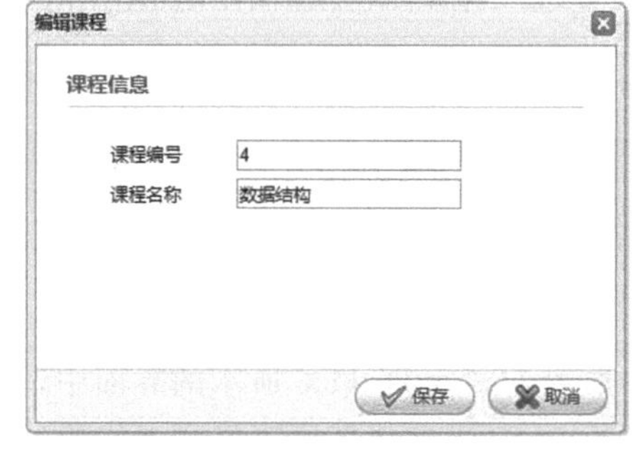

图 11.10　修改课程

3. 删除课程

在如图 11.8 所示的界面中，选择一门课程后，单击"删除"按钮，根据提示信息，确定后则删除所选的课程。

11.4.5　学生管理

学生管理功能包括增加学生、修改学生信息和删除学生。它由 php_files/student.php 程序文件定义。运行时，在如图 11.3 所示的左侧导航栏中选择"学生管理"菜单项后，以选项卡方式显示学生管理界面，如图 11.11 所示。

	学号	姓名	性别	班级	MAC地址	密码
1	170604303102	李四	女	计科1741	b4-cd-27-ca-47-82	1234
2	170604303103	学生02	男	计科1741		170604303103
3	170604303104	学生03	女	计科1741		170604303104
4	170604303105	学生04	男	计科1741		170604303105
5	170604303106	学生05	女	计科1741		170604303106
6	170604303107	学生06	男	计科1741		170604303107
7	170604303108	学生07	女	计科1741		170604303108
8	170604303109	学生08	男	计科1741		170604303109
9	170604303110	学生09	女	计科1741		170604303110
10	170604303111	学生10	男	计科1741		170604303111

图 11.11　学生管理

1. 增加学生

增加学生功能由 add()函数实现。在如图 11.11 所示的对话框中，单击“增加”按钮，可以增加新学生，其界面如图 11.12 所示。输入新学生的各项信息后，单击“保存”按钮，就增加了一位新学生信息。

2. 修改学生信息

修改学生功能由 edit()函数实现。在如图 11.11 所示的对话框中，选择一个学生后，单击“修改”按钮，可修改所选择的学生信息，如图 11.13 所示。

图 11.12　增加学生

图 11.13　修改学生信息

3. 删除学生

删除学生功能由 remove()函数实现。在如图 11.11 所示的对话框中，选择一个学生后，单击“删除”按钮，根据提示信息，确定后则删除所选的学生。

4. 查找班级学生

查找班级学生功能用于查找并显示某一个班级的全体学生信息，由 doSearch()函数实现。在如图 11.11 所示的对话框中，在“选择班级”下拉列表中选择一个班级，单击“查找班级学生”按钮，则把所选班级的全体学生信息分页显示出来。

5. 导入学生名单

导入学生名单功能用于将一个班级的全体学生快速导入到数据库，由 importStudents()函数实现。运行时，在如图 11.11 所示的对话框中，在“选择班级”下拉列表中选择一个班级，单击“选择文件”按钮，选择一个包含学生名单的.csv 文件，然后，单击“导入学生名单”按钮，则将该文件包含的全体学生信息导入数据库中保存。

说明：学生名单文件(.csv 文件)的每行数据包含学号、姓名和性别三列内容，并且该文件的编码类型必须是 UTF-8。

11.4.6　教师管理

教师管理功能包括增加、修改和删除教师信息。它由 php_files/teachuser.php 文件定义。运行时，在如图 11.3 所示的左侧导航栏中选择“教师管理”菜单项后，以选项卡方式显示教师管理界面，如图 11.14 所示。

1. 增加教师

增加教师功能由 teachuser.php 程序的 add()函数实现。在如图 11.14 所示的对话框中,单击"增加"按钮,可以增加教师信息,其界面如图 11.15 所示。

图 11.14　教师管理界面

2. 修改教师信息

修改教师功能由 teachuser.php 程序的 edit()函数实现。在如图 11.14 所示的对话框中,选择一个教师后,单击"修改"按钮,可修改所选择的教师信息,其界面如图 11.16 所示。

图 11.15　增加教师

图 11.16　修改教师信息

3. 删除教师

删除教师功能由 teachuser.php 程序的 remove()函数实现。在如图 11.14 所示的对话框中,选择一个教师后,单击"删除"按钮,根据提示信息,确定后则删除所选的教师。

11.4.7　选课管理

选课管理的功能是对每个班级设置选修的课程,使该班的全体学生自动选修指定的课程。该功能由 php_files/xuanke.php 程序实现。其运行界面如图 11.17 所示,在该界面中,可以为每个班级增加、修改和删除所选修的课程。

1. 增加选课记录

增加选课记录由 xuanke.php 程序的 add()函数实现。运行时,在如图 11.17 所示的对

图 11.17 选课管理

话框中单击“增加”按钮，增加新的选课记录，其运行界面如图 11.18 所示。

2. 修改选课记录

修改选课记录由 xuanke.php 程序的 edit()函数实现。运行时，在如图 11.17 所示的对话框中，选择一个选课记录后，单击“修改”按钮，可修改所选择的选课记录，其运行界面如图 11.19 所示。

图 11.18 增加选课信息

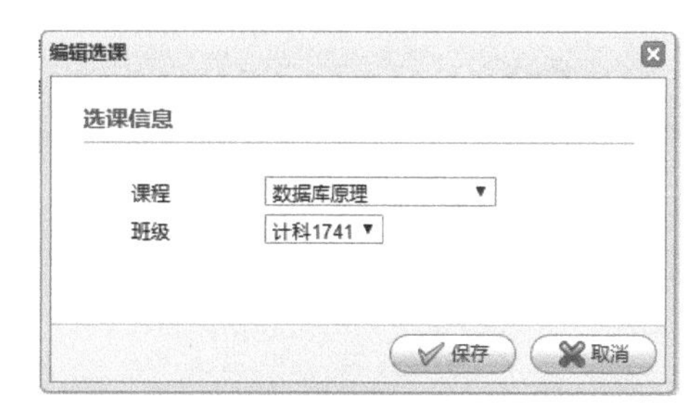

图 11.19 修改选课信息

3. 删除选课记录

在如图 11.17 所示的对话框中，选择一个选课记录后，单击“删除”按钮，根据提示信息，确定后则删除所指定的选课记录。

11.4.8 清空数据

清空数据用于清除考勤数据库的所有数据，它主要用于数据库的初始化。该功能由 allData_delete.html 和 allData_delete.php 共同实现。执行该功能后，显示如图 11.20 所示的对话框，单击“确定”按钮后，则删除考勤数据库中的所有数据。

图 11.20 清空数据对话框

11.4.9 填写授课时间记录

填写授课时间记录功能用于教师在上课前填写

授课时间，以便学生在课堂上进行上课签到，下课时进行签离，从而真实记录学生的考勤情况。该功能由 php_files/teach.php 和相关程序实现，其运行界面如图 11.21 所示。

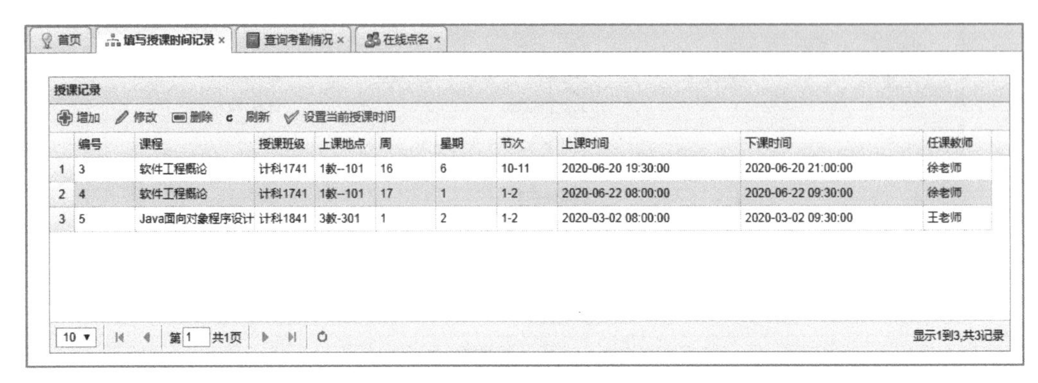

图 11.21　填写授课时间记录

1. 增加授课记录

增加授课记录功能用于增加新的授课记录内容，其运行界面如图 11.22 所示。输入新的授课记录内容后，单击“保存”按钮，便增加新的授课记录。

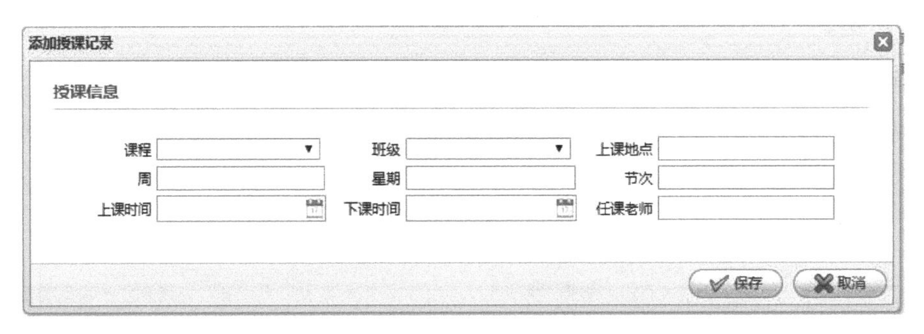

图 11.22　增加授课记录

2. 修改授课记录

修改授课记录功能用于修改一条授课记录的内容。在如图 11.21 所示的对话框中，选择一个授课记录，单击“修改”按钮，则显示所选的授课记录，以供修改，如图 11.23 所示。修改完毕后，单击“保存”按钮，将修改后的授课内容存储到数据库。

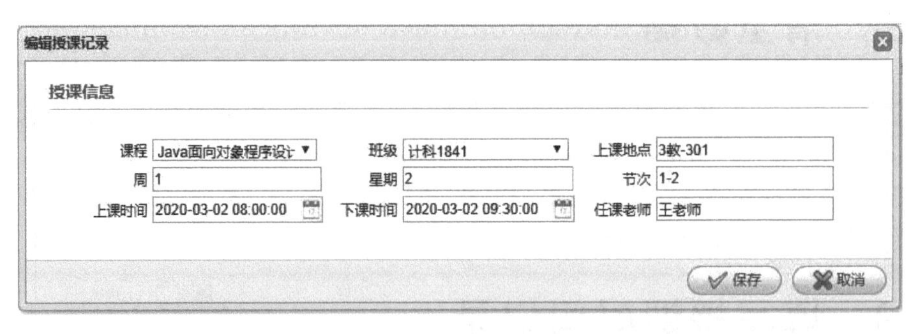

图 11.23　修改授课记录

3. 删除授课记录

在如图 11.21 所示的对话框中，选择一个授课记录，单击“删除”按钮，则删除所选择的授课记录。

4. 刷新

单击“刷新”按钮，则重新显示授课记录界面内容。

5. 设置当前授课时间

设置当前授课时间功能是由任课教师指定哪个授课时间记录是当前上课的时间。只有设置这项功能后，学生才能在当前时间段内进行签到。如果不指定当前授课时间，则表示在当前这个时间段内，学生没有课。

11.4.10　在线点名

在线点名功能用于在课堂上进行在线点名，可以由学生利用手机登录考勤系统，在开始上课前进行上课签到，下课时进行下课签离。这样，记录了学生到课的真实信息。对于缺课、旷课的学生，由教师在这个功能界面中进行点名确认。该功能由 php_files/kaoqin.php 程序和相关程序实现，其运行界面如图 11.24 所示。

首页　填写授课时间记录 ×　查询考勤情况 ×　在线点名 ×

考勤信息

课程 软件工程概论　班级 计科1741　地点 1教--101　导入课堂学生名单

上课时间 2020-06-22 08:00:00　下课时间 2020-06-22 09:30:00　任课老师 徐老师　刷新　确认考勤

	学号	姓名	性别	上课签到时间	下课签离时间	考勤情况	操作
1	170604303102	李四	女	2020-06-22 07:57:40	2020-06-22 09:34:02	正常	正常 请假 旷课 迟到 早退
2	170604303103	学生02	男			旷课	正常 请假 旷课 迟到 早退
3	170604303104	学生03	女			旷课	正常 请假 旷课 迟到 早退
4	170604303105	学生04	男			旷课	正常 请假 旷课 迟到 早退
5	170604303106	学生05	女			旷课	正常 请假 旷课 迟到 早退
6	170604303107	学生06	男			旷课	正常 请假 旷课 迟到 早退
7	170604303108	学生07	女			旷课	正常 请假 旷课 迟到 早退
8	170604303109	学生08	男			旷课	正常 请假 旷课 迟到 早退
9	170604303110	学生09	女			旷课	正常 请假 旷课 迟到 早退
10	170604303111	学生10	男			旷课	正常 请假 旷课 迟到 早退

10　第 1 共5页　显示1到10,共46记录

图 11.24　在线点名

1. 导入课堂学生名单

单击“导入课堂学生名单”按钮，将当前时间段内有课的学生名单导入考勤表中，并显示，如图 11.24 所示。

2. 刷新

单击“刷新”按钮，则重新显示当前课堂的学生考勤信息。

3. 手工点名

对于请假、旷课的学生，根据具体情况，在“操作”一栏单击“请假”“旷课”两个按钮之一，进行手工点名。而对于迟到、早退的学生，则单击“确认考勤”按钮，自动确认学生的迟到、早退状态。

4. 确认考勤

单击“确认考勤”按钮，则对当前课堂的全体学生，自动确认学生的到课是否正常，以及迟到、早退的状态。

11.4.11 查询考勤情况

查询考勤情况功能用于查询某个学生在某一课程的考勤情况。该功能由 php_files/kq_query.php 程序和相关程序实现。其运行界面如图 11.25 所示，查询结果是计科 1741 班学号为 170604303102 的学生在“软件工程概论”课的考勤信息。

图 11.25 查询考勤情况

11.4.12 考勤统计

考勤统计功能用于统计某一个班级在某一门课程的考勤统计结果。该功能由 php_files/kq_tongji.php 和相关程序实现。其运行界面如图 11.26 所示。

首页 | 填写授课时间记录 | 查询考勤情况 | 在线点名 | 考勤统计

考勤统计

班级 计科1741　课程 软件工程概论　统计考勤

	班级	学号	姓名	正常到课次数	请假次数	旷课次数	迟到次数	早退次数
1	计科1741	170604303102	李四	2	0	0	0	0
2	计科1741	170604303103	学生02	0	0	2	0	0
3	计科1741	170604303104	学生03	0	0	2	0	0
4	计科1741	170604303105	学生04	0	0	2	0	0
5	计科1741	170604303106	学生05	0	0	2	0	0
6	计科1741	170604303107	学生06	0	0	2	0	0
7	计科1741	170604303108	学生07	0	0	2	0	0
8	计科1741	170604303109	学生08	0	0	2	0	0
9	计科1741	170604303110	学生09	0	0	2	0	0
10	计科1741	170604303111	学生10	0	0	2	0	0

10　第1 共5页　显示1到10,共46记录

图 11.26 考勤统计

11.5　学生端功能

11.5.1　学生登录

学生登录功能由/kq/index.html 和 login.php 文件实现，index.html 显示登录页面，login.php 验证学生输入的学号和密码是否正确。在运行时，通过无线网络，学生手机连接到局域网中指定的 Wi-Fi，打开手机的浏览器，访问局域网的课堂考勤系统网站(如 http://192.168.1.102/kq)，显示登录界面，如图 11.27 所示。输入学号和密码，登录后，显示学生端的主界面，如图 11.28 所示。

图 11.27　学生登录

图 11.28　学生端主界面

单击右上角的 ☰ 按钮，选择“退出”项，退出学生端系统。

11.5.2　上课签到

上课签到功能登记学生进入课堂的时间，由/kq/attendtime.php 程序实现。运行时，在如图 11.28 所示的学生端主界面中，单击“上课签到”按钮进行签到，并返回签到结果，如图 11.29 所示。如果学生在当前时间段内没有课，则显示提示信息“现在你没有课”。

11.5.3　下课签离

下课签离功能登记学生离开课堂的时间，由/kq/leavetime.php 程序实现。在运行时，在如图 11.28 所示的学生端主界面中，单击“下课签离”按钮进行签离，并返回签离结果，如图 11.30 所示。上课签到和下课签离是每次课堂都要进行的操作。如果仅进行上课签到或者下课签离，则意味着学生早退或者迟到。

图 11.29　上课签到结果

图 11.30　下课签离结果

11.5.4　考勤查询

考勤查询功能用于查询学生本人某一课程的课堂到课情况，并显示考勤查询结果。该功能由 kaoqin_query.php 程序实现。其运行界面如图 11.31 所示，输入要查询的开始日期、结束日期，选择要查询的课程，单击"查询"按钮，显示查询结果，如图 11.31 所示。

图 11.31　考勤查询及结果

11.5.5 修改密码

修改密码功能用于学生修改自己的登录密码,如图 11.32 所示。输入原密码和新密码,如果原密码不正确,则拒绝修改密码。

图 11.32　修改密码

11.6 上机实践

1. 上机验证课堂考勤管理后台子系统的各个程序。
2. 上机验证课堂考勤管理学生端子系统的各个程序。

第12章 Vue项目实战——信息管理系统的开发

本章以信息管理系统为案例，介绍如何利用 Vue.js、axios、Vue Router、Vuex 和 BootstrapVue 等软件包来开发信息浏览前台子系统、信息管理后台子系统，并通过 axios 插件实现前端页面与 Apache Web 服务器的 PHP 服务程序进行数据传输，从而对服务器的数据库数据进行访问。

12.1 项目介绍

在许多公司或者机构的网站中，经常看到新闻、通知、会议预告等内容，这些新闻、通知、预告的内容，实际上是一条条不同的信息，它们往往由文字、图片、表格等多种形式的媒体内容组成。为了对各种信息进行统一的管理和发布，利用 PHP 和 Vue.js 来开发一个信息管理系统，实现信息的添加、修改、删除和浏览功能。本章介绍的信息管理系统由以下三个部分组成。

1. 后端 PHP 网站

后端 PHP 网站包括存储信息的 MariaDB 数据库、Web 服务器，以及提供信息服务的 PHP 程序。

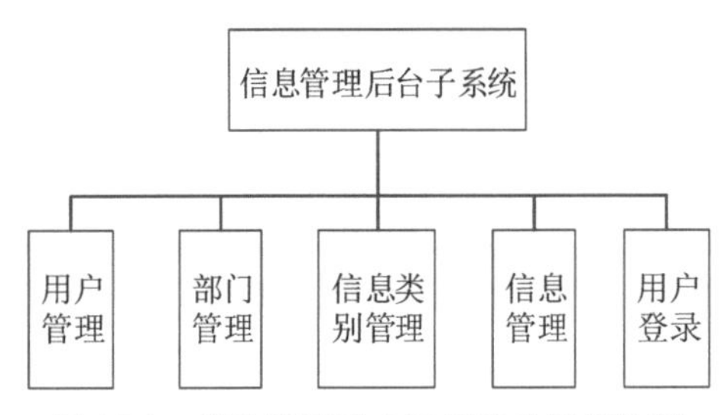

图 12.1 信息管理后台子系统功能模块图

2. 信息管理后台子系统

信息管理后台子系统的功能设计如图 12.1 所示。

3. 信息浏览前台子系统

信息浏览前台子系统的功能是根据信息的分类，显示各类别的信息列表。当选择了列表的某一条信息项，将显示该信息项的详细内容。

12.2 后端 PHP 网站

后端 PHP 网站主要是为 Vue 前端程序提供数据访问服务，它包括以下三方面的组成部分。

12.2.1 PHP 网站环境

PHP 网站开发环境包括以下软件。

- Web 服务器软件：XAMPP 2019(含 Apache 2.4.39＋MariaDB 10.3.15＋PHP 7.3.6＋phpMyAdmin 4.9.0.1)。
- MySQL 客户端图形化管理软件：Navicat Premium 11.0。
- PHP 程序编辑工具软件：phpStorm 2019。

其中，MariaDB 是 MySQL 数据库的一个分支，由开源社区维护，MariaDB 完全兼容 MySQL，MariaDB 被视为 MySQL 数据库的替代品。

在启动 PHP 网站时，需要在 XAMPP 控制面板中启动 Apache、MySQL 两个服务程序。

12.2.2 数据库设计

在 MariaDB 数据库中创建信息管理数据库 info_db，然后在该数据库中创建以下数据表。各个数据表的表结构如下。

1. 用户表 tb_user

用户表用于存放用户登录的基本信息，其表结构如表 12.1 所示。

表 12.1 tb_user 表结构

列名	数据类型	长度	默认值	其他属性	列含义
id	int	11		主键，auto_increment	序号
username	varchar	20	null		用户名
password	varchar	100	null		密码
deptname	varchar	30	null		所在部门
usertype	varchar	30	null		用户类别

2. 部门表 tb_dept

部门表用于存放所有部门的基本信息，其表结构如表 12.2 所示。

表 12.2 tb_dept 表结构

列名	数据类型	长度	默认值	其他属性	列含义
id	int	11		主键，auto_increment	序号
deptname	varchar	30	null		部门名称

3. 信息类别表 tb_infotype

信息类别表存放所有类别名,其表结构如表 12.3 所示。

表 12.3 tb_infotype 表结构

列 名	数据类型	长 度	默认值	其他属性	列含义
id	int	11		主键,auto_increment	序号
typename	varchar	30	null		类别名称

4. 信息表 tb_info

信息表存放所有信息内容,其表结构如表 12.4 所示。

表 12.4 tb_info 表结构

列 名	数据类型	长 度	默认值	其他属性	列含义
id	int	11		主键,auto_increment	序号
username	varchar	20	null		用户名
deptname	varchar	30	null		所在部门
typename	varchar	30	null		类别名称
titlename	varchar	255	null		信息的标题名称
content	text		null		信息的内容
createtime	date	11	null		创建日期
counter	int	11	0		阅读次数

12.2.3 信息管理服务程序

在 Web 服务器端,为信息管理的前台浏览程序和后台管理设计了以下几个 PHP 服务程序。它们的功能如下。

1. MariaDB 数据库连接配置程序 conn.php

该程序要根据所用的实际环境,定义 MariaDB 数据库的连接参数,包括 MariaDB 数据库所在的主机名、用户名、登录密码、端口号,以及要打开的数据库名,并建立数据库连接。

2. 登录验证程序 loginauth.php

该程序实现以下两个功能。

(1) 验证登录用户是否合法。对客户端传来的用户名和密码,与数据库的用户信息进行比较。如果相同,则表明登录用户是合法的。因此,用私钥 KEY 和 Token 进行编码,生成新的 Token,然后将新的 Token 和用户基本信息以 JSON 字符串格式返回给客户端。Token 的有效期是 24 小时。

(2) 验证用户是否有权限访问 Web 服务器资源。当用户访问服务器的资源文件时,例如,读取用户表的记录,需要客户端将 Token 一起传递给本程序,由本程序验证 Token 是否有效。如果 Token 在有效期内,则给客户端返回"success"信息,表明用户身份是合法的,可以访问对应的资源文件。如果 Token 已经过期，或者没有 Token，则用户身份是无效的，由前端 Vue 程序自动打开登录页面，重新登录。

3. 部门服务程序 dept.php

该程序的功能是为 Vue 后台管理提供对部门数据表进行插入记录、更新记录、删除记录，以及查询记录的操作。

4. 信息类别服务程序 infotype.php

该程序的功能是为 Vue 后台管理和 Vue 前台浏览提供对信息类别数据表进行插入记录、更新记录、删除记录，以及查询记录的操作。

5. 用户服务程序 user.php

该程序的功能是为 Vue 后台管理提供对用户数据表进行插入记录、更新记录、删除记录，以及查询记录的操作。

6. 信息服务程序 info.php

该程序的功能是为信息管理后台和信息浏览前台提供对信息数据表进行插入记录、更新记录、删除记录，以及查询记录的操作。

7. personinfo.php

该程序为信息管理后台提供查询当前登录用户的个人信息功能。

12.3　构建 Vue 项目开发环境

使用 Vue 开发前端应用时，首先安装 Node.js 环境，然后使用 NPM 安装 Vue 以及各种依赖的软件包。Vue 项目开发环境需要安装 Node.js、cnpm、webpack、Vue、Vue-CLI 等软件包。

1. 安装 Node.js

Node.js 是一个 JavaScript 运行环境，可从官网(https://nodejs.org)下载 Windows 版的 Node.js 安装程序，然后安装 Node.js。安装完 Node.js 后，就安装了 Node.js 程序以及 npm 包管理程序。在 DOS 窗口下执行以下命令，分别查看 nodejs 版本和 npm 版本。

```
node -v
npm -v
```

2. 安装 cnpm

由于 npm 安装软件包的速度较慢，因此使用淘宝的镜像及其命令 cnpm，提高安装软件包的速度。为此，需要安装 cnpm。在 DOS 窗口下安装 cnpm 的命令为

```
npm install -g cnpm --registry=https://registry.npm.taobao.org
```

安装完 cnpm 后，就可以用 cnpm 代替 npm 命令，更快速地从国内淘宝镜像下载所需要的软件包。

3. 安装 Vue.js

在 DOS 窗口下安装 Vue.js 的命令为

```
cnpm install vue
```

4. 安装 webpack

在 DOS 窗口下安装 webpack 的命令为

```
cnpm install webpack -g
```

此外，还需要安装 webpack cli，才能执行 webpack 相关的命令。

```
npm install webpack-cli --save-dev
```

其中，--save-dev 参数表示将软件包安装信息存放到 package.json 文件的 devDependencies 中。

5. 全局安装脚手架 Vue-CLI

安装 Vue-CLI 3.0 以上版本的命令为

```
npm install -g @vue/cli
```

至此，Vue 项目开发环境搭建完成。

12.4 使用 Vue.js 开发信息管理后台子系统

本节介绍的信息管理后台子系统，使用 Vue.js、Vue Router、Vuex、vuelidate 和 BootstrapVue 等软件包共同开发。

12.4.1 用 Vue-CLI 脚手架工具创建后台管理项目

在构建好 Vue.js 项目开发环境后，首先使用 Vue-CLI 脚手架工具的 vue 命令快速创建项目框架，然后在项目框架中设计页面和组件，编写 Vue.js 程序。

1. 使用 vue create 命令创建项目

假设信息管理后台子系统的项目名为 info-backend，在 DOS 提示符窗口中，进入存放项目的目录，然后输入以下命令，并执行。

```
vue create info-backend
```

执行上述命令后，开始创建 info-backend 项目的过程，分为以下几个步骤进行操作。

(1) 提示"Please pick a preset:"时，用键盘的光标箭头键，选择 Manually select features 项，按 Enter 键。

(2) 提示"Check the features needed for your project:"时，按空格键选择 Babel、Router、Vuex、CSS Pre-processors、Linter/Formatter 功能选项，然后按 Enter 键。

(3) 提示"Use history mode for router?"时，输入 Y 后按 Enter 键。

(4) 提示"Pick a CSS pre-processor"时，选择 Sass/SCSS (with dart-sass)选项，然后按 Enter 键。

(5) 提示"Pick a linter/formatter config: (Use arrow keys)"时，选择 ESLint with error prevention only 选项，然后按 Enter 键。

(6) 提示“Pick additional lint features:”时,选择 Lint and fix on commit 选项,然后按 Enter 键。

(7) 提示“Where do you prefer placing config for Babel, ESLint, etc.?”时,选择 In dedicated config files 选项,然后按 Enter 键。

(8) 提示“Save this as a preset for future projects?”时,输入 N,然后按 Enter 键。

此时,Vue-CLI 运行和配置应用程序,安装各个依赖包。创建项目完成后,会显示一些信息,告诉如何启动项目的命令。

2. 启动项目

创建完项目后,执行以下命令,进入项目所在的目录 info-backend,启动应用项目。

```
cd info-backend
npm install
npm run serve
```

然后,在浏览器地址栏中输入网址 http://localhost: 8080/,即可访问 Vue-CLI 创建的本地项目网站了,如图 12.2 所示。

3. 项目的目录结构

打开 info-backend 项目的目录,可以看到一些文件和文件夹,如图 12.3 所示。主要的目录结构说明如下。

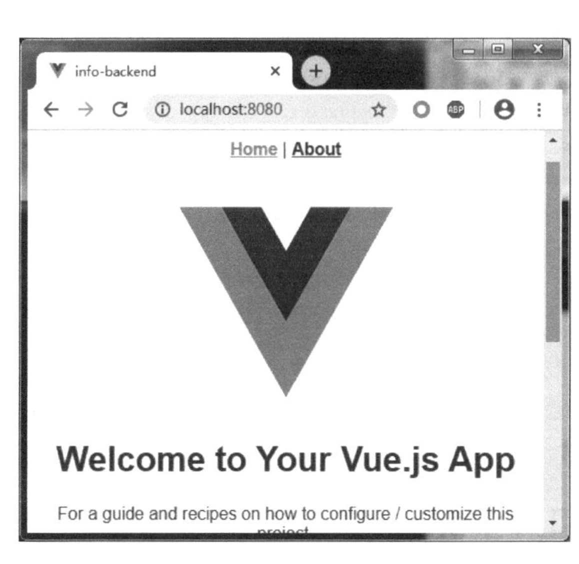

图 12.2　访问 Vue 项目界面

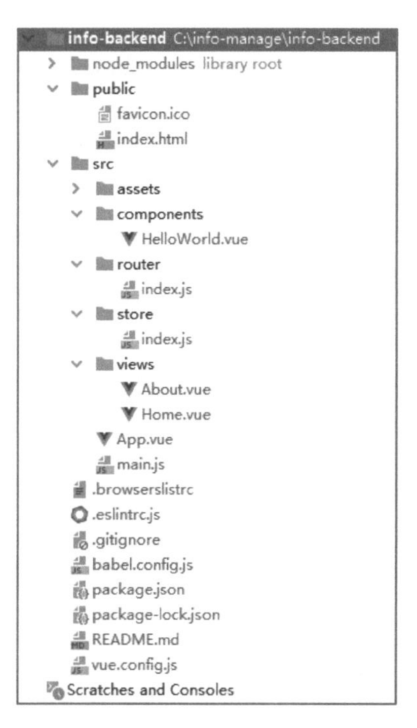

图 12.3　info-backend 项目的目录结构

(1) node_modules 文件夹:存放项目依赖的相关软件包。

(2) public 文件夹:存放永远不会改变的静态资源或者 webpack 不支持的第三方库,需要通过绝对路径来引用这些资源文件。打包时不经过 webpack 而直接复制。

(3) src文件夹：代码文件夹，开发人员主要是在src文件夹中创建各个页面文件、组件等。它包含下列子文件夹。

- assets文件夹：存放项目的一些静态文件，如图片、字体、音频、视频等。
- components文件夹：存放项目中开发的单文件组件。
- router文件夹：存放Vue Router路由文件。router\index.js文件用于配置项目的前端路由。
- store文件夹：存放Vuex相关文件。
- views文件夹：存放项目的页面视图级组件。

(4) App.vue文件：项目的根组件。

(5) main.js文件：webpack的入口js文件。

4. 安装项目所需要的依赖包

本项目使用BootstrapVue组件定义页面UI，使用axios插件以AJAX方式访问后端PHP网站的MySQL数据库的数据。因此，需要在项目中添加BootstrapVue、Bootstrap、axios包。在DOS窗口中，安装BootstrapVue、Bootstrap和axios包的命令如下。

```
npm install bootstrap-vue bootstrap axios
```

上述命令安装了axios 0.19.2、Bootstrap 4.4.1、BootstrapVue 2.13.0版本的软件包。BoostrapVue包含所有BootstrapVue组件，Bootstrap包含CSS文件。

其次，还需要安装vuelidate包，vuelidate包用来对表单元素的输入值进行检测，判断表单元素的值是否符合指定的要求。在DOS窗口中，安装vuelidate包的命令如下。

```
npm install --save vuelidate
```

安装了BootstrapVue、vuelidate插件后，为了在全局范围内使用它们，需要修改项目的入口src\main.js文件，增加下列代码，注册BootstrapVue、Vuelidate组件，导入Bootstrap和BootstrapVue的CSS文件。

```
import Vue from 'vue'
import { BootstrapVue, IconsPlugin }  from 'bootstrap-vue'
import 'bootstrap/dist/css/bootstrap.css'
import 'bootstrap-vue/dist/bootstrap-vue.css'
import Vuelidate from 'vuelidate'
Vue.use(BootstrapVue)
Vue.use(IconsPlugin)
Vue.use(Vuelidate)
```

12.4.2 配置Vue路由和Vuex

1. 配置Vue路由

在12.4.1节创建Vue项目的过程中，已经选择了Router功能项，就会自动安装vue-router库，并在src\router文件夹中创建了Vue路由文件index.js，自动添加了一些Vue.js程序代码。该文件用来定义前端路由，可以在routes变量中根据需要增加路由配置，例如，以下的路由配置定义了首页的路由,跳转到 Home 组件,其中,meta 属性定义了加载 Home 组件时在浏览器标题栏上显示的标题文字,使用 backendlayout 指定的页面模板,以及此页面需要用户认证通过后才能显示。

```
const routes = [
    …
    {
        path: '/',
        name: 'Home',
        component: Home,
        meta: {
            title: '首页',          //页面标题 title
            layoutname: 'backendlayout',
            authRequired: true
        }
    },
]
```

index.js 文件中,使用 vue-router 库的 router.beforeEach()方法实现导航守卫,即在路由跳转前检测目标页面是否需要认证。如果目标页面需要认证,则从 localStorage 存储中读取 Token 值,如果不存在 Token 或者 Token 已经超过了有效期,则跳转到登录页面。如果 Token 值有效,则跳转到目标页面。

注意:如果在创建 Vue 项目的过程中,没有选择 Router 功能项,则需要在 DOS 窗口中执行命令:npm install vue-router,安装 vue-router 库,才能在项目中使用 Vue 路由。

2. 配置 Vuex

在创建 Vue 项目的过程中,已经选择了 Vuex 功能项,就会自动安装 Vuex 库,并在 src\store 文件夹中创建 Vuex 状态管理器文件 index.js。

src\store 文件夹存储项目中所有组件的状态,包括登录、部门管理、信息类别管理、信息管理、用户管理等组件的状态。这些组件的状态存放在 src\store\modules 文件夹的对应文件中,说明如下。

(1) auth.js:存储登录认证的状态。其中,state 存储登录状态信息;actions 定义了对外提供调用的异步方法,供组件以异步方式来调用它们,包括登录、退出方法;mutations 定义了对本地存储 localStorage 和 state 数据进行操作的方法。

(2) dept.js:存储部门管理的状态。其中,state 存储所有部门内容;actions 定义了对部门进行读取、增加、修改、删除操作的方法,供组件调用;mutations 定义了对本地存储 localStorage 和 state 的部门数据进行更新操作的方法。

(3) infotype.js:存储信息类别管理的状态。其中,state 存储所有信息类别的内容;actions 定义了对信息类别进行读取、增加、修改、删除操作的方法,供组件调用;mutations 定义了对本地存储 localStorage 和 state 的信息类别数据进行更新操作的方法。

(4) information.js:存储信息管理的状态。其中,state 存储所有信息的内容;actions 定义了对信息进行读取、增加、修改、删除操作的方法,供组件调用;mutations 定义了对本地存储 localStorage 和 state 的信息数据进行更新操作的方法。

(5) user.js：存储用户管理的状态。其中，state 存储所有用户的内容；actions 定义了对用户进行读取、增加、修改、删除操作的方法；mutations 定义了对本地存储 localStorage 和 state 的用户数据进行更新操作的方法。

上述 5 个状态管理器文件中，actions 的方法，是通过异步调用 src\services 文件夹相应文件的方法，实现与后端 PHP 网站的数据库进行数据传输。

注意：如果在创建 Vue 项目的过程中，没有选择 Vuex 功能项，则需要在 DOS 窗口中执行命令：npm install vuex --save，安装 Vuex 库，才能在项目中使用 Vuex 状态管理器。

12.4.3 前端 API 程序

在 src 文件夹下创建一个 services 文件夹，然后在 src\services 文件夹中创建以下 JavaScript 文件，它们利用 axios 插件的方法，以 AJAX 异步方式与后端 PHP 网站的 PHP 程序进行数据交换。

1. loginAuthService.js 文件

该文件定义了验证用户登录是否有效，以及登录验证的方法。

2. userService.js 文件

该文件定义了对用户进行添加、删除、修改和查询的方法。

3. deptService.js 文件

该文件定义了对部门进行添加、删除、修改和查询的方法。

4. infotypeService.js 文件

该文件定义了对信息类别进行添加、删除、修改和查询的方法。

5. informationService.js 文件

该文件定义了对信息进行添加、删除、修改和查询的方法。

6. serverConfig.js 文件

该文件中的 Server_ApiURL 属性设置了后端 PHP 网站的服务程序的路径，可根据实际运行环境来修改。其默认设置为

```
Server_ApiURL : "http://localhost/info-php/"
```

12.4.4 登录页面

登录页面如图 12.4 所示，由 src\views\Login.vue 组件定义，其登录表单元素部分由子组件 LoginBox.vue 定义。

在 LoginBox.vue 子组件中，使用 BoottrapVue 的组件定义表单元素，使用 vuelidate 插件验证表单元素。登录时，调用 Vuex 的状态管理器 auth.js 文件定义的 login 方法，对输入的用户身份进行验证。如果身份验证通过，则显示后台首页面，如图 12.5 所示。

说明：从本节起，测试各个 Vue.js 程序的执行效果前，需要启动后端 PHP 网站的 Apache 服务、MySQL 服务，以便 Vue.js 程序访问后端 PHP 网站的数据库。

图 12.4　登录界面

12.4.5　后台首页面

当用户登录后台子系统后，显示后台首页面，如图 12.5 所示。后台首页面由 src\views\layout\BackendLayout.vue 组件定义，其页面结构由顶部导航栏组件、首页内容组件和底部页脚栏组件组成。

图 12.5　后台主页面

1. 顶部导航栏组件

顶部导航栏组件由 src\components\Navbar.vue 组件定义，使用 BootstrapVue 的导航 b-navbar 组件来定义导航栏内容，包括用户管理、部门管理、信息类别管理、信息管理等导航菜单。

2. 首页内容组件

首页内容组件由 src\views\Home.vue 组件定义，本例只显示一条简单的信息，可以根据实际需要来修改其内容。

3. 底部页脚栏组件

底部页脚栏组件由 src\components\Footer.vue 组件定义，本例只显示一条简单的信息，可以根据实际需要来修改其内容。

12.4.6 用户管理页面

1. 用户管理页面

用户管理页面由 src\views\UserList.vue 组件定义，该页面采用分页方式显示所有用户信息，如图 12.6 所示。使用 BootstrapVue 的 b-table 表格组件以表格形式显示所有用户信息，使用 b-pagination 组件显示分页导航条。

图 12.6 用户管理页面

单击“删除”按钮，显示对话框，提示“确认删除此记录吗?”，单击“是”按钮，则删除对应的用户。

2. 添加用户和修改用户页面

添加用户和修改用户页面均由 src\views\AddUser.vue 组件定义，如图 12.7 所示。该页面使用 BootstrapVue 的模式对话框 b-modal 组件来定义，使用 vuelidate 插件验证表单元素。该对话框通过调用 Vuex 状态管理器 user.js、dept.js 中的方法，获取所有用户信息、部门信息。

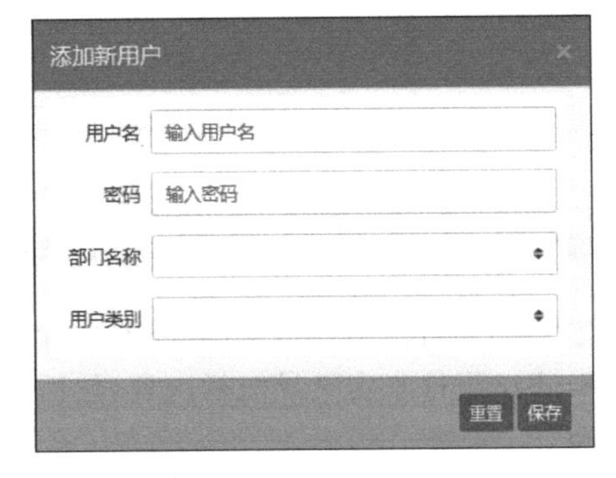

图 12.7 添加用户页面

然后在 src\router\index.js 文件的 routes 变量中增加以下路由配置代码，实现跳转到用户管理页面。

```
{
    path: '/user',
    name: 'UserList',
    component: UserList,
    meta: {
```

```
        title: '用户',
        layoutname: 'backendlayout',
        authRequired: true
    }
}
```

12.4.7 部门管理页面

1. 部门管理页面

部门管理页面由 src\views\DeptList.vue 组件定义，该页面采用分页方式显示所有部门信息，如图 12.8 所示。该组件使用 BootstrapVue 的 b-table 表格组件以表格形式显示所有部门信息，使用 b-pagination 组件显示分页导航条。在页面中，提供了添加部门、修改部门和删除部门的功能。

图 12.8 部门管理页面

2. 添加部门和修改部门页面

添加部门和修改部门页面均由 src\views\AddDept.vue 组件定义，如图 12.9 所示。该页面使用 BootstrapVue 的模式对话框 b-modal 组件来定义，使用 vuelidate 插件验证表单元素。该对话框通过调用 Vuex 状态管理器 dept.js 中的方法，获取所有部门信息。

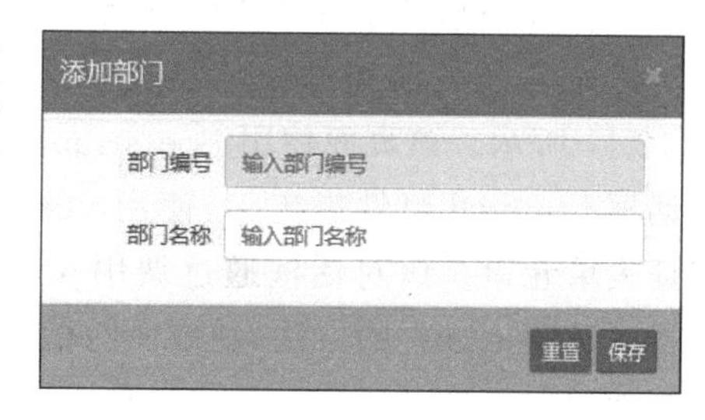

图 12.9 添加部门页面

然后在 src\router\index.js 文件的 routes 变量中增加以下路由配置代码，实现跳转到部门管理页面。

```
{
    path: '/dept',
    name: 'DeptList',
```

```
        component: DeptList,
        meta: {
            title: '部门',
            layoutname: 'backendlayout',
            authRequired: true
        }
    }
```

12.4.8 信息类别管理页面

1. 信息类别管理页面

信息类别管理页面由 src\views\InfotypeList.vue 组件定义,该页面采用分页方式显示所有信息类别,如图 12.10 所示。该组件使用 BootstrapVue 的 b-table 表格组件以表格形式显示所有信息类别,使用 b-pagination 组件显示分页导航条。在页面中,提供了添加、修改和删除信息类别的功能。

图 12.10　信息类别管理页面

2. 添加信息类别和修改信息类别页面

添加信息类别和修改信息类别页面均由 src\views\AddInfotype.vue 组件定义,如图 12.11 所示。该页面使用 BootstrapVue 的模式对话框 b-modal 组件来定义,使用 vuelidate 插件验证表单元素。该对话框通过调用 Vuex 状态管理器 infotype.js 中的方法,获取所有信息类别。

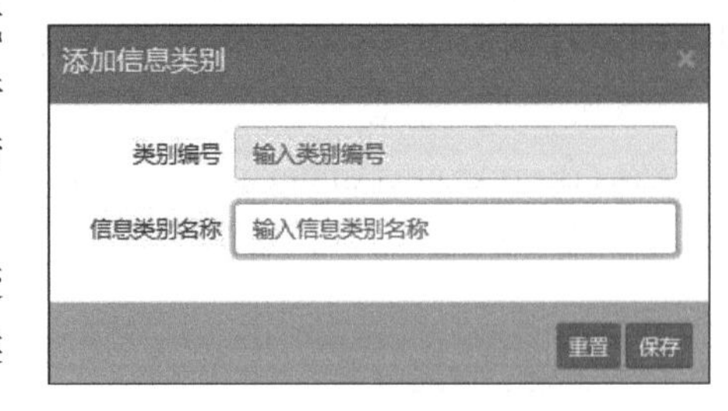

图 12.11　添加信息类别页面

然后在 src\router\index.js 文件的 routes 变量中增加以下路由配置代码,实现跳转到信息类别管理页面。

```
{
    path: '/infotype',
    name: 'InfotypeList',
    component: InfotypeList,
    meta: {
        title: '信息类别',
        layoutname: 'backendlayout',
        authRequired: true
    }
}
```

12.4.9 信息管理页面

1. 信息管理页面

信息管理页面由 src\views\InformationList.vue 组件定义，该页面采用分页方式显示所有信息的简要列表，如图 12.12 所示。该组件使用 BootstrapVue 的 b-table 表格组件以表格形式显示所有信息列表，使用 b-pagination 组件显示分页导航条。在页面中，提供了添加、修改、删除信息和查看详细信息的功能。

图 12.12 信息管理页面

2. 添加信息和修改信息页面

添加信息和修改信息页面均由 src\views\InformationForm.vue 组件定义，如图 12.13 所示。该页面使用 BootstrapVue 的 b-form 表单组件和表单元素组件来定义表单，使用 vuelidate 插件验证表单元素。使用 Ueditor 文本编辑器来编辑信息内容。

首先，在 InformationForm.vue 组件中使用 Ueditor 文本编辑器与后端 PHP 程序进行数据传输，需要完成以下工作。

(1) 在 DOS 窗口中，进入后台子系统 info-backend 项目所在的目录，执行以下命令，安

图 12.13　添加信息页面

装 Ueditor 的依赖包 vue-ueditor-wrap。

npm i vue-ueditor-wrap

(2) 从网站(http://ueditor.baidu.com/website/download.html)下载 UTF-8 格式的 PHP 版文本编辑器 Ueditor,将下载的 ueditor1_4_3_3-utf8-php.zip 文件解压到 ueditor 目录,然后将 ueditor 目录复制到 info-backend 项目下的 public 目录。

(3) 在 InformationForm.vue 的表单元素内增加 vue-ueditor-wrap 组件,并与 data 的变量绑定。

```
<vue-ueditor-wrap id="input-6" v-model="information.content" :config=
"myConfig"></vue-ueditor-wrap>
```

(4) 在 InformationForm.vue 的 js 程序中引入 VueUeditorWrap 组件。

```
import VueUeditorWrap from 'vue-ueditor-wrap'
```

(5) 在 InformationForm.vue 的默认 Vue 实例中注册 VueUeditorWrap 组件。

```
components: {
    VueUeditorWrap
}
```

(6) 将 ueditor 目录下的 php 目录复制到 XAMPP 的 Apache 站点根目录\htdocs\ueditor-php 目录下。

其次,InformationForm.vue 组件通过调用 Vuex 状态管理器 information.js 中的方法,间接调用 services 文件夹的相应 API 服务程序,读写所有信息的内容。

最后,在 src\router\index.js 文件的 routes 变量中增加路由配置代码,实现跳转到信息管理页面、添加信息页面和修改信息页面。

3. 查看详细信息页面

详细信息页面由 src\views\DetailInformation.vue 组件定义，用来显示一条信息的详细内容。

12.5 使用 Vue.js 开发信息浏览前台子系统

信息浏览前台子系统的主要功能是按照信息类别的划分，分类显示各类别的信息，如图 12.14 所示。

图 12.14 信息浏览前台首页

12.5.1 创建信息浏览前台子系统项目

在 DOS 窗口下，执行下列命令，开始创建 info-frontend 项目。

```
vue create info-frontend
```

该命令执行的操作过程，与 12.4.1 节的内容相同。

12.5.2 API 服务程序设计

在 info-frontend 项目的 src 文件夹下创建一个 services 文件夹，然后在 services 文件夹下创建以下三个 API 服务程序。

1. informationService.js 程序

该程序包括三个方法：updateCounter 方法更新信息记录的阅读数，使之增加 1；

getInformationsBytypename 方法查询某一类别的所有信息记录；getOneInformation 查询一条信息记录内容。

2. infotypeService.js 程序

该程序提供一个方法：getInfotypeAll 方法查询所有信息类别。

3. serverConfig.js 程序

该程序中的 Server_ApiURL 属性设置了后端 PHP 网站的服务程序的路径，可根据实际运行环境来修改。其默认设置为

```
Server_ApiURL : "http://localhost/info-php/"
```

12.5.3 信息浏览前台页面

1. 图片轮播组件

图片轮播组件 Lunbo.vue 用来轮流显示一些图片。该组件使用 BootstrapVue 的 b-carousel 组件和 b-carousel-slide 组件轮流显示各个图片。

2. 信息分类选项卡组件

信息分类选项卡组件 Tabs.vue，根据从后端数据库读取的所有信息类别，动态生成选项卡组件。每个选项卡显示一个类别的所有信息列表。使用 b-card、b-tabs 和 b-tab 组件来生成动态的选项卡。

3. 信息列表组件

信息列表组件 ListInfo.vue 以表格形式显示某一个类别的所有信息列表，是 Tabs.vue 组件的子组件。

4. 信息浏览首页

信息浏览首页 Home.vue 由 Lunbo.vue 和 Tabs.vue 两个组件组成。

5. 信息内容页面

信息内容页面组件 DetailInformation.vue 显示一条信息的详细内容，如图 12.15 所示。

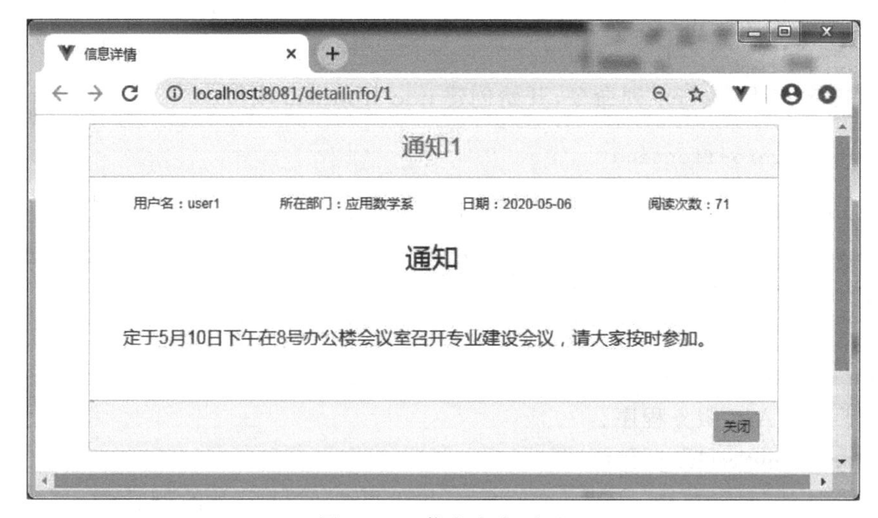

图 12.15　信息内容页面

12.6 上机实践

1. 上机验证信息管理后台子系统的各个程序。
2. 上机验证信息浏览前台子系统的各个程序。

参考文献

[1] 孔祥盛. PHP编程基础与实例教程[M]. 2版. 北京：人民邮电出版社，2016.
[2] 程文彬，李树强. PHP程序设计(慕课版)[M]. 北京：人民邮电出版社，2016.
[3] 唐四薪. PHP Web程序设计与AJAX技术[M]. 北京：清华大学出版社，2014.
[4] 徐辉. PHP Web程序设计教程与实验[M]. 北京：清华大学出版社，2008.
[5] 姚敦红，杨凌，张志美，等. jQuery程序设计基础教程[M]. 北京：人民邮电出版社，2013.
[6] 黄珍，潘颖. JavaScript+jQuery程序设计(慕课版)[M]. 北京：人民邮电出版社，2017.
[7] 刘汉伟. Vue.js从入门到项目实战[M]. 北京：清华大学出版社，2019.
[8] 肖睿，龙颖. Vue企业开发实战[M]. 北京：人民邮电出版社，2018.

图书资源支持

感谢您一直以来对清华版图书的支持和爱护。为了配合本书的使用，本书提供配套的资源，有需求的读者请扫描下方的"书圈"微信公众号二维码，在图书专区下载，也可以拨打电话或发送电子邮件咨询。

如果您在使用本书的过程中遇到了什么问题，或者有相关图书出版计划，也请您发邮件告诉我们，以便我们更好地为您服务。

我们的联系方式：

清华大学出版社计算机与信息分社网站：https://www.shuimushuhui.com/

地　　址：北京市海淀区双清路学研大厦 A 座 714

邮　　编：100084

电　　话：010-83470236　010-83470237

客服邮箱：2301891038@qq.com

QQ：2301891038（请写明您的单位和姓名）

资源下载：关注公众号"书圈"下载配套资源。

资源下载、样书申请

书圈

图书案例

清华计算机学堂

观看课程直播